Dieter Schulz

Akkus und Ladetechniken

ELEKTRONIK

Dieter Schulz

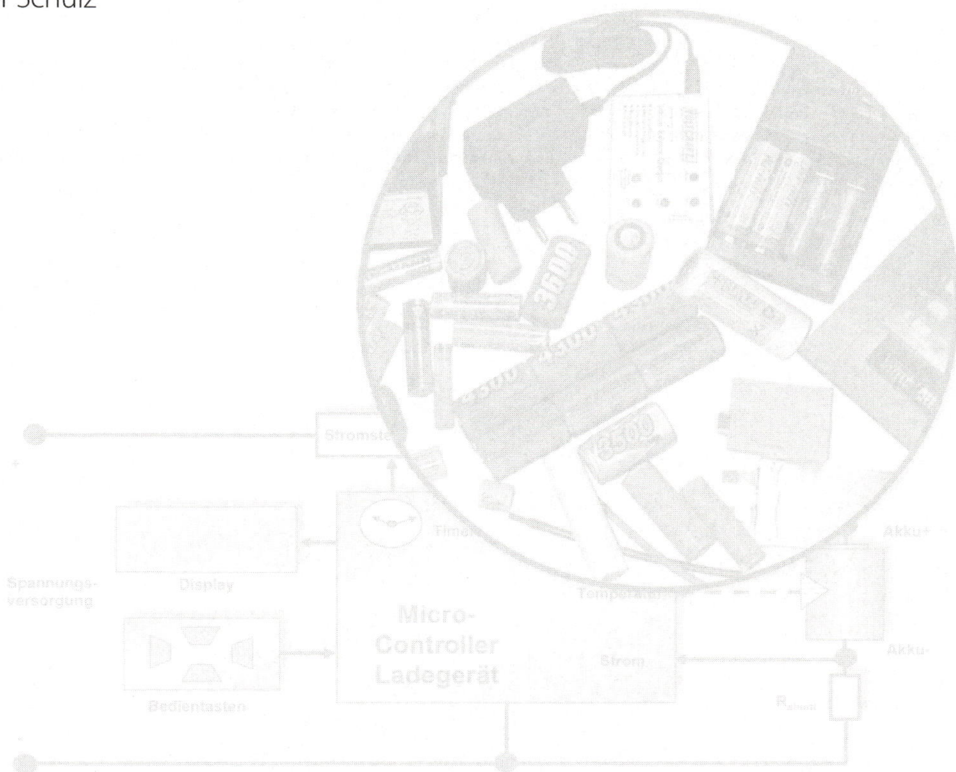

Akkus und Ladetechniken

Das Praxisbuch für alle Akku-Typen, Ladegeräte und Ladeverfahren

RANZIS

Bibliografische Information der Deutschen Bibliothek

Die Deutsche Bibliothek verzeichnet diese Publikation in der Deutschen Nationalbibliografie; detaillierte Daten sind im Internet über http://dnb.ddb.de abrufbar.

Satz: DTP-Satz A. Kugge, München
art & design: www.ideehoch2.de
Druck: C.H. Beck, Nördlingen
Printed in Germany

ISBN 978-3-645-65258-2

Inhaltsverzeichnis

1 Einleitung

Akkumulatoren, nachfolgend *Akkus* genannt, sind aus unserem täglichen Leben nicht mehr wegzudenken. Sie sind allgegenwärtige Begleiter und befinden sich z. B. in unserem Smartphone, dem MP3-Player, diversen Haushaltswerkzeugen, Spielsachen und nicht zuletzt im Auto. Wir nutzen diese Geräte zwar, machen uns über sie aber kaum Gedanken. Sie müssen nur funktionieren. Wenn sich der Akku geleert hat, wird einfach das Ladegerät angesteckt und nach einigen Stunden steht einem weiteren Betrieb nichts im Weg. Von den Akkus erwarten wir, dass sie so lange funktionieren, bis wir z. B. unser Smartphone gegen ein neues tauschen.

Der Akku kann auf eine über 200-jährige Geschichte zurückblicken. 1802 baute der deutsche Physiker Johann Wilhelm Ritter den ersten Akku, die *Rittersche Ladungssäule.* Seit damals ist die Entwicklung nicht stehen geblieben und hat zahlreiche Akkutypen hervorgebracht. Vor allem der Bleiakku, aber auch die Nickel-Kadmium- und Nickel-Metallhydrid-Zellen sowie Lithiumakkus sind weithin bekannt. Für sie und alle anderen Akkutypen gilt, dass ihre Lebensdauer nicht unendlich ist. Je nach Typ beschränkt sie sich auf wenige hundert oder vielleicht 1.000 Ladezyklen – unter optimalen Voraussetzungen. Wird mit dem Akku allzu sorglos umgegangen, segnet er schon deutlich früher das Zeitliche. Das ist besonders bei Geräten äußerst ärgerlich, in die der Akku fest eingebaut und nur gegen viel Geld in einer autorisierten Werkstatt getauscht werden kann. Damit reduziert sich die Lebensdauer mancher hochpreisigen Markensmartphones auf das Durchhaltevermögen des Akkus.

Allein das setzt voraus, genau über Akkus, deren Technologien und ihre korrekte Pflege Bescheid zu wissen. Das hilft uns nicht nur, Akkus länger am Leben zu erhalten, sondern auch, uns länger an den Geräten zu erfreuen, die wir mit ihnen betreiben.

2 Basiswissen

Akkus werden umgangssprachlich gern als wiederaufladbare Batterien bezeichnet. Aber klassische Batterien sind, im Gegensatz zu Akkus, nicht wiederaufladbar. Sie werden auch als *Primärzelle* (engl. primary battery) bezeichnet. Der Akku wird auch *Sekundärelement* (engl. secondary battery) genannt.

Werden sie geladen, wird die ihnen zugeführte elektrische in chemische Energie umgewandelt. Der Begriff »Akku« wird von uns umgangssprachlich recht locker verwendet, da wir keinen Unterschied machen, ob ein Akku nur aus einer oder aus mehreren Zellen besteht. Typische Einzellerakkus sind solche, die wir z. B. in unseren Fernsteuerungen verwenden. Typische Größen dafür sind Mignon(AA)- oder Mikro(AAA)-Akkus. Zu den Eigenschaften eines Akkus gehört auch, dass seine Zellenspannung eigentlich recht gering ist – zu gering für viele Anwendungen, für die wir Akkus einsetzen. Deshalb sind in vielen Akkugehäusen mehrere Zellen in Serie geschaltet, um die geforderten Betriebsspannungen zu erhalten.

Auch wenn vielfach nur Nickel-Kadmium(NiCd)-, Nickel-Metallhydrid(NiMH)-, Lithium-Polymer(LiPo)- und Bleiakkus geläufig sind, gibt es wesentlich mehr Akkutypen. Die Entwicklung zielt vor allem darauf ab, die in Akkus speicherbare Energiedichte zu verbessern. Hier wurden und werden größte Anstrengungen unternommen. Dabei geht es nicht nur darum, die Laufzeiten typischer Consumer-Geräte zwischen den Ladezyklen zu verbessern. Im Fokus steht vor allem die Autoindustrie und deren Bestreben, für die Allgemeinheit bezahlbare Elektroautos mit akzeptabler Reichweite auf den Markt zu bringen. Noch ist dieses Ziel nicht erreicht. Bis es so weit ist, profitieren wir aber bereits davon. So bilden die erst ab den frühen 1990er-Jahren auf den Markt gebrachten Lithiumakkus die Grundlage für unsere Smartphones und Tablet-PCs. Mit älteren Akkutechnologien wären diese nicht annähernd in dem uns gewohnten Umfang nutzbar.

Akkus haben, vom Auto bis zum Smartphone, längst alle nur erdenklichen Einsatzgebiete erobert. Aber nur zum Teil gibt es für die verschiedenen Einsatzgebiete spezielle Entwicklungen. Für verschiedene Anwendungen kommen zwar eigens dafür getrimmte Akkus zum Einsatz, ihnen gemeinsam ist aber, dass die heutige Typenvielfalt auf wenigen Grundkonzepten basiert. Die grundlegenden Eigenschaften vieler Akkus sind dieselben. Der Lithium-Polymer-Akku z. B. wird dank seiner hohen Energiedichte gleichermaßen im RC-Modellbau als auch in Smartphones und Tablet-PCs verwendet.

Da es nur wenige Akkugrundtypen gibt, ist es letztlich aber auch leicht, die Grundzüge der Akkutechnologie besser zu verstehen.

2.1 Elektrochemische Spannungsreihe

Jeder Akku besteht aus zwei Elektroden unterschiedlichen Materials, die sich in einem flüssigen oder gelartigen Elektrolyten befinden. Welche Metalle bei den Elektroden zum Einsatz kommen, entscheidet bei Akkus und Batterien darüber, welche Spannung sie maximal liefern können.

Die elektrochemische Spannungsreihe beruht auf dem Umstand, dass Metalle mehr oder weniger edel sind und sich das unedlere zersetzt. Als Beispiel dafür ist z. B. die Elektroinstallation zu nennen, bei der direkte Verbindungen zwischen Kupfer und Aluminium zwingend zu vermeiden sind. Würde bei einer solchen Verbindungsstelle Feuchtigkeit eindringen, würde zwischen beiden Metallen ein Potenzialunterschied entstehen. Die elektrochemische Spannungsreihe gibt Auskunft darüber, wie hoch dieser wäre. In ihr sind die Metalle nach ihrem elektrochemischen Potenzial geordnet. Dabei wird ihr Ladungsunterschied gegenüber dem Bezugsstoff Wasserstoff angegeben, der den Wert Null hat. Je positiver ein Metall gegenüber Wasserstoff ist, umso edler und auch beständiger ist es. Im Gegensatz ist es umso unedler, je negativer es ist. Der Potenzialunterschied zwischen den einzelnen Metallen und Wasserstoff wird mit der Spannung in Volt angegeben. Daraus ist auch ersichtlich, wie hoch die Spannungsdifferenz zwischen zwei Metallen ist.

Im zuvor genannten Beispiel mit Kupfer und Aluminium herrscht eine Spannungsdifferenz von 2,01 V. Das unedlere Aluminium würde sich mit der Zeit zersetzen. Auf derselben Basis funktionieren letztlich auch Batterien. Sie sind leer, wenn das unedlere Metall »aufgebraucht« ist.

Elektrochemische Spannungsreihe

Gold	+1,42 V
Platin	+1,20 V
Silber	+0,80 V
Quecksilber	+0,79 V
Kohlenstoff	+0,74 V
Kupfer	+0,34 V
Antimon	+0,14 V
Wasserstoff	+/- 0,0 V
Blei	-0,12 V
Zinn	-0,14 V
Nickel	-0,25 V
Kadmium	-0,40 V
Eisen	-0,44 V
Chrom	-0,71 V
Zink	-0,76 V
Mangan	-1,05 V
Aluminium	-1,67 V
Magnesium	-2,34 V

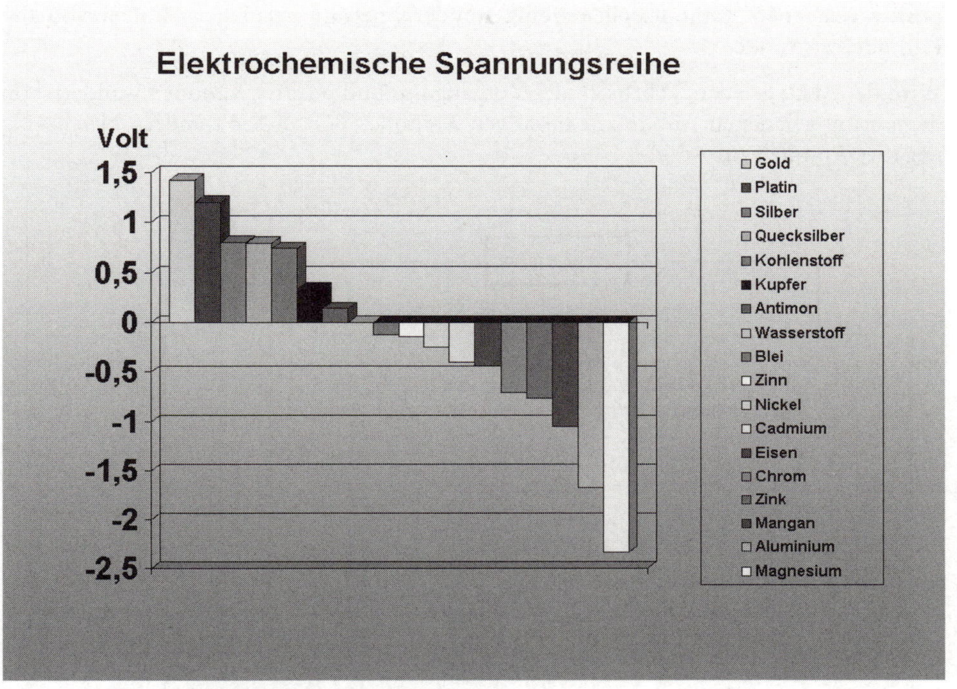

Bild 2.1: Elektrochemische Spannungsreihe

2.2 Anode und Kathode

Ein Akku besteht aus zwei Elektroden aus verschiedenen Metallen, die in eine leitende Flüssigkeit eingetaucht sind. Sie werden Anode und Kathode genannt. Bei Einwegbatterien entspricht die Anode der negativen Elektrode, die Kathode der positiven. Beim Akku kommt es auf den Betriebszustand an, welche Funktion Anode und Kathode ausüben. Wird Strom entnommen, entspricht auch beim Akku die Anode dem negativen und die Kathode dem positiven Pol. Wird der Akku geladen, wird aus der negativen Elektrode die Kathode und aus der positiven die Anode.

Die beiden in eine leitende Flüssigkeit getauchten Elektroden sind in der Lage, im Zuge einer chemischen Reaktion Elektronen abzugeben oder aufzunehmen. Elektronen sind negativ geladene Elementarteilchen. In Atomen bilden sie die Elektronenhülle, von wo sie leicht an andere Atome abgegeben oder von anderen Atomen kommend aufgenommen werden können. Je nachdem, ob ein Atom einen Elektronenüberschuss oder -mangel hat, ist es positiv oder negativ geladen. Positiv geladene Ionen werden auch *Kationen*, negativ geladene *Anionen* genannt.

Ist am Akku ein elektrischer Verbraucher angeschlossen, ist der Stromkreis geschlossen. Nun übernimmt der Elektrolyt den Transport elektrischer Ladungen. Wird der Akku entladen, wandern positiv geladene Kationen von der negativ geladenen Anode zur positiv geladenen Kathode. Gleichzeitig wandern negativ geladene Anionen von der Kathode zur Anode.

Wird der Akku geladen, kehrt sich der Vorgang um und positive Kationen wandern von der positiv geladenen Anode zur negativen Kathode. Von dieser wandern gleichzeitig negative Anionen zur Anode.

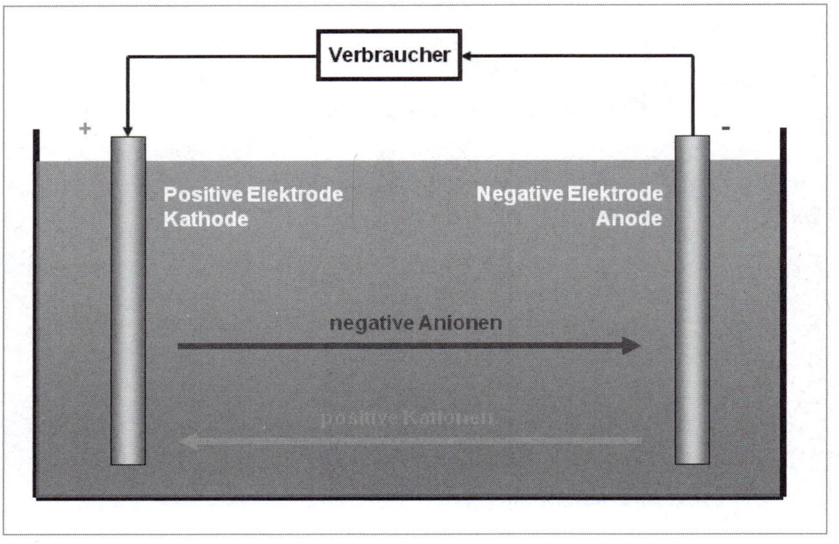

Bild 2.2: Anode und Kathode eines Akkus, wenn dieser entladen wird

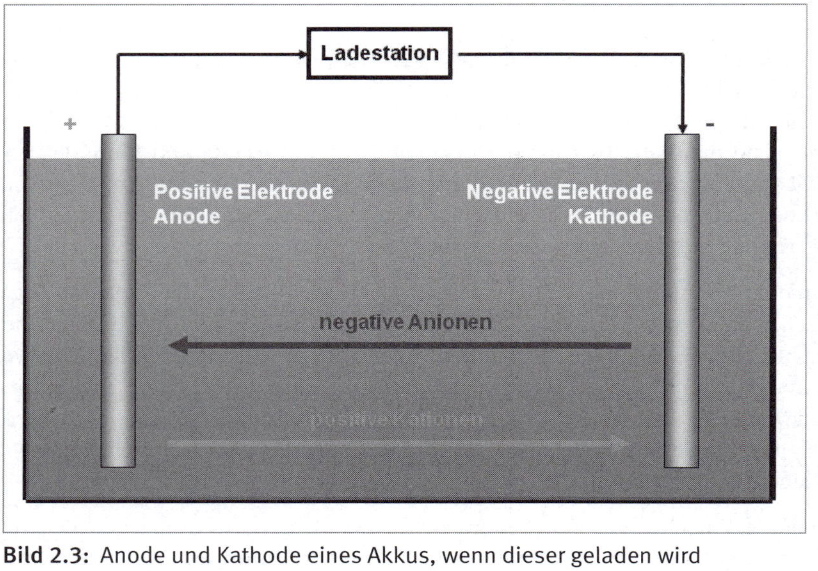

Bild 2.3: Anode und Kathode eines Akkus, wenn dieser geladen wird

2.3 Elektrolyt

Ein Elektrolyt ist eine flüssige, gelartige oder feste Substanz, die in der Lage ist, Ionen aufzunehmen, abzugeben und zu transportieren. Der Elektrolyt sorgt im Inneren eines Akkus oder einer Batterie für den Ionentransport zwischen den positiv und negativ geladenen Elektroden.

Im Bleiakku kommt als Elektrolyt 30- bis etwa 37-prozentige Schwefelsäure zum Einsatz. Im Nickel-Kadmium- und Nickel-Metallhydrid-Akku dient Kalilauge als Elektrolyt. Der Lithium-Ionen-Akku verwendet Alkohol-Karbonate. In Lithium-Polymer-Akkus werden organische Elektrolyten in einer Kunststoffmatrix verwendet.

2.4 Separatoren

Separatoren haben die Aufgabe, die unterschiedlich geladenen Elektroden elektrisch voneinander zu isolieren. Sie bestehen aus dünnen isolierenden Materialien wie verschiedenen Kunststoffen, Glasfaser oder Vlies. Die besondere Herausforderung besteht darin, dass Separatoren einen sehr geringen Innenwiderstand haben müssen, um die zwischen den Elektrodenplatten wandernden Ionen auf ihrem Weg nicht zu behindern.

Separatoren kommen bei allen Akkutypen zum Einsatz. Je nach Aufbau bestehen sie aber aus unterschiedlichen Materialien. In der Vergangenheit kamen Gewebe und Papier zum Einsatz, heute bestehen sie aus feinporigen Materialien.

In Bleiakkus wird als Separatormaterial extrudiertes oder gesintertes Polyethylen oder gesintertes PVC verwendet. In AGM-Akkus wird primär ein Mikroglasfaservlies eingesetzt.

Kombinationen aus Polyamid mit Polyethylen oder Polypropylen sind die klassischen Separatoren in Nickel-Kadmium-Akkus. Sie haben durchweg die Form von Vliesstoffen.

Grundsätzlich kommen auch in Nickel-Metallhydrid-Akkus als Separatoren die gleichen Materialien zum Einsatz. Zur Verringerung der Selbstentladung wird die Vliesoberfläche jedoch zusätzlich z. B. mit Acrylsäure behandelt.

In Lithiumakkus bilden mikroporöse Membranen in Form von polymeren Folien die Separatoren. Diese können auch in mehreren Schichten aufgebaut sein. Da solche Folien nur bis etwa 120 °C hitzebeständig sind, können für Akkus für den stationären Einsatz auch mikroporöse keramische Separatoren eingebaut sein. Diese sind zwar hitzebeständig, aber bruchempfindlich.

Im Hinblick auf den künftigen Einsatz der Lithiumakkus in Elektrofahrzeugen aller Art arbeitet man derzeit an der Entwicklung eines mit Keramik beschichteten Vliesseparators. Er würde neben einer hohen Flexibilität auch eine gute Temperaturbeständigkeit besitzen. Außerdem wäre die Bruchgefahr aus der Welt geschafft.

2.5 Energie und Leistung

Ein Akku hat nicht einfach nur eine Spannung, die ein Gerät anzutreiben in der Lage ist. Entscheidend ist die in ihm gespeicherte Energie. Sie errechnet sich, indem der Entladestrom mit der Entladespannung und der Entladedauer multipliziert wird.

E = I * U * t

E	Energie in Wattstunden (Wh)
I	Entladestrom in Ampere (A)
U	Entladespannung in Volt (V)
t	Entladezeit in Stunden (h)

Je höher die von einem Akku abgegebene Energie ist, umso leistungsfähiger ist er. Damit zeichnet der Energieinhalt auch dafür verantwortlich, wie lange ein Verbraucher mit einer Akkuladung betrieben werden kann.

Die Akkuleistung beschreibt die Fähigkeit, während einer Zeiteinheit eine bestimmte Energiemenge liefern zu können. Die Leistung wird errechnet, indem man den Entladestrom mit der Entladespannung multipliziert.

P = U * I

P	Leistung in Watt (W)
U	Entladespannung in Volt (V)
I	Entladestrom in Ampere (A)

2.6 Innenwiderstand

Der Innenwiderstand wird mit dem Formelzeichen Ri abgekürzt. Er gibt an, wie belastbar ein Akku ist. Wie schon der Name sagt, befindet sich der Innenwiderstand eines Akkus in seinem Inneren und sorgt für einen stromabhängigen Spannungsabfall. Wird dem Akku ein hoher Strom entnommen, erwärmt er sich. Das liegt am Spannungsabfall am Innenwiderstand und ist ein Zeichen dafür, dass auch die Energieabgabe des Akkus nicht ohne Verluste erfolgt.

Die an den Akkuklemmen anstehende Spannung ist genau genommen die ursprüngliche Akkuspannung, reduziert um den Spannungsabfall am Innenwiderstand. Diese Klemmenspannung verringert sich bei der Energieabgabe. Je höher die abgegebene Stromstärke ist, umso geringer ist die Klemmenspannung. Bei sehr hohen Strömen kann sie sogar im wahrsten Sinn des Wortes einbrechen. Die Klemmenspannung unter Last errechnet sich aus der Formel:

Uk = Ui – Ri * I

Uk	Klemmenspannung in V
Ui	Innere Akkuspannung ohne Spannungsabfall am Ri in V
Ri	Innenwiderstand in Ohm (Ω)
I	Strom in A

Ist der Innenwiderstand eines Akkus so groß wie der Widerstand des Verbrauchers, wird die höchstmögliche Leistung vom Akku abgegeben. Bei noch geringerem Verbraucherwiderstand würde der Strom zwar noch weiter ansteigen, aufgrund der weiter sinkenden Klemmenspannung würde sich die abgegebene Leistung aber wieder verringern. Die vom Akku abgegebene Leistung errechnet sich aus dem fließenden Strom im Quadrat multipliziert mit der Höhe des Innenwiderstands:

$P = I^2 * Ri$

P	Leistung in W
Ri	Innenwiderstand in Ω
I	Strom in A

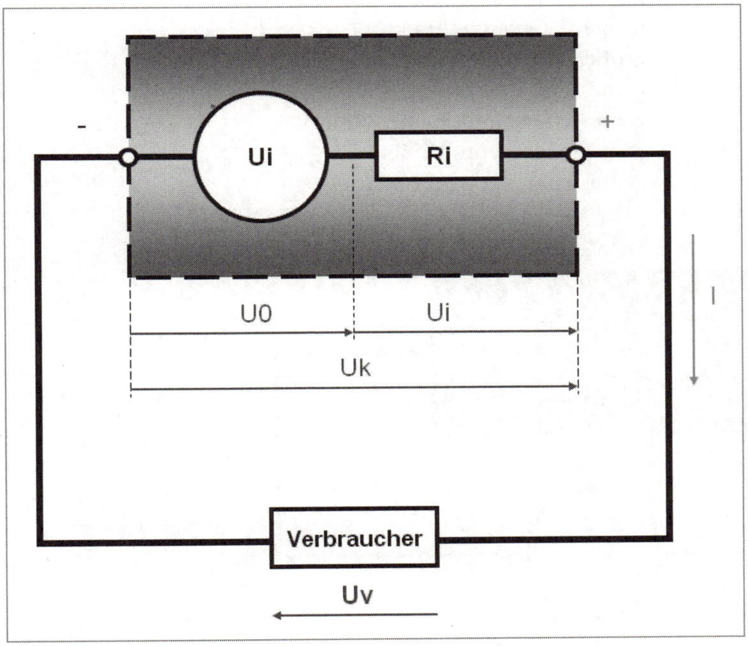

Bild 2.4: Spannungen beim Entladen eines Akkus

Innenwiderstand ermitteln

Der Innenwiderstand eines Akkus oder allgemein einer Stromquelle kann nicht direkt mit einem Ohmmeter gemessen werden. Dabei würden derart hohe Ströme fließen, dass diese das Messgerät zerstören würden.

Der Innenwiderstand lässt sich aber auf indirektem Weg durch Messen des Stroms und der Spannung ermitteln, wenn am Akku ein Widerstand mit definierter Größe angeschlossen ist. Die Ermittlung des Innenwiderstands ist in der Norm EN 60285 für NiCd- und EN 61436 für NiMH-Akkus festgelegt. Sie schreibt vereinfacht ausgedrückt vor, dass Strom und Spannung zu messen sind, wenn am Akku abwechselnd zwei verschiedene Widerstände angeschlossen werden. Ihre Werte richten sich nach der Kapazität des zu messenden Akkus. Für NiMH-Akkus sollte der kleinere Widerstand einen Stromfluss von 0,2 C hervorrufen. Der größere Widerstand sollte einen zehnmal höheren Stromfluss, also 2 C, hervorrufen. Zuerst sollte der zu prüfende Akku mit einem Ladestrom von 0,1 C aufgeladen werden. Danach ist vor Beginn der ersten Messung noch eine Stunde zu warten. Für die erste Messung wird der Akku mit dem kleineren Widerstand R1 belastet. Nach zehn Sekunden sind der Strom (I1) und die Spannung (U1) zu notieren. Unmittelbar danach wird auf R2 umgeschaltet, worauf auf den Messinstrumenten nach drei Sekunden Warten I2 und U2 abzulesen sind.

Der Innenwiderstand wird anschließend mit dieser Formel berechnet:

Ri = (U1 – U2) / (I2 – I1)

Ri	Innenwiderstand in Ω
R1	kleiner Widerstand in Ω
R2	großer Widerstand in Ω
U1	gemessene Spannung bei R1 in V
U2	gemessene Spannung bei R2 in V
I1	gemessener Strom bei R1 in A
I2	gemessener Strom bei R2 in A

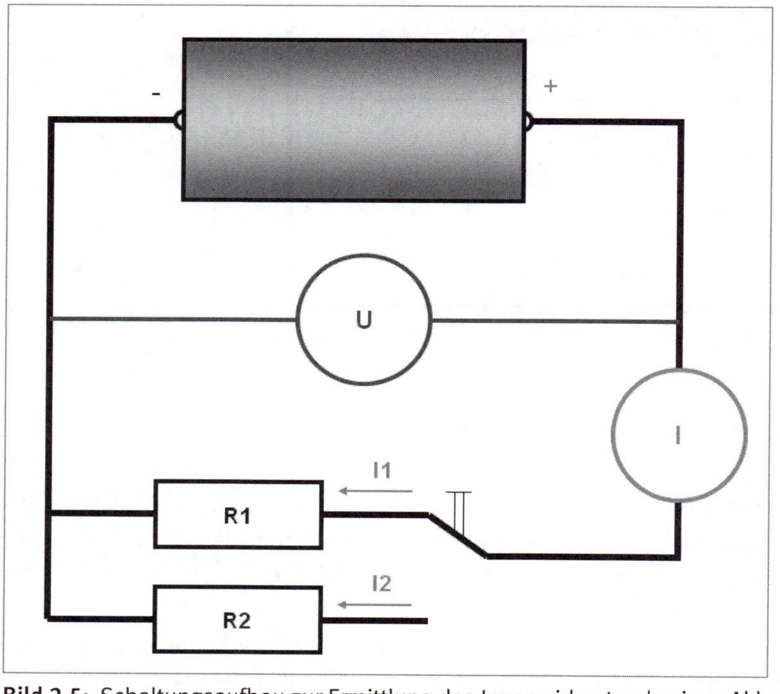

Bild 2.5: Schaltungsaufbau zur Ermittlung des Innenwiderstands eines Akkus

2.7 Kurzschlüsse vermeiden

Die beiden Pole eines Akkus oder einer Batterie dürfen niemals mit einem elektrisch leitenden Gegenstand oder einem Draht verbunden werden. Der auf diese Weise hergestellte äußere Kurzschluss hätte unmittelbar das Fließen eines sehr hohen Stroms zur Folge. Dieser würde den Elektrolyten und den gesamten Akku stark erhitzen. Im Inneren würde ein gefährlicher Gasdruck entstehen. Er würde dafür sorgen, dass das Gas und die Elektrolytenflüssigkeit im harmlosen Fall nach Öffnen des Sicherheitsventils herausgespritzt würden. Im ungünstigen Fall kann der Akku sogar explodieren.

Neben äußeren sind auch innere Kurzschlüsse zu vermeiden. Sie können entstehen, wenn der Akku verformt wird. Die daraus resultierende Wirkung ist vergleichbar mit dem äußeren Kurzschluss.

2.8 Fachausdrücke

Beschäftigen wir uns mit Akkus, werden wir laufend mit einer Reihe von Abkürzungen und Fachausdrücken konfrontiert. Meist werden die Eigenschaften der verschiedenen Akkutechnologien durch englische Abkürzungen beschrieben. Ihnen werden wir uns in diesem Kapitel widmen.

Balancing

Bei aus mehreren in Serie geschalteten Zellen eines Lithiumakkus sorgt das Balancing für eine gleichmäßige Ladung der einzelnen Zellen. Dazu besitzen Lithiumakkus neben den üblichen Stromanschlüssen eine zusätzliche mehradrige Balancer-Leitung. Sie ist nur mit Drähten geringen Querschnitts ausgeführt. Dieses Balancer-Kabel ist zusätzlich an der Ladestation anzuschließen.

Da die einzelnen Zellen eines Akkus wegen der Fertigungstoleranzen nicht absolut gleich sind, wird jede Zelle separat überwacht und individuell auf den gleichen Ladezustand der anderen Zellen gebracht. Entscheidend ist dabei u. a., dass die Ladeschlussspannung bei keiner der Zellen überschritten wird. Außerdem nimmt der Balancer Rücksicht auf Temperaturunterschiede sowie die unterschiedlich schnelle Alterung der einzelnen Zellen. Sie sorgt auch für unterschiedliche Kapazitäten der einzelnen Akkuzellen. Ohne Balancer würde eine im Vergleich zu den anderen schneller gealterte Zelle früher aufgeladen werden als die anderen. Während diese weiter aufgeladen werden, würde die gealterte Zelle bereits überladen, was zur weiteren Schädigung dieser Zelle bis hin zur Selbstentzündung des Akkus führen könnte. Mit dem Balancer-Anschluss des Lithiumakkus wird das vermieden und für eine gleichmäßige korrekte Aufladung aller Akkuzellen gesorgt.

BMS

BMS steht für Batteriemanagementsystem. Darunter versteht man eine elektronische Schaltung zur Regelung und Kontrolle eines aus mehreren Zellen bestehenden Akkus. Sie gleicht Fertigungstoleranzen bei der Akkuzellenherstellung aus und sorgt für deren gleichmäßige Belastung. Zum Teil zeichnet das Batteriemanagementsystem auch für Servicezwecke auf.

Beim Bleiakku ist BMS nur erforderlich, wenn er als Traktionsbatterie in Elektrofahrzeugen zum Einsatz kommt. Ohne BMS könnten die einzelnen Zellen durch das zyklische Laden und Entladen mit der Zeit auseinanderdriften. Unterschiedliche Ladezustände, unzulässige Tiefentladung und der Ausfall einzelner Zellen wären die Folge.

NiMH-Zellen benötigen wegen ihrer nichtproportionalen Ladekennlinie darauf abgestimmte Ladeverfahren mit erhöhtem Regelaufwand. Wegen der geringen Zellenspannung von nur 1,2 V ist der Einsatz eines BMS recht umständlich, da besonders bei Akkublöcken für höhere Spannungen sehr viele Einzelzellen überwacht werden müssten.

Lithiumakkus sind das klassische Einsatzgebiet für Batteriemanagementsysteme. Werden sie zu weit entladen oder überladen, kann das sehr schnell zu einem Schaden am Akku führen. Mit BMS werden alle Zellen auf Unter- und Überspannung sowie Überhitzung überwacht. Gleichzeitig übernimmt das BMS die Balancer-Aufgabe, die die gleichmäßige und schonende Ladung aller Akkuzellen gewährleistet.

In Fahrzeugen übernimmt das BMS die Schnittstellenfunktion zwischen Autobatterie und den im Fahrzeug verbauten elektronischen Komponenten. Ist das Fahrzeug abgestellt, überprüft es in zyklischen Abständen den Zustand des Akkus. Auch während der Fahrt überwacht das BMS das Akkusystem und gibt im Fehlerfall eine Signalisierung an den Fahrer ab.

C-Wert

Die Höhe des einem Akku entnommenen Stroms wird häufig als *relative Größe* oder *C-Wert* angegeben. Der C-Wert bezieht sich direkt auf die Kapazität eines Akkus. Hat ein Akku eine Kapazität von 1.800 mAh, würde C für eine Stromstärke von 1,8 A stehen. Bei einem 750-mAh-Akku wäre er folglich bei 1 C 0,75 A. 2 C würden bei einem 1.800-mAh-Akku einen Strom von 3,6 A bedeuten, 0,2 C von 0,36 A. Damit ist die C-Wert-Zahl ein Multiplikationsfaktor, der angibt, wie oft die in Milliamperestunden (mAh) angegebene Akkukapazität zu multiplizieren ist, womit C eine variable Größe ist. Der C-Wert begegnet uns häufig, um die Kapazität eines Akkus unter verschiedenen Belastungen zu veranschaulichen. Bei hohen Strömen ist diese geringer als bei kleinen.

Eine große Rolle spielt der C-Wert besonders im RC-Modellbau. Ferngesteuerte Flugzeuge, Hubschrauber usw. erfordern mitunter sehr hohe Stromstärken, die von speziellen RC-Akkus bereitgestellt werden können. Auf ihnen ist der maximal zulässige Entladestrom häufig als C-Wert-Zahl angegeben. 30 C würde bedeuten, dass aus einem 2.400-mAh-Akku ein maximaler Strom von 72 A entnommen werden kann.

DOD

Mit DOD (Depth of Discharge) wird die Entladungstiefe beschrieben. Sie ist eine Methode zur Ermittlung des Ladezustands. Der maximale DOD ist die höchstzulässige Energieentnahme aus einem Akku, ohne dass dieser Schaden nimmt. Damit steht der DOD-Wert im direkten gegensätzlichen Zusammenhang zum Ladezustand, der auch als SOC (State of Charge) bezeichnet werden kann. Beide Werte zusammen ergeben stets

100 %. Ist der Akku vollständig entladen, beträgt der DOD-Wert 100 %. Gleichzeitig würde der den Ladezustand beschreibende SOC-Wert 0 % betragen. Neben der Angabe in Prozent (%) kann die Entladungstiefe auch in Amperestunden (Ah) angegeben werden.

Die Lebensdauer des Akkus und die Entladetiefe stehen in logarithmischem Zusammenhang. Je mehr der Akku entladen wird, je höher also der DOD-Wert ist, umso geringer ist die Akkulebensdauer beziehungsweise die erreichbare Zyklenzahl.

Entladespannung

Die Entladespannung gibt die minimal zulässige Spannung an, bis zu der ein Akku betrieben werden kann. Wird die vom Hersteller angegebene Entladespannung unterschritten, besteht die unmittelbare Gefahr der Tiefentladung der Akkus und damit einhergehend eine mögliche dauerhafte Schädigung.

Ladeschlussspannung

Die Ladeschluss- oder auch Ladeendspannung gibt die höchste Spannung an, mit der die Zellen eines Akkus aufgeladen werden dürfen, ohne dass er irreparablen Schaden nimmt. Die Ladeschlussspannung wird von der Akkutechnologie bestimmt und vom Hersteller bekannt gegeben.

Leistungskennlinie

Mit der Leistungskennlinie wird das Verhalten des Akkus bei verschiedenen Betriebszuständen grafisch dargestellt. Weit verbreitet ist die Entladekennlinie. Sie zeigt, wie lange der Akku bei der Entnahme einer konstanten Stromstärke genutzt werden kann. Auf den Schenkeln der Grafik ist bei diesen Kurven neben der Spannungshöhe auch die Zeit genannt.

SOC

SOC (State of Charge) beschreibt den Ladezustand eines Akkus in Prozent. Ist der Akku voll aufgeladen, entspricht das einem SOC-Wert von 100 %.

SOF

Der eher selten anzutreffende Parameter SOF (State of Fitness) gibt Aufschluss darüber, ob der Akku zu einem bestimmten Zeitpunkt eine von ihm geforderte Leistung erbringen kann. Man könnte ihn in etwa mit »Zustand des Leistungsvermögens« übersetzen.

SOH

SOH (State of Health) gibt Auskunft über die Leistungsfähigkeit eines bereits gealterten Akkus im Vergleich zu einem neuen. Damit ist der SOH-Wert ein Maß dafür, ob ein alter Akku noch weiter genutzt werden kann oder durch einen neuen zu ersetzen ist.

Vollzyklus

Unter einem Zyklus versteht man allgemein einen Lade- und Entladevorgang eines Akkus. Von einem Vollzyklus spricht man, wenn der Akku einmal bis zu seinem definierten Endpunkt voll entladen und wieder voll aufgeladen wird.

Allgemein ist der Vollzyklus jedoch weiter gefasst zu verstehen. Wird z. B. ein vollgeladener Akku zweimal nur zur Hälfte entladen und wieder voll aufgeladen, spricht man ebenfalls von einem Vollzyklus. Mit ihm haben wir es aber auch im teilaufgeladenen Zustand zu tun, z. B. wenn der Akku zweimal von einem Ladezustand von SOC = 25 % auf SOC = 75 % wieder aufgeladen und anschließend bis auf 25 % entladen und wieder auf 75 % geladen wird.

Zellenspannung

Die Zellenspannung gibt die Nennspannung einer einzelnen Akkuzelle an. Sie ist insofern von Bedeutung, weil sie Rückschlüsse auf die Anzahl der in einem Akkublock verbauten Zellen zulässt.

Zyklenzahl

Die Zyklenzahl bezeichnet die Ladezyklen. Sie gibt unmittelbar die Lebensdauer eines Akkus an. Eine Zyklenzahl von 1.000 sagt aus, dass ein Akku 1.000 mal wieder aufgeladen werden kann. Je höher die Zyklenzahl ist, umso höher ist auch die Lebensdauer eines Akkus. Da die Zyklenzahl vom Betrieb unter Idealbedingungen ausgeht, darf sie nur als Richtwert verstanden werden. Bei besonders rauem Umgang kann ein Akku bereits nach deutlich weniger als den angegebenen Zyklen sein Lebensende erreicht haben.

2.9 Bleiakkus – Grundlagen

Der erste Bleiakku wurde von dem deutschen Physiker Wilhelm Josef Sinsteden im Jahr 1854 gebaut. Beim Bleiakku sind mit geringem Abstand zueinander abwechselnd Bleiplatten (Pb) und mit Bleioxid überzogene Bleiplatten (PbO_2) in ein Säurebad (den Elektrolyten) getaucht. Die Bleiplatten sind zum Minuspol, die Bleioxidplatten zum Pluspol des Akkus zusammengeschaltet. Damit sich die Platten nicht gegenseitig berühren und so einen Kurzschluss verursachen können, werden sie mit Abstandhaltern (den Separatoren) in Position gehalten. Beim Bleiakku werden Separatoren u. a. aus gesintertem PVC oder Polyethylen eingebaut.

Der Bleiakku ist die am weitesten verbreitete Akkuart. Als Starterbatterie versieht sie seit vielen Jahrzehnten ihren Dienst. Daneben kommt sie auch als Antriebsakku und ortsfester Akku zum Einsatz.

Der Bleiakku liefert eine Zellenspannung von 2,0 V und kann je nach Behandlung bis zu 2.000 mal aufgeladen werden. Der besondere Vorteil des Bleiakkus liegt in dem hohen Temperaturbereich, in dem er verwendet werden kann. Er erstreckt sich etwa von -30 °C bis +60 °C. Allerdings ist seine Leistungsfähigkeit bei tiefen winterlichen Temperaturen deutlich herabgesetzt. Befindet sich der Bleiakku bereits nah dem Ende seiner Lebensdauer, wird sich das zuerst im Winter unangenehm bemerkbar machen.

Im Vergleich zu anderen Akkutypen ist die Energiedichte des Bleiakkus mit etwa 25–45 Wh/kg eher gering. Immerhin ließe sich zumindest theoretisch etwa das Vierfache erreichen, wovon wir in der Praxis aber nichts haben. Die monatliche Selbstentladung liegt bei etwa 1–3 % und bewegt sich auf niedrigem Niveau. Springt ein Auto nach mehrwöchiger Standzeit nur widerwillig oder gar nicht mehr an, ist das in der Regel nicht die Schuld des Akkus. Vielmehr wird er während langer Standzeiten von diversen elektronischen Geräten wie z. B. Alarmanlage oder Autouhr, die auch bei abgestelltem Fahrzeug aktiv sind, allmählich entleert.

Kennwerte: Blei-Säure-Akku

Abkürzung	Pb
Zellenspannung	ca. 2 V
Minimale Zellen-Entladespannung	1,75 V
Ladeschlussspannung	ca. 2,3 V
Ladezyklen	200 bis 2.000
Monatliche Selbstentladung	ca. 1–3 % der Nennkapazität

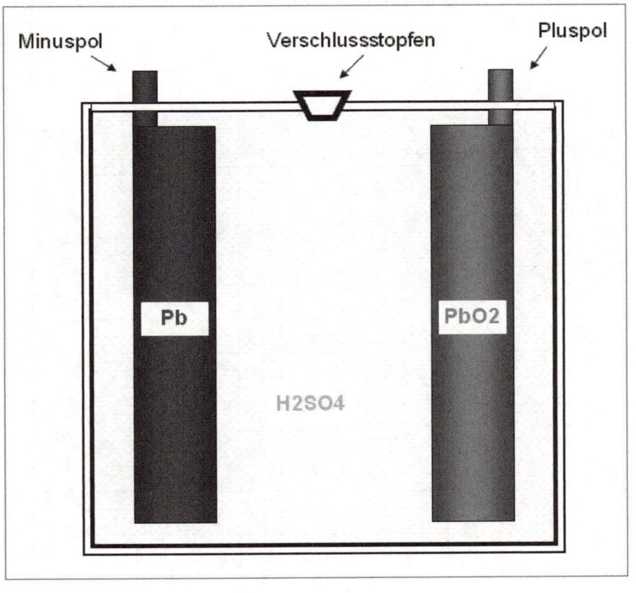

Bild 2.6: Prinzipieller Aufbau eines Blei-Säure-Akkus

Aufbau

Anders als bei den anderen Akkutypen bestehen beim Bleiakku beide Elektroden, also die Anode und Kathode, aus dem gleichen Material, nämlich aus Bleiplatten. Als Elektrolyt kommt Schwefelsäure mit einer Sättigung von etwa 30–36 % zum Einsatz. Bleiakkus sind schwer. Diesem Nachteil steht ihre hohe Wirtschaftlichkeit gegenüber.

Bei der Entladung bildet sich an der Anode aus metallischem Blei Bleisulfat. Beides löst sich kaum im Elektrolyten, womit dieser weitgehend unverändert bleibt. Der Bleiakku kann auch gasen, wobei während der chemischen Reaktion entstandener Wasserstoff entweichen kann. Da sich der Wasserstoff aus dem Wasseranteil der Schwefelsäure bildet, verringert sich diese im Lauf der Zeit. Dieser Verlust kann durch Nachfüllen von destilliertem Wasser wieder ausgeglichen werden. Bei modernen wartungsfreien und gasdichten Bleiakkus ist das nicht mehr erforderlich.

Ladezustand und Säuredichte

Der Ladezustand eines Bleiakkus lässt sich unmittelbar anhand seiner Säuredichte bestimmen. Dazu wird mit einem Säureprüfer das spezifische Gewicht des Elektrolyten ermittelt. Es wird in Gramm pro Kubikzentimeter (g/cm³) angegeben. Je höher das spezifische Gewicht ist, umso höher ist auch der Ladezustand des Akkus.

Da der Ladezustand des Bleiakkus stark temperaturabhängig ist, ist die Umgebungstemperatur bei der Ermittlung der Säuredichte mit zu berücksichtigen. Sie sollte umso höher sein, je kälter es ist.

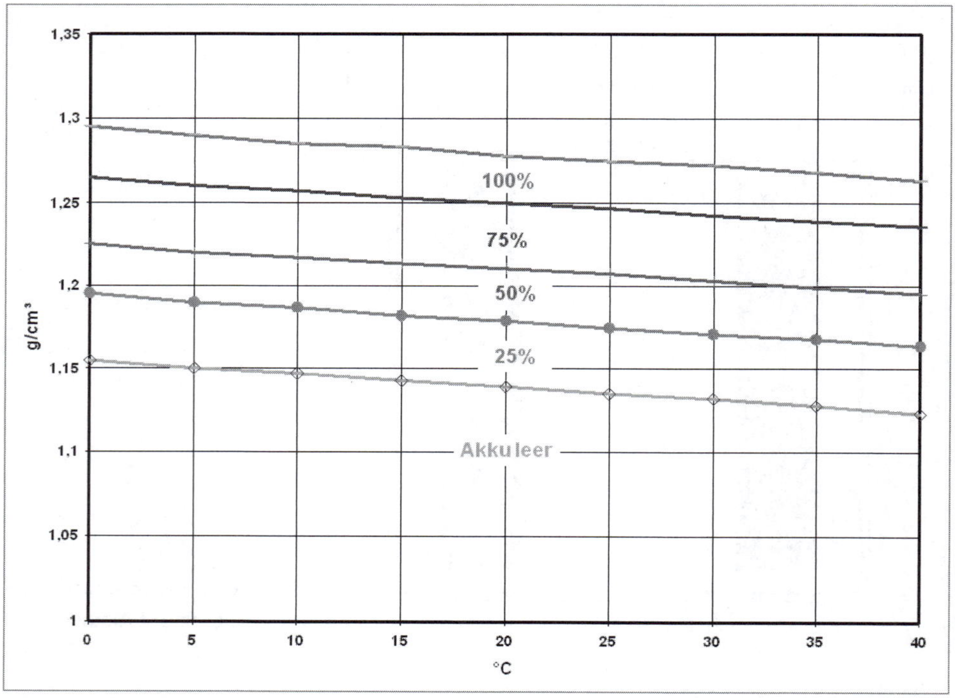

Bild 2.7: Die Grafik zeigt den Zusammenhang zwischen dem Ladezustand und der Temperatur.

Säuredichte kontrollieren

Die Säuredichte spiegelt den Ladezustand eines Bleiakkus wider. Wird Energie entnommen, sinkt die Säurekonzentration mit dem Grad der Entladung. Die Säuredichte wird mit einem Säureheber, der Fachausdruck lautet *Aräometer*, ermittelt.

Bei nicht wartungsfreien Bleiakkus sollte der Säurestand regelmäßig überprüft werden, idealerweise vor und nach der kalten Jahreszeit. Der Bleiakku ist dann in Ordnung, wenn der Elektrolytfüllstand in allen Zellen gleich ist. Meist besitzen Bleiakkus an der Gehäusewand eine Füllstandsmarkierung. Fehlt sie, sollte der Säurestand rund 10–15 mm über den Bleiplatten und somit dem gesamten Innenleben des Akkus liegen. Wichtig ist, dass die Säurekonzentration in allen Akkuzellen die gleiche ist. Bei zu geringem Füllstand darf ausschließlich destilliertes Wasser nach DIN 43530 nachgefüllt werden. Keinesfalls dürfen Leitungswasser oder Schwefelsäure verwendet werden.

Zuerst sind die Verschlussstopfen der sechs Zellen eines 12-V-Bleiakkus zu entfernen. Nun ist das Aräometer in die erste Verschlussöffnung einzuführen. Anschließend ist der Gummiball vollständig zusammenzudrücken und wieder loszulassen. Dabei wird so viel Säure in das Aräometer gesaugt, dass das Messelement frei im Elektrolyten schwimmt. Die Säuredichte ist anhand der Lage des Schwimmers abzulesen. Sie sollte bei 20 °C 1,26–1,28 g/cm³ haben. Das entspricht einer Ruhespannung von 2,1–2,12 V pro Zelle. Da sich die Zellenspannung bei typischen Autobatterien nicht messen lässt, entspricht der Säurestand einer Gesamtspannung von 12,6–12,7 V. Im nächsten Schritt ist der Gummiball wieder zu drücken, sodass die Säure vom Aräometer wieder zurück in die Bleiakkuzelle fließt. Bei Bedarf ist destilliertes Wasser nachzufüllen und der Säurestand noch einmal zu kontrollieren. Dieser Vorgang ist bei allen Zellen zu wiederholen. Zuletzt sind die Zellen wieder mit den Verschlussstopfen zu schließen.

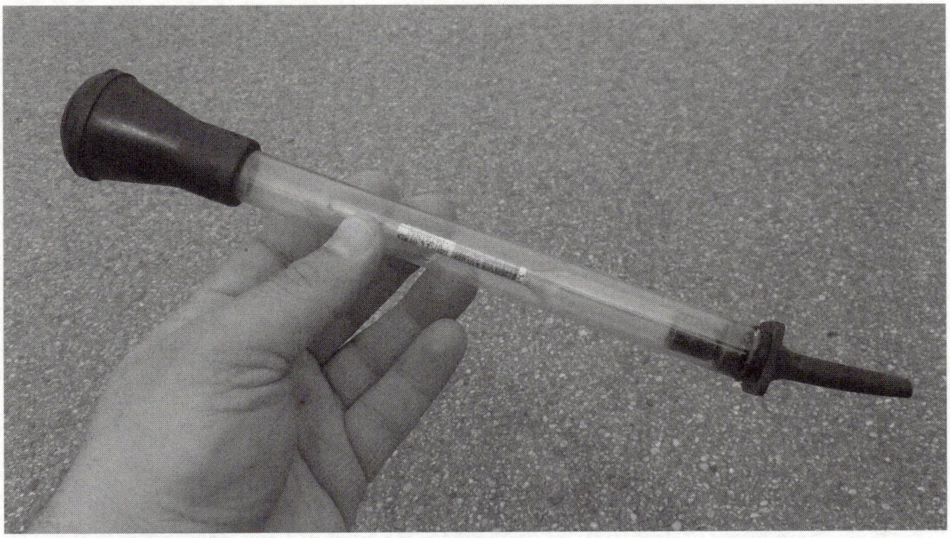

Bild 2.8: Der Säurestand eines Bleiakkus wird mit dem Aräometer gemessen.

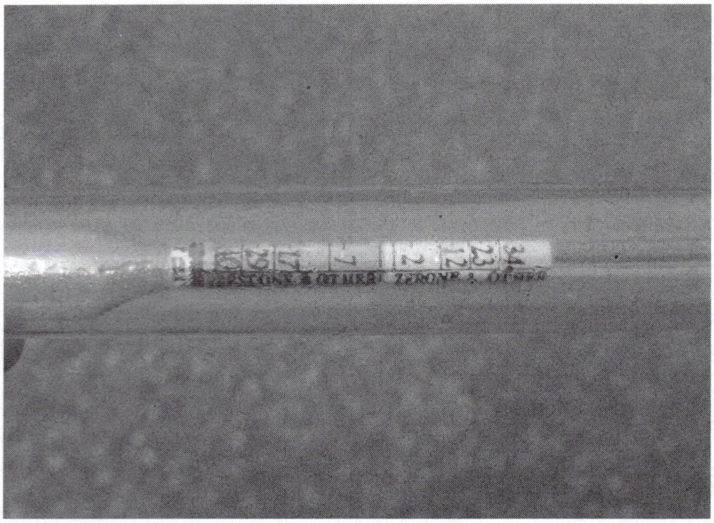

Bild 2.9: Der Säurestand ergibt sich aus der Lage des Schwimmers in der Säure.

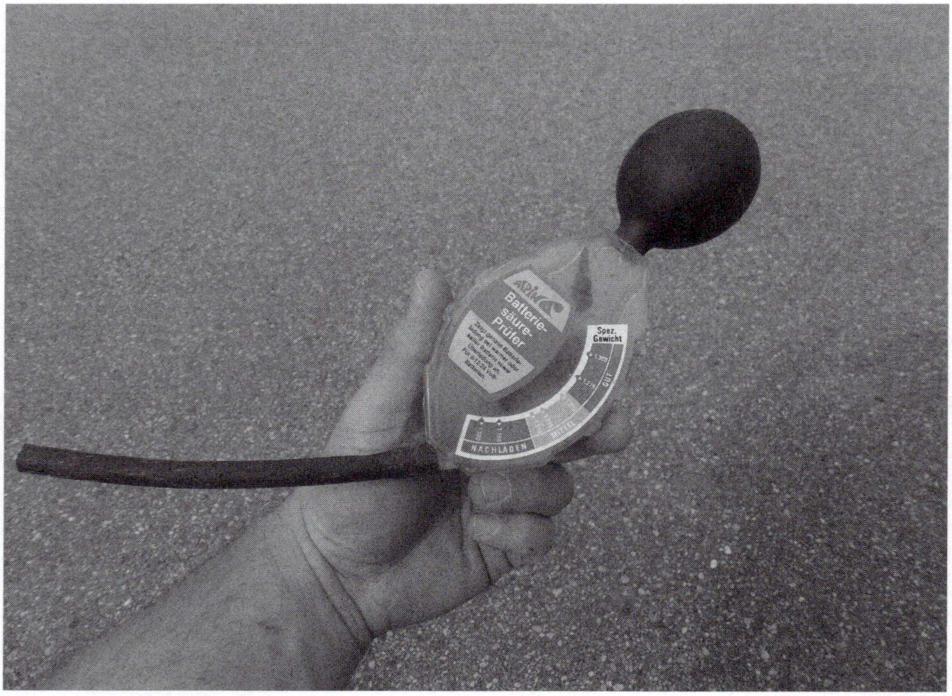

Bild 2.10: Weiteres Modell eines Aräometers

Gefrierpunkt

Bei kalten Temperaturen verliert der Bleiakku an Kapazität, was sich dadurch bemerkbar macht, dass sich das Auto bei tiefen Minustemperaturen nur schwer starten lässt. Um einen möglichst zuverlässigen Betrieb im Winter zu gewährleisten, sollte der Akku stets möglichst voll aufgeladen sein. Je höher sein Ladezustand ist, umso höher ist seine Säuredichte und umso tiefer liegt der Gefrierpunkt des Elektrolyten. Wird der Bleiakku überladen, steigt zwar seine Säuredichte weiter, allerdings hält er dann nicht mehr so tiefen Temperaturen stand. Damit ist das Überladen des Akkus auch unter dem Temperaturaspekt schädlich.

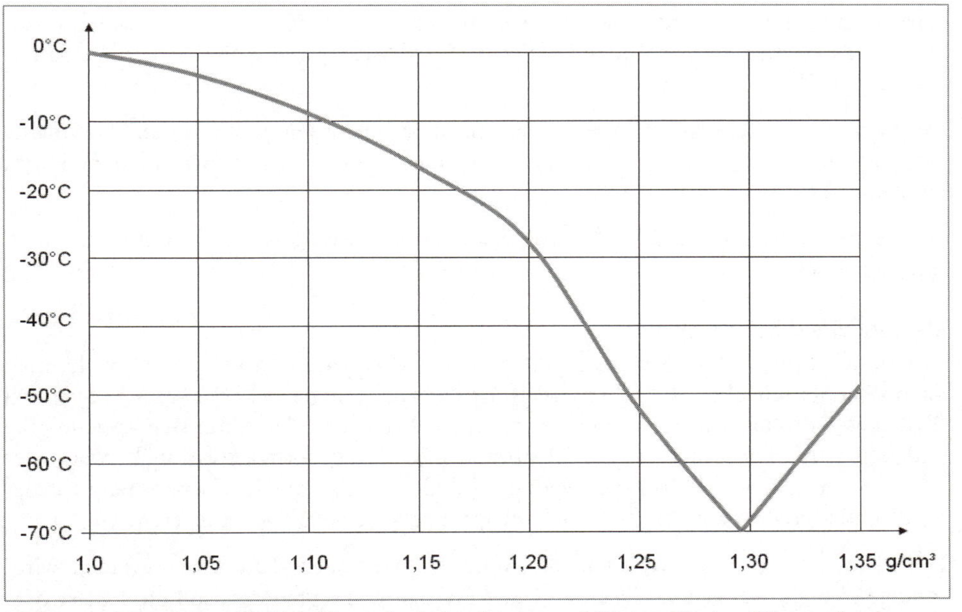

Bild 2.11: Je geringer der Bleiakku aufgeladen ist, umso früher gefriert er. Die maximale Temperaturresistenz hat er im voll aufgeladenen Zustand.

Fehler

Ob ein Bleiakku in Ordnung ist, lässt sich anhand seiner Spannung mit einer etwas längeren Messung von rund 30 Sekunden ermitteln. In dieser Zeit sollte die Spannung weitgehend konstant bleiben. Wird der Akku mit einem Prüfstrom belastet, der etwa dem dreifachen seiner Nennkapazität entspricht, sollte die Spannung bei voll aufgeladenem Akku mit einer Säuredichte von 1,28 g/cm³ nicht unter rund 10 V sinken. Bei einer Säuredichte von 1,24 g/cm³ sollten nicht weniger als 9 V, bei 1,18 g/cm³ nicht weniger als 8 V erreicht werden. Bricht die Spannung trotz optimaler Säuredichte zusammen, hat der Akku sein Lebensende erreicht oder einen Defekt.

Zeigt der Elektrolyt eine bräunliche Färbung oder ist eine Bleischlammablagerung auf den Plattenbrücken usw. zu erkennen, deutet das auf eine Überladung des Bleiakkus hin.

Ein weiteres Anzeichen dafür ist, dass er während des Ladevorgangs schnell zu gasen beginnt.

Ein verfärbter Elektrolyt verbunden mit einem artfremden Geruch oder das Gasen des Akkus im Ruhezustand deutet auf eine verunreinigte Säure hin.

Eine zu geringe Säuredichte und in den Zellen meist unterschiedliche Säurestände sind typische Anzeichen für unzureichende Ladung. Der Elektrolyt ist in diesem Fall oft auch milchig verfärbt. Außerdem kommt es zu ungewohnt hohen Ladespannungen zu Beginn des Ladevorgangs.

Zischt oder sprudelt es in einer oder mehreren Zellen, wenn dem Akku höhere Stromstärken entnommen werden sollen, liegt höchstwahrscheinlich ein Kurzschluss vor. Weitere Anzeichen dafür sind eine schlechte Startleistung und eine sehr geringe Säuredichte in der betroffenen Zelle.

Bei einem Trennwandriss zwischen zwei benachbarten Zellen weicht deren Säuredichte weit nach unten ab. Außerdem ist es mit einem solchen Akku fast nicht mehr möglich, ein Auto zu starten.

Üblicherweise lassen sich Fehler am Bleiakku nicht beseitigen, weshalb ein Austausch unumgänglich ist.

Memory-Effekt bei Bleiakkus

Am bekanntesten ist der Memory-Effekt bei Nickel-Kadmium-Akkus. Obwohl man davon bereits seit über 100 Jahren weiß, ist weitaus weniger bekannt, dass er auch bei Bleiakkus auftreten kann. Er macht sich bemerkbar, wenn der Akku stets gleichmäßig entladen wird. Förderlich für das Auftreten des Memory-Effekts ist auch, wenn der Akku mit geringen Ladeströmen geladen und/oder überladen wird. Bereits zehn solcher »Schlechtladungen« können die Bleiakkukapazität um etwa 20 % reduzieren.

Der Akku mag es indes umso mehr, wenn er mit hohem Ladestrom geladen wird, solange er noch weitgehend leer ist. Gegen Ende des Ladeprozesses soll die Ladestromstärke nur gering sein. Außerdem sollte eine Überladung vermieden werden.

Bei modernen Bleiakkus und heute üblichen Ladestationen können wir jedenfalls davon ausgehen, dass kein Memory-Effekt mehr auftritt – es sei denn, die Ladestation wird mit falschen Einstellungen betrieben.

3 Autobatterie

Die klassische Autobatterie gibt es nicht mehr. Sie war ein typischer Bleiakku, bei dem sechs Zellen in Serie geschaltet wurden. Charakteristisch für sie war, dass man stets den Säurefüllstand und die Säuredichte kontrollieren musste. Wartungsfrei war dieser Akku also nicht. Dafür genügte eine Technologie für alle Anwendungen.

Inzwischen haben sich die Anforderungen an eine Autobatterie, genauer gesagt *Starterbatterie,* grundlegend geändert. Deshalb erstaunt es auch nicht, dass Starterbatterien für verschiedene Anwendungen entwickelt wurden. Für den Einsatz im Auto kommen heute mehrere Akkutypen infrage, so z. B. die Nasszelle, die Kalzium- oder die AGM-Batterie.

Bild 3.1: Autobatterien sind in zahlreichen Ausführungen erhältlich.

Mit der in unserem Auto eingebauten Starterbatterie beschäftigen wir uns nur, wenn wir sie laden wollen oder Starthilfe leisten oder benötigen. Das setzt stets voraus, dass die Starterbatterie mit der des anderen Autos oder mit dem Ladegerät richtig verbunden wird. Um die Kabel für den Plus- und Minuspol richtig anzuschließen, muss man zunächst wissen, wo sie auf der Batterie zu finden sind. Eine einheitliche Norm gibt es nicht. Es gibt mehrere Möglichkeiten, wo sich der Pluspol an der Autobatterie befinden kann. Es gilt also, bei jeder Starterbatterie nach entsprechenden Beschriftungen zu suchen, bevor mit dem Anschließen begonnen wird.

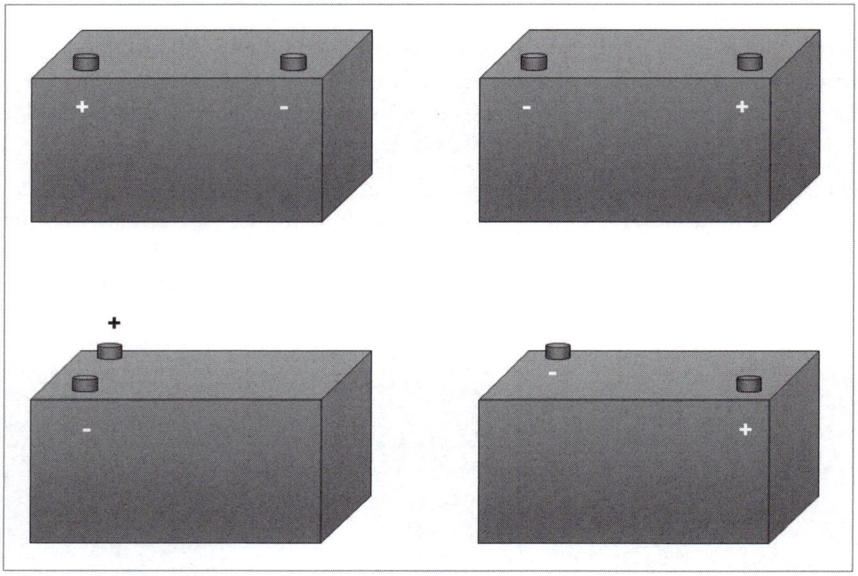

Bild 3.2: Es gibt bei Bleiakkus mehrere Möglichkeiten, wo sich der Pluspol befindet.

Bild 3.3: Häufig ist die Polbezeichnung bei Autobatterien im Gehäuse eingelassen. Hier ist der Minuspol des Akkus zu erkennen.

Bild 3.4: Bei neuen Autobatterien ist der Pluspol zusätzlich auch mit einer roten »Plus-Kappe« kenntlich gemacht.

3.1 Aufbau einer Starterbatterie

In einer typischen Starterbatterie dominieren die beiden Stoffe Blei und Schwefelsäure. Die wirksame Masse der positiven Elektrode besteht aus Bleioxid (PbO_2). Es wird auf elektrochemischem Weg aus Blei (Pb), Bleiglätte (PbO) und Bleioxid ($Pb3O_4$) hergestellt.

Bei Starterbatterien ist die positive Platte meist als Gitterplatte aus Hartblei ausgeführt. Es ist mit einer Paste aus Bleioxiden bestrichen, die durch Formation in Bleioxid PbO_2 umgewandelt wurden.

Der wirksame Teil der negativen Platte besteht aus schwammigem Blei, auch Schwammblei genannt. Sie ist als Kasten- oder Gitterplatte aufgebaut.

In einer Bleiakkuzelle befinden sich mehrere positive und negative Platten, die jeweils abwechselnd angeordnet sind. Um Kurzschlüsse zu vermeiden, sind zwischen ihnen isolierende Platten, die Separatoren, eingebaut. Sie sind aus gewelltem oder geripptem mikroporösen Gummi oder Kunststoff hergestellt.

Der Bleiakku ist mit verdünnter Schwefelsäure H_2SO_4 bis etwa 10 mm über die aktiven Platten aufgefüllt. Sie ist der Elektrolyt. Unverdünnte Schwefelsäure würde reines Blei in Bleisulfat umwandeln. Die Reaktion würde bei einer Säuredichte ab 1,3 g/cm³ einsetzen. Das in den Bleiakkus verwendete Bleisulfat wird von verdünnter Schwefelsäure jedoch nicht angegriffen.

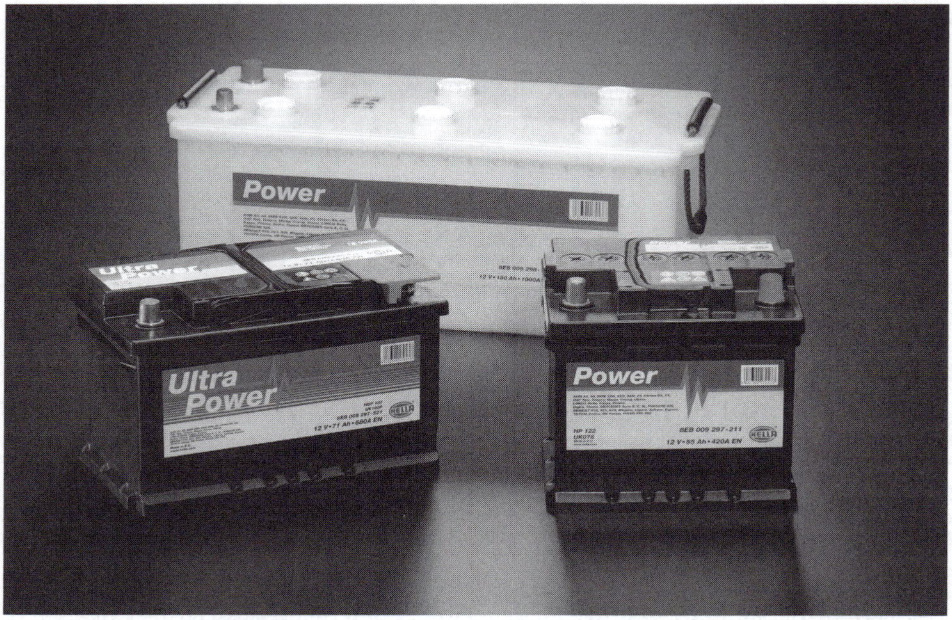

Bild 3.5: Moderne Starterbatterien müssen heute umfassende Aufgaben erfüllen. (Quelle: Hella KGaA Hueck & Co.)

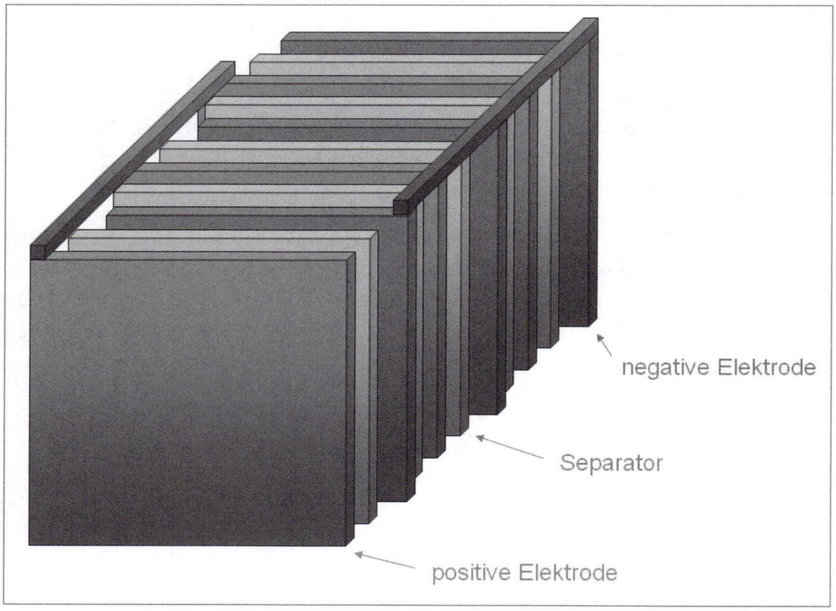

Bild 3.6: Zwischen den positiven und negativen Platten sind Isolationsschichten, sogenannte Separatoren, eingebaut. Sie verhindern Kurzschlüsse.

Während die Spannung des Bordnetzes beim Pkw 12 V beträgt, liegt sie beim Lkw bei 24 V. Das lässt vermuten, dass in einem Lastwagen ein spezieller Bleiakku mit 12 Zellen verbaut ist, um diese Nennspannung zu erreichen. Tatsächlich gibt es den klassischen Lkw-Akku gar nicht. In ihm sind zwei übliche 12-V-Autobatterien verbaut. Sie sind in Serie geschaltet, um die geforderten 24 V zu erreichen. Da der Energiebedarf in einem Lkw ungleich höher sein kann als in einem Pkw, sind in ihm auch leistungsstärkere und somit größere Akkus als in Personenautos eingebaut.

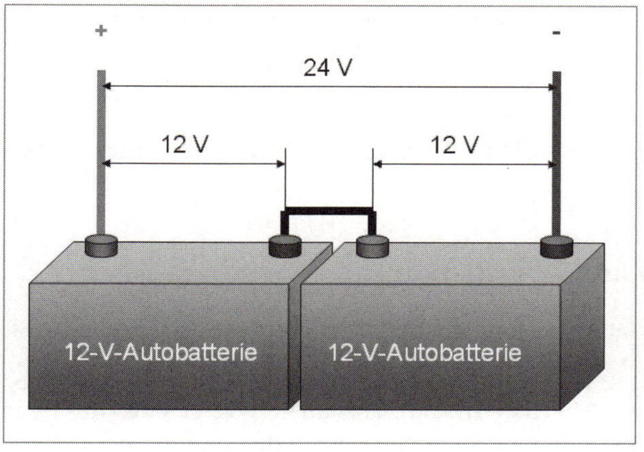

Bild 3.7: In Lkws kommen zwei in Serie geschaltete 12-V-Autobatterien zum Einsatz, um die geforderte Bordspannung von 24 V zu erreichen.

3.2 Arten von Bleiakkus

Es gibt zahlreiche Arten von Bleiakkus. Sie basieren auf unterschiedlichen Technologien. Verschiedene Typen mit vergleichbaren Eigenschaften kann man unter Sammelnamen zusammenfassen. Da viele Bleiakkus herstellereigene Bezeichnungen haben, weiß man oft nicht, auf welcher Technologie ein Bleiakku exakt basiert.

Mitunter haben sich bei Bleiakkus auch Bezeichnungen etabliert, die als Basis die chemischen Abkürzungen der bei den Elektroden verwendeten Materialien heranziehen. An dieser Stelle werden Bleiakkus anhand dieser Bezeichnungsart vorgestellt.

Sb/Sb

Mit Sb/Sb werden Bleiakkus mit Blei-Antimon-Legierung bezeichnet. Sie sind wartungsintensiv, da bei ihnen häufig destilliertes Wasser nachzufüllen ist.

Sb+/Sb-

Sb+/Sb- ist die Kurzbezeichnung des sogenannten Low-Antimon-Akkus. Er ist ebenfalls wartungsintensiv und erfordert häufiges Nachfüllen von destilliertem Wasser. Dieser Akkutyp zeigt auch deutliche Schwächen beim Einsatz bei kalten Temperaturen. Früher kam der Low-Antimon-Bleiakku häufig als Starterbatterie zum Einsatz. Damals schätzte man seine hohe Zyklenfestigkeit.

Sb+/Ca-

Dieser Bleiakku setzt beim Pluspol auf eine Antimon-, am Minuspol auf eine Kalzium-Legierung. Er ist deutlich wartungsfreundlicher und erfordert nur gelegentlich das Nachfüllen von destilliertem Wasser.

Ca+/Ag-

Beim Kalzium-Silber-Bleiakku wird Silber als Legierungszusatz bei den Gitterplatten verwendet. Es hilft, die Korrosionsbeständigkeit zu steigern. Dieser Akku erfordert eine etwas höhere Ladespannung im Vergleich zu anderen Bleiakkus. Sie liegt bei einer 12-V-Batterie bei 14,4–14,8 V.

Ca+/Ca-

Hinter dieser Bezeichnung verbirgt sich die heute in rund 90 % der Neufahrzeuge verbaute Kalzium-Starterbatterie.

3.2.1 AGM- und EFB-Akkus

AGM(Absorbent Glass Matt)-Batterien sind auch als Trockenbatterien bekannt. Sie stellen die jüngste Entwicklung in der Sparte der Blei-Säure-Batterien dar.

Bei diesem Bleiakkumulatortyp ist die Batteriesäure anstatt in Wasser oder in Gel in einem Mikroglasfaservlies u. a. mithilfe von Kieselsäure gebunden. Somit befindet sich in diesem Typ von Autobatterien keine Flüssigkeit. Damit sind diese Akkus auslaufsicher, wartungsfrei und verfügen über eine hohe Rüttelfestigkeit, weshalb sie nicht nur in Autos, sondern auch in Booten und Motorrädern zum Einsatz kommen.

AGM-Akkus zeichnen sich durch eine bis zu dreifache Zyklenfestigkeit im Vergleich zu herkömmlichen Starterbatterien aus. Dank des sehr geringen Innenwiderstands erlauben sie höchste Startleistungen. Das empfiehlt sie auch für leistungsstarke Car-Hi-Fi-Anwendungen. Der geringe Innenwiderstand sorgt für eine geringe Selbstentladung. Außerdem zeichnet sich der AGM-Akku durch Unempfindlichkeit gegenüber Tiefentladung und gute Kaltstarteigenschaften aus. Im Vergleich zu einer Standardautobatterie kann der AGM-Akku bei gleicher Kapazität etwa den doppelten Kaltstartstrom liefern.

Der AGM-Akku ist temperaturempfindlich. Hitzeprobleme treten ab etwa 53 °C auf, wobei die Temperaturbeständigkeit von Hersteller zu Hersteller etwas variiert. Um den AGM-Akku vor übermäßiger Erwärmung zu schützen, ist er meist im Innenraum, z. B. unter der Sitzbank im Fond der Fahrgastzelle, oder im Kofferraum verbaut. Man kann die AGM-Batterie sogar um bis zu 90° geneigt montieren – sie sie absolut auslaufsicher. Selbst bei Unfällen mit Überschlag hält sie dicht.

Die Ladeschlussspannung liegt bei etwa 14,2–14,4 V. Wird an den AGM-Akku eine zu hohe Ladespannung angelegt, steigt der Druck im Inneren aufgrund zu heftigen Gasens. Der Druck wird über Sicherheitsventile abgeleitet.

AGM-Batterien eignen sich ausgezeichnet als Starterbatterie. Als Traktionsbatterien, zum Antrieb von Elektrofahrzeugen, sind sie nur bedingt geeignet.

Längst nicht alle Autobatteriehersteller versehen ihre AGM-Akkus mit einer eindeutigen Bezeichnung. Damit bleibt immer wieder im Dunkeln, auf welcher Technologie ein bestimmter Akku tatsächlich basiert.

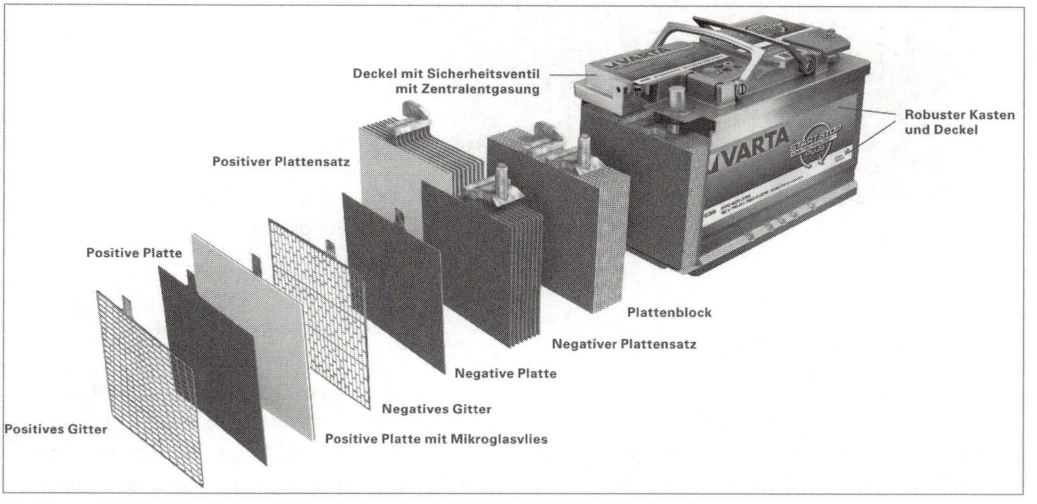

Bild 3.8: Aufbau eines AGM-Akkus (Quelle: obs/Johnson Controls Power Solutions EMEA)

Bild 3.9: AGM-Batterie für den Einsatz in Motorrädern

Bild 3.10: AGM-Autobatterie. (Quelle: obs/Johnson Controls Batterien GmbH & Co. KG)

AGM für Start-Stopp-Fahrzeuge

Man rechnet damit, dass 2015 bereits mehr als 70 % aller Neuwagen mit einer Motor-Start-Stopp-Funktion ausgestattet sein werden. Mit dieser Technologie wird zwar eine nachhaltige Verbrauchseinsparung erzielt, andererseits ist das ständige Neustarten des Motors eine Herausforderung, der klassische Standardautobatterien nicht gewachsen sind. In diesem schnell an Bedeutung gewinnenden Segment ist der AGM-Akku dann die richtige Wahl, wenn er in Fahrzeugen mit Energierückgewinnung zum Einsatz kommt. Das ist derzeit in Fahrzeugen ab der Mittelklasse bei Start-Stopp-Systemen mit Bremsenergierückgewinnung (*Rekuperation*) der Fall.

Der klassische AGM-Akku mit den für ihn typischen positiven Eigenschaften ist genau genommen ein VRLA-AGM-Akku. Seit Neuerem werden auch AGM-Batterien mit verminderter Rekombination angeboten, womit nicht mehr der gesamte während des Ladevorgangs entstandene Sauerstoff wieder zu Wasser umgewandelt wird. Damit gehen die typischen Merkmale der VRLA-Batterie verloren. Als weitere Nachteile haben solche AGM-Batterien eine deutlich verkürzte Lebensdauer und eine schlechte Kaltstartleistung.

Im Gegensatz zum herkömmlichen Bleiakku ist der EFB(Enhanced Flooded Battery)-Akku mit einem sogenannten Polyester-Scrim ausgestattet. Das ist ein Gittergeflecht, mit dem die positiv geladenen Platten im Akku verstärkt werden. Dadurch wird nicht nur ein schnelles Be- und Entladen ermöglicht, auch die Zyklenzahl wird im Vergleich zum Standardbleiakku verdoppelt. Manche Hersteller versprechen bei EFB-Akkus sogar mehr als die dreifache Zyklenzahl.

Im Gegensatz zu AGM-Akkus werden EFB-Batterien bei Tiefentladung stärker in Mitleidenschaft gezogen. Vergessene Scheinwerfer und dergleichen verringern also auf Dauer die Akkukapazität. Die teureren AGM-Batterien zeigen sich hier langlebiger.

Auch EFB-Akkus kommen in Fahrzeugen mit Motor-Start-Stopp-System zum Einsatz – allerdings nur bei Modellen ohne Bremsenergierückgewinnung, womit sich ihr Einsatz auf Kleinwagen und Pkws bis zur Mittelklasse konzentriert.

Vergleich zwischen AGM- und EFB-Technologie

Beide Akkutypen sind für den Einsatz in Fahrzeugen mit Start-Stopp-Systemen konzipiert. Die Unterschiede der Akkutechnologien liegen im Detail.

	AGM-Akku	EFB-Akku
Für Start-Stopp-Systeme ohne Energierückgewinnung	nein	ja
Für Start-Stopp-Systeme mit Energierückgewinnung	ja	nein
Kaltstartenergie	ca. 135 %	ca. 115 %
Ladezyklen	3x so hoch	2x so hoch
Leistungsniveau	hoch	mittel
Vibrationsschutz	hoch	mittel
Auslaufsicherheit	100 %	>50 %

3.2.2 Kalziumautobatterie

Die Kalziumautobatterie ist ähnlich wie die Nassbatterie. Bei ihr bestehen die positiven und negativen Platten aus einer Kalziumlegierung. Damit reduzieren sich die Flüssigkeitsverluste um etwa 80 %, weshalb nur sehr selten Wasser nachgefüllt werden muss. Kalziumakkus punkten auch mit einer geringen Selbstentladung, was bei der Lagerung oder seltenem Gebrauch von Vorteil ist. Ein weiterer Vorteil dieses Akkus ist seine hohe Unfallsicherheit. Dem gegenüber steht eine eher geringe Zyklenfestigkeit. Sie machen etwas früher schlapp als Autobatterien, die auf anderen Technologien beruhen. Der Akku ist etwas hitzeempfindlicher als andere Bleiakkus. Deshalb wird er in vielen Fahrzeugen abseits des Motorraums unter der rückwärtigen Sitzbank oder im Kofferraum verbaut. Meist sind das schwer zugängliche Orte – ein Zeichen für den geringen Wartungsaufwand, den der Kalziumakku erfordert.

Kalziumautobatterien tragen zum Teil auch die Kennung Ca+/Ca-. Rund 90 % aller Neufahrzeuge werden gegenwärtig mit ihnen ausgestattet.

Auf welcher Technologie eine Autobatterie basiert, ist häufig nicht ersichtlich. Hier helfen die Datenblätter der Hersteller weiter. Sind diese nicht verfügbar, helfen Recherchen z. B. auf den Internetseiten der Hersteller weiter.

Bild 3.11: Diese Autobatterie wurde auf der Internetseite des Herstellers anhand der Bezeichnung »Ultra Power« als Kalziumakku identifiziert.

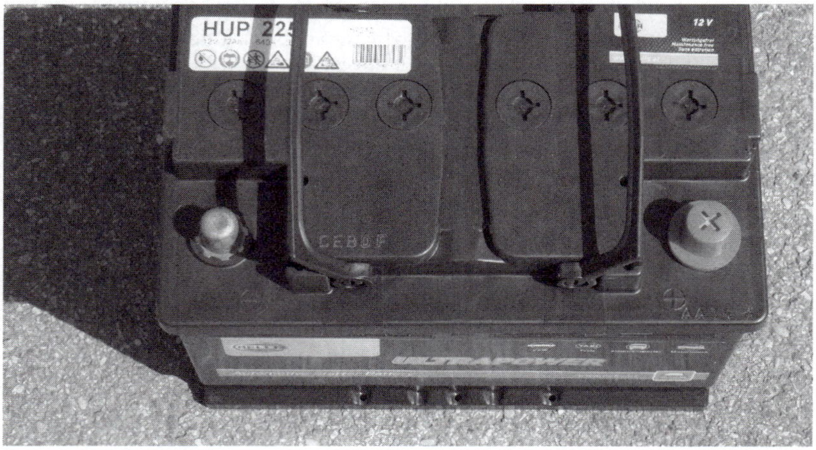

Bild 3.12: Auch die Kalziumautobatterie basiert auf der Nasszellentechnologie. Diese Akkus müssen aber weitaus seltener auf Säuregehalt und Wasserstand hin kontrolliert werden.

Laden von Kalziumautobatterien

In modernen Autos sehen sich Autobatterien höchsten Anforderungen ausgesetzt. Vor allem Kurzstrecken und der Stop-and-go-Verkehr in den Städten belasten die Starterbatterie stark. Die vielen elektrischen Verbraucher in Fahrzeugen neueren Datums sorgen mitunter dafür, dass die Energiebilanz kippt und aus dem Akku mehr Energie entnommen wird, als die Lichtmaschine gerade produziert. Eine immer wiederkehrende Tiefentladung und damit verbunden eine dauerhafte Schädigung der Starterbatterie sind die unausweichliche Folge. Startprobleme, besonders während der kalten Jahreszeit, sind so vorprogrammiert.

Die Starterbatterie hat nur eine Chance voll aufgeladen zu werden, wenn mit dem Auto viele Langstrecken gefahren werden. Besteht diese Möglichkeit nicht, muss der Ladezustand der Starterbatterie regelmäßig überprüft und mit einem Ladegerät nachgeladen werden.

Die üblichen Autobatterieladegeräte arbeiten mit einer Ladespannung von 14,2–14,4 V. Nach Beendigung des Ladevorgangs wird eine Batteriespannung um 12,75 V ermittelt, was ausreichend erscheint. Doch bereits nach wenigen Wochen wird man mit einem Spannungsabfall auf unter 12,5 V konfrontiert sein, was besonders bei lagernden Akkus auftritt. Schuld daran trägt das Ladegerät, das für Kalziumakkus das falsche Ladeverhalten bereitstellt. Wegen der Gittertechnologie dieser Akkus erfordern sie, besonders nach einer sehr tiefen Entladung, wenn man z. B. vergessen hat, das Licht auszuschalten, eine höhere Ladespannung.

Für den Startvorgang wird aus dem Akku nur eine geringe Kapazität entnommen, und auch die mit herkömmlichen Autobatterieladegeräten erreichbare Spannung von rund 14,4 V reicht dafür aus. Das setzt allerdings voraus, dass der Akku zuvor nicht tiefentladen wurde.

Ist das jedoch der Fall, reicht die Ladespannung herkömmlicher Ladegeräte von 14,4 V nicht aus, um bei Kalziumakkus eine ausreichende Durchmischung des Elektrolyten zu erreichen. Man spricht dann auch von *Säureschichtung.* Bei unzureichender Säureschichtung variiert die Säurekonzentration im Akku. Im oberen Drittel ist sie ausreichend hoch und liegt bei etwa 1,28 g/cm³. Im unteren Drittel ist sie mit rund 1,20 g/cm³ deutlich geringer.

Die Säuredichte lässt einen unmittelbaren Rückschluss auf die Spannungshöhe des Akkus zu. Je höher sie ist, umso höher ist auch die Spannung. Wird bei einer Ruhespannungsmessung eine Säuredichte von 1,28 g/cm³ ermittelt, entspricht das einer Spannung von 12,75 V. Sie vermittelt den Eindruck, dass die Starterbatterie ausreichend geladen sei. Misst man die Säuredichte aber ein zweites Mal im oberen Bereich, beträgt diese mitunter nur an die 1,2 g/cm³.

Im Auto kommt es durch die Fahrbewegungen zu einer ausreichenden Durchmischung der Säureschichten, womit eine durchschnittliche Säuredichte von etwa 1,24 g/cm³ erreicht wird. Sie entspricht einer Spannung von 12,5 V, was einer schwach geladenen Batterie gleichkommt. Startschwierigkeiten sind die unausweichliche Folge. Zudem vermittelt die Starterbatterie, sie hätte eine starke Selbstentladung. Werden zudem überwiegend Kurzstrecken gefahren, wird der Akku kaum aufgeladen und das Problem verschärft sich noch.

Geschichtete Kalziumakkus lassen sich mit einer dafür geeigneten Ladestation meist wieder auf ihren vollen Ladezustand bringen. Diese Ladestationen zeichnen sich zunächst durch ihre höhere Ladespannung von 15,8–16,0 V aus, was für den klassischen Bleiakku zu hoch wäre.

Eine tiefentleerte Kalziumautobatterie ist für rund 24 Stunden mit dieser erhöhten Ladespannung zu laden. Außerdem muss der dabei fließende Ladestrom mindestens 0,1 C betragen, was bei einem 80-Ah-Akku mindestens 8 A entsprechen würde. Damit der Akku gut die ihm zugeführte elektrische Energie aufnehmen kann, sollte die Umgebungstemperatur nicht unter 15 °C liegen.

3.2.3 Gelautobatterie

Bei der Gelbatterie ist die als Elektrolyt dienende Schwefelsäure unter Zusatz von Kieselsäure zu einem Gel eingedickt. Wegen ihrer aufwendigen Bauweise sind Gelbatterien teurer als AGM-Akkus. Die Gelbatterie eignet sich optimal für Dauerbetrieb und zyklische Anwendungen.

Als Starterbatterie eignet sie sich wegen ihrer relativ schlechten Temperatureigenschaften nur bedingt. In Wohnmobilen bietet sie sich als Versorgungsbatterie an – auch deshalb, weil sie gegenüber Tiefentladungen, vollkommen anders als eine Nasszelle, weitgehend unempfindlich ist. Da sie zudem gasungsarm ist, eignet sie sich einmal mehr für den Einsatz im Campingbereich. Im Vergleich zu herkömmlichen Autobatterien punktet der Gelakku mit einer höheren Lebensdauer und sehr geringer Selbstentladung. Er ist zudem auslaufsicher und sehr gasungsarm. Während des Ladevorgangs werden entstehende Gase in Flüssigkeit umgewandelt.

Gelakkus kommen in Wohnmobilen zur Stromversorgung des Wohnbereichs oder als Verbraucherbatterie auf Booten zum Einsatz. Außerdem dienen sie zum Antrieb von Elektrorollstühlen oder zur Versorgung komplexer elektrischer Ausrüstungen in Fahrzeugen. Für all diese Anwendungen gibt es eigens abgestimmte Gelakkus. Ihnen gemeinsam ist, dass sie eine sorgfältige Wartung erfordern.

3.2.4 VRLA-Batterie

VRLA (Valve Regulated Lead Acid) steht für ventilregulierte Vliesbatterie und bezeichnet genau genommen keine weitere Akkutechnologie. Eher handelt es sich hier in weiterem Sinn um wartungsfreie AGM- und Gelakkus.

In ihren technischen Eigenschaften gibt es große Unterschiede zwischen dem AGM- und dem Gelakku. Vereinfacht lässt sich sagen, dass dort, wo der eine gute Arbeit verrichtet, der andere fehl am Platz ist.

Die kompliziertere und teurere Gelbatterie bietet sich für Dauerbelastung an, der preiswertere AGM-Akku ist indes eine sehr gute Starterbatterie. Aus Kostengründen wird für typische Gelbatterie-Anwendungen immer wieder zum AGM-Akku gegriffen. In der Regel wird die Lebensdauer der AGM-Akkus durch die für sie ungünstige Beanspruchung deutlich herabgesetzt.

Behandlung von VRLA-Batterien

Bei den VRLA-Batterien wird bei der Ladung an der positiven Elektrode durch Wasserzersetzung Sauerstoff durch ein Glasvlies oder ein Gel von der positiven zur negativen Elektrode geleitet. Am Ende der während des Ladevorgangs ablaufenden chemischen Reaktionen im Akkuinneren wird dieser Sauerstoff wieder in Wasser umgewandelt. Ein Teil des Sauerstoffs entweicht in den sogenannten Gasraum. Das ist der Bereich über den Zellen des Akkus. Um dem erhöhten Druck standzuhalten, ist das Gehäuse der VRLA-Batterien als Druckbehälter mit verstärkten Wänden ausgeführt.

Nur bei unsachgemäßer Ladung kann im VRLA-Akku zusätzlich auch Wasserstoff entstehen. Dieser wird an der negativen Elektrode nicht wieder zu Wasser umgewandelt, sondern nach Überschreiten des zulässigen Höchstdrucks im Akkuinneren über ein Sicherheitsventil abgelassen. Sofern die VRLA-Batterie bestimmungsgemäß behandelt wird, tritt in ihr kein Wasserverlust auf, also muss sie auch nicht nachgefüllt werden. Sie ist somit vollkommen wartungsfrei.

Wird der VRLA-Batterie Energie entnommen, befindet sich im Gasraum kein Sauerstoff. Es herrscht ein Unterdruck.

Die Ventile sollten keinesfalls geöffnet werden, da der in den Akku eindringende Sauerstoff zu einer Oxidation an der negativen Elektrode führen würde. Das hätte eine irreparable Schädigung des Akkus zur Folge.

Laden von VRLA-Batterien

VRLA-Batterien sollten so schonend geladen werden, dass ihnen während des Ladevorgangs genügend Zeit bleibt, den entstandenen Sauerstoff wieder in Wasser umzuwandeln, ohne dass Wasserstoff entsteht. Damit wird gleichzeitig vermieden, dass dieser durch das Sicherheitsventil entweichen kann. So bleibt auch die Wartungsfreiheit der VRLA-Batterie erhalten.

Ideal ist es, wenn die verwendete Ladestation die Ladespannung in Abhängigkeit zur Umgebungstemperatur automatisch einstellt. Das hilft insbesondere bei stark schwankenden klimatischen Voraussetzungen die Lebensdauer des Akkus zu optimieren.

Wird die VRLA-Autobatterie unter weitgehend konstanten Verhältnissen wie etwa in einer Garage geladen, reicht ein Ladegerät mit konstanter Ladespannung. Sie sollte im Bereich von 14,2–14,4 V liegen. Grundsätzlich eignen sich für VRLA-Batterien auch IU-Ladestationen. Ihre Ladespannung muss jedoch im Bereich von 14,2–14,4 V liegen.

Von Ladestationen mit konstantem Ladestrom ist abzuraten. Sie würden gegen Ende des Ladevorgangs zu einer unkontrollierten Gasung des Akkus führen. Aber Konstantstromladegeräte sind zum Laden von Bleiakkus ohnehin nicht üblich.

3.3 Selbstentladung bei Bleiakkus

Eine Selbstentladung findet bei allen Bleiakkutypen, also AGM, Gel und den Nasszellen, statt. Sie ist durch chemische Reaktionen im Akku-Inneren begründet. Die Intensität der Selbstentladung hängt von der Akkutechnologie und -Konstruktion sowie den verwendeten Materialien, insbesondere der Art der Legierungen, ab.

Die Höhe der Selbstentladung ist temperaturabhängig. Je wärmer es ist, umso intensiver tritt sie auf. Damit sinkt die mögliche Lagerdauer des Bleiakkus mit steigender Durchschnittstemperatur. Unter der Annahme, dass während der Lagerung eine 50%ige Selbstentladung zugelassen wird, lässt sich der Bleiakku bei Temperaturen bis +10 °C bedenkenlos zwei Jahre ungenutzt aufbewahren. Bei 20 °C sind immer noch 18 Monate möglich. Darüber hinaus sinkt die mögliche Lagerzeit jedoch rasch. So reduziert sie sich bei durchschnittlich 30 °C etwa auf zehn Monate, bei 40 °C auf ein halbes Jahr. Bei 50 °C ist der Akku bereits nach drei Monaten zur Hälfte entladen.

Relevant ist die Selbstentladung in Abhängigkeit von der Temperatur besonders für nur selten genutzte Akkus. Zu ihnen zählen z. B. solche, die in Wohnmobilen oder Wohnanhängern, aber auch in Booten eingebaut sind. Aufgrund des gemäßigten Klimas in unseren Breiten können wir jedoch von einer Lagerzeit von etwa einem Jahr ausgehen, ohne dass sich der Bleiakku zu stark selbst entlädt.

Erhöhte Aufmerksamkeit ist dem Bleiakku aber zu schenken, wenn er in vergleichsweise warmer Umgebung, z. B. in heißen Betriebsräumen, gelagert wird. Hier ist eine regelmäßige Kontrolle und Nachladung, etwa im Rhythmus von drei Monaten, dringend anzuraten.

Zum Teil neigen Nasszellen und AGM-Akkus zu einer erhöhten Korrosion der positiven Elektrode, wenn der Ladezustand auf unter 60 % sinkt. Das gilt es bei längerem Nichtgebrauch dieser Akkutypen zu berücksichtigen. In der Praxis verkürzen sich bei ihnen die Kontrollintervalle. Selbst bei eher kühler Umgebung ist zumindest eine jährliche Kontrolle ratsam. Gelbatterien neigen bei geringem Ladestand im Vergleich zum AGM-Akku zu keiner nennenswerten Korrosion.

3.4 Richtig Starthilfe geben

Schafft es die eigene Autobatterie nicht mehr, das Fahrzeug in Gang zu bringen, ist Starthilfe gefragt. Dazu braucht es ein zweites Auto und zwei Starterkabel. Es wird dringend empfohlen, nur Starterkabel zu verwenden, die der DIN-Norm 72553 entsprechen. Das rote ist für den Pluspol der Batterien vorgesehen, das schwarze für den Minuspol (die Masse). Die Kabel haben an beiden Enden große Klemmen, mit denen sie an den Polen der Autobatterie festzumachen sind. Ist die Autobatterie z. B. unter der rückwärtigen Sitzbank eingebaut, muss sie nicht extra ausgebaut werden. Denn in der Regel finden sich im Motorraum eigens nach vorn geführte Kontakte. Sie dienen nicht nur der Starthilfe, sondern auch, um ein Ladegerät anzuschließen.

Achtung! Nur ein Fahrzeug, das die gleiche Bordspannung wie das eigene hat, darf Starthilfe geben! Bei unseren Pkws und Kleinlastern liegt sie bei 12 V.

Voraussetzung für die gelungene Starthilfe ist, alle durchzuführenden Schritte der Reihe nach und mit Bedacht auszuführen. Zunächst ist sicherzustellen, dass sich die Karosserien der beiden Fahrzeuge nicht berühren. Dann sind in ihnen alle Verbraucher auszuschalten. Lediglich die Warnblinkanlage des Starthilfe gebenden Autos darf angeschaltet bleiben. Auch der Motor des Starthilfe gebenden Fahrzeugs ist abzustellen.

Nun ist das rote Starthilfekabel am Pluspol der entladenen Autobatterie anzuklemmen. Danach ist sein zweites Ende mit dem Pluspol der Spenderbatterie zu verbinden. In beiden Fällen gilt es, besonders auf die Polbeschriftungen der Autobatterien zu achten. Nachdem das rote Kabel schon an der leeren Batterie angeklemmt ist, darf mit dem noch freien zweiten Kabelende keinesfalls ein metallischer Teil des Fahrzeugs berührt werden. Das käme einem Kurzschluss gleich.

Anschließend ist das schwarze Kabel zuerst am Minuspol des Starthilfe gebenden Fahrzeugs anzuklemmen. Erst dann ist das zweite schwarze Kabelende an der leeren Batterie oder einer anderen dafür vom Hersteller vorgesehenen Stelle festzumachen.

Nachdem alle Vorbereitungsarbeiten abgeschlossen sind, ist zunächst der Motor des Hilfe gebenden Fahrzeugs zu starten und etwas Gas zu geben. Auf diese Weise wird die Autobatterie von der Energie erzeugenden Lichtmaschine unterstützt.

Nun ist der Motor des zweiten Fahrzeugs zu starten. Sollte das Fahrzeug nach etwa 15 Sekunden noch nicht angesprungen sein, ist der Startversuch abzubrechen. Nach einer kurzen Regenerationspause kann man es noch einmal versuchen. Merkt man, dass das Auto extrem schwer anspringt, sollte am Hilfe gebenden Fahrzeug etwas mehr Gas gegeben werden. Dadurch steigt auch die Energieerzeugung der Lichtmaschine.

Läuft der Motor, ist zunächst einmal für mehrere Sekunden kräftig Gas zu geben, wobei Drehzahlen um die 3.000 pro Minute erreicht werden sollten. Damit wird sichergestellt, dass der Motor rund läuft und nicht gleich wieder abstirbt. Außerdem ist zu prüfen, ob er auch im Leerlauf ruhig läuft.

Während die beiden Starterkabel von den Batterieklemmen abgenommen werden, sollte das Fahrzeug mit der leeren Batterie keinesfalls abgestellt werden.

Zuerst ist das schwarze Kabel von der leeren Batterie und erst dann von der vollen abzuklemmen. Erst danach ist die rote Plusleitung zuerst vom Pluspol der Spender- und dann erst von der eigenen Batterie abzunehmen.

Unmittelbar nach der Starthilfe sollte man mit dem Fahrzeug mit der aufzuladenden Batterie mindestens 10 km fahren. In dieser Zeit sollten alle nicht zwingend benötigten Stromverbraucher wie das Radio und die Klimaanlage ausgeschaltet bleiben. Sinn der Fahrt ist, über die Lichtmaschine so viel Strom wie möglich in den Akku zu laden, sodass dieser wieder in der Lage ist, das Fahrzeug zu starten. Im Zweifelsfall ist die Autobatterie zusätzlich mit einer Ladestation voll aufzuladen.

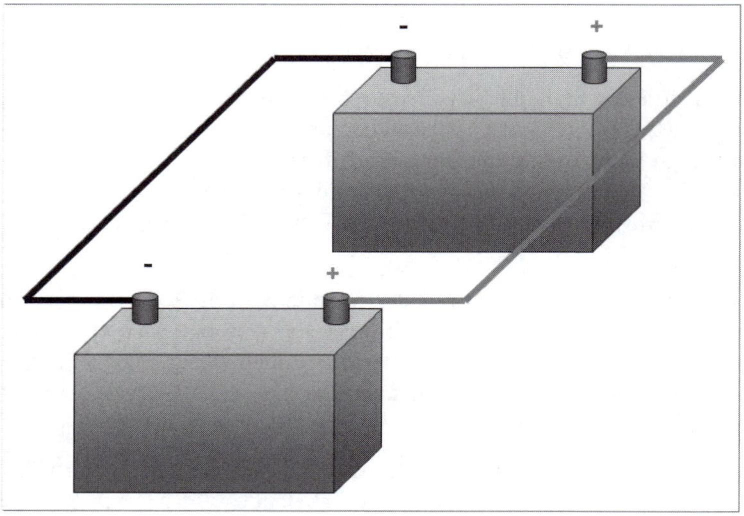

Bild 3.13: Verdrahtungsschema für Starthilfe

3.5 Starterbatterie

Oberstes Gebot bei der Starterbatterie ist Sauberkeit. Ihre Oberfläche sollte stets sauber und trocken sein. So werden Kriechströme zwischen den beiden Polen vermieden, die die Batterie auch ohne eingeschaltete Verbraucher allmählich entladen. Am einfachsten lassen sich die Kontakte und deren Umgebung mit einem mit etwas Alkohol getränkten Tuch reinigen. Kommt es zu Schwierigkeiten beim Laden, liegt das in der Regel an verschmutzten Kontakten.

Wird das Auto primär nur für sehr kurze Wegstrecken benötigt, besteht die Gefahr, dass die Autobatterie bei überwiegenden Stop-and-go-Fahrten im Stadtverkehr von der Lichtmaschine nicht ausreichend nachgeladen wird. Besonders groß ist die Gefahr, wenn sie zusätzlich durch Verbraucher wie die Klimaanlage, Sitzheizung, Heckscheibenheizung usw. beansprucht wird. Vor allem im Winter kann darin die Ursache für Startschwierigkeiten liegen. Um ihnen vorzubeugen, empfiehlt es sich, immer wieder auf nicht benötigte Verbraucher zu verzichten.

In regelmäßigen Abständen ist der feste Sitz der beiden Kabelanschlüsse zu prüfen und bei Bedarf nachzuziehen. Bei Starterbatterien mit Verschlussstopfen ist der Flüssigkeitsstand regelmäßig zu kontrollieren. Bei Bedarf ist destilliertes Wasser bis zur Füllstandsmarke am Batteriegehäuse nachzufüllen.

Wird eine Starterbatterie für einen längeren Zeitraum nicht benötigt, sollte sie immer in möglichst voll aufgeladenem Zustand aufbewahrt werden. Ihre Säuredichte sollte nicht unter 1,2 g/cm³ sinken.

Bild 3.14: Die Starterbatterie sollte stets sauber und trocken sein.

Bild 3.15: Defekte Autobatterien sind die häufigste Störungsursache bei Fahrzeugen im Winter. (Quelle: obs/ADAC)

Wie schon der Name sagt, sind Starterbatterien primär dafür gedacht, kurzzeitig den zum Starten des Autos erforderlichen Strom zu liefern. Um diese Aufgabe erfüllen zu können, sind in den Zellen der Starterbatterie möglichst viele dünne Elektrodenplatten eingebaut. Sie wechseln sich in ihrer Polarität ab. Alle Plus- und Minusplatten sind miteinander verbunden. Für die dauerhafte Versorgung von Verbrauchern ist diese Konstruktion nicht geeignet. Wird eine Starterbatterie etwa zur Stand-by-Absicherung von Computern, als Versorgungsbatterie in Booten oder Wohnanhängern und dergleichen verwendet, wirken bei Entladungen von 60–80 % bei mittleren Stromstärken auf die dünnen Elektrodenplatten große mechanische Kräfte. Sie bewirken eine Ablösung des Elektrodenmaterials vom Elektrodengitter. Die Folge ist eine deutlich verkürzte Lebensdauer.

Deshalb sollten für solche Anwendungen dafür geeignete Bleiakkus verwendet werden. Sie werden als Antriebs-, Beleuchtungs- oder Kleintraktionsbatterien gehandelt. Es gibt sie als verschlossene Gelakkus und als Nasszellen mit eigens für solche Anwendungen konstruierten stabilen Elektrodenplattenblöcken. Im Gegensatz zur klassischen Starterbatterie ist eine Versorgungsbatterie recht schwer.

Tiefentladung sollte auch bei Versorgungsbatterien vermieden werden. Die Gefahr ist groß, dass sie mit der Beleuchtung oder dem Fernseher im Wohnwagen weiter entleert werden, als ihnen guttut. Als Faustregel für Gelakkus gilt, sie nur bis auf 40 % ihrer Nennkapazität zu entladen. Nasszellen dürfen bis auf 20 % ihrer Nennkapazität entladen werden.

4 Solarakkus

Photovoltaikanlagen dienen nicht nur dazu, die erzeugte Energie ins öffentliche Stromnetz einzuspeisen. Häufig werden sie auch genutzt, um eine Stromversorgung an Orten zu realisieren, an denen es keine öffentliche Stromversorgung gibt. Als Beispiel sei das kleine Wochenendhäuschen oder eine Almhütte in den Bergen genannt. Weitere Anwendungen sind z. B. die Energieversorgung von Booten oder auf Landstraßen aufgestellte Installationen zur Sicherung des Straßenverkehrs.

Ihnen gemeinsam ist, dass sie einen Akku zur Zwischenspeicherung des Solarstroms benötigen. Obwohl auch bei netzunabhängigen Photovoltaikanlagen häufig 12-V-Bleiakkus als Energiespeicher zum Einsatz kommen, sind hier klassische Starterbatterien fehl am Platz.

Speziell für den Einsatz an Solaranlagen wurden Solarakkus entwickelt. Sie sind auch als Solarbatterien bekannt. Sie dienen in Inselanlagen zur Speicherung der während des Tages gewonnenen elektrischen Energie. Als Pufferbatterien sind sie auch in der Lage, größere Verbraucher anzutreiben. Von einem Solarakku wird allgemein eine lange Haltbarkeit im Zyklenbetrieb, eine hohe Ladungsaufnahme und gute Wiederaufladbarkeit sowie geringer Wartungsaufwand gefordert.

Wegen seines hohen Wirkungsgrads von etwa 80 % und vergleichsweise günstigem Preis dominierte bis in die jüngste Vergangenheit bei Photovoltaikanlagen der Bleiakku. Außerdem punktete er durch seinen vernachlässigbaren Wartungsaufwand und geringe Selbstentladung. Bei Solarakkus mit flüssigen Elektrolyten beträgt sie nur etwa 10 % pro Monat bei einer Durchschnittstemperatur von 25 °C.

Im Vergleich zu herkömmlichen Bleiakkus unterscheiden sich Solarakkus in ihrem mechanischen Aufbau. Er ist auf besonders hohe Zyklenfestigkeit und Lebensdauer optimiert. Außerdem steckt der Solarakku Tiefentladungen leichter weg als herkömmliche Bleiakkus. Wird der Akku bis 80 % entladen, werden etwa 1.200 Ladezyklen erreicht.

Normalerweise reicht es, einen Solar-Bleiakku jährlich zu überprüfen. Im geladenen und unbelasteten Zustand sollte er eine Zellenspannung von 2,12 V haben. Außerdem ist bei nicht wartungsfreien Akkus mit einem Säuredichtemesser der Säurestand zu prüfen. Er sollte 1,28 kg/l bei 25 °C betragen.

Zum Teil kommen auch Traktionsbatterien, wie sie zum Antrieb von Gabelstaplern Verwendung finden, bei Photovoltaikanlagen zum Einsatz. Sie erlauben bis zu 1.500 Ladezyklen und sind ebenfalls günstig erhältlich.

Dank fortschreitender Entwicklung und immer günstigerer Preise bietet sich vermehrt auch der Lithium-Ionen-Akku für Solaranwendungen an. Spezielle Entwicklungen erlauben über 10.000 Ladezyklen und somit eine Lebensdauer von annähernd 20 Jahren.

5 Nickelakkus

Die Nickel-Metallhydrid(NiMH)- und Nickel-Kadmium(NiCd)-Akkus sind typische Haushaltsakkus. Sie sind in den gleichen Größen wie die üblichen Haushaltsbatterien erhältlich. Der einzige Unterschied: Während normale Batterien eine Nennspannung von 1,5 V haben, liegt sie bei NiMH- und NiCd-Akkus bei nur 1,2 V.

Heute gebräuchlich sind NiMH-Akkus. Ihre Vorgänger, die NiCd-Zellen, sind aber nach wie vor in vielen Haushalten anzutreffen.

Die Größen von Haushaltsakkus und -batterien sind weltweit genormt. Allerdings gibt es verschiedene Bezeichnungsnormen. Sie sind in der folgenden Tabelle gegenübergestellt.

Typ	*ANSI*	*IEC*	*Durchmesser*	*Höhe*	*Breite*	*Länge*
Lady	N	R01	12 mm	30,2 mm		
Micro	AAA	R03	10,5 mm	44,5 mm		
Mignon	AA	R06	14,7 mm	50,5 mm		
Baby	C	R14	26,2 mm	49,8 mm		
Mono	D	R20	32,9 mm	61,3 mm		
9-V-Block	PP3	6F22		48,5 mm	26,5 mm	17,5 mm

Umgangssprachlich wird meist von Mignon- oder Microzellen gesprochen. Zunehmend werden auch die ANSI(American National Standards Institute; US-Normungsinstitut)-Bezeichnungen im allgemeinen Sprachgebrauch genutzt. Sowohl die herkömmlichen Typbezeichnungen als auch die ANSI-Abkürzungen haben den Vorteil, dass sie technologieübergreifend nur die Größen von Akkus oder Batterien beschreiben. Die IEC(Internationale Elektronische Kommission; Internationales Normungsinstitut)-Norm geht einen Schritt weiter und baut in die Bezeichnungen auch die dem Energiespender zugrunde liegende Technologie mit ein. Das »R« steht für eine Zink-Kohle-Batterie. Man ist aber übereingekommen, auch Akkus mit »R« zu bezeichnen. »LR« weist darauf hin, dass es sich um eine Zink-Alkali-(Mangan-)Batterie handelt.

Da die Akkukapazität ein gewichtiges Verkaufsargument darstellt, versuchen Hersteller, Zellen mit besonders hoher Kapazität auf den Markt zu bringen. Gelegentlich werden aber Akkus mit etwas größerem als dem genormten Durchmesser produziert, was zur Folge hat, dass verschiedene Akkus in den Ladeschächten der Ladestationen und/oder in den Batterieschächten der zu betreibenden Geräte klemmen oder sich gar nicht erst einlegen lassen.

5.1 NiCd-Akkus

Die Entwicklung des NiCd-Akkus begann im späten 19. Jahrhundert. Um 1910 startete seine industrielle Fertigung. Er zählt neben dem Bleiakku zu den ältesten Akkutypen.

Er hat eine Nennspannung von 1,2 V. Seine Ladeschlussspannung liegt bei 0,9 V. NiCd-Akkus haben einen geringen Innenwiderstand, weshalb sie hohe Ströme abgeben können.

Ab den späten 1970er-Jahren wurde er bei den Endverbrauchern beliebt. Das steigende Umweltbewusstsein ließ sie vermehrt zu den wiederaufladbaren NiCd-Akkus greifen, womit der Batteriemüllberg spürbar reduziert werden konnte. Für den Einzelnen aber weitaus spannender war und ist auch noch heute der Umstand, dass sich mit Akkus viel Geld sparen lässt. Schließlich können NiCd-Akkus bis zu 1.000 mal wieder aufgeladen werden. Das heißt, dass ein NiCd-Akku 1.000 herkömmliche Batterien zu ersetzen vermag.

Schon bald erkannte man, dass die um 20 % geringere Akkunennspannung im Vergleich zu den 1,5 V der Batterie kein Nachteil ist. Da die Spannungskurve während der Entladung des NiCd-Akkus bis unmittelbar vor dem Ladeende weitgehend konstant blieb, ließen sich damit besonders energieintensive Geräte länger betreiben als mit herkömmlichen Batterien, bei denen die Spannung linear abgebaut wird. Zu den drastischen Beispielen, die die Vorzüge des NiCd-Akkus demonstrierten, zählte ihr Einsatz in den in den 1980er-Jahren aufkommenden Minifernsehern mit Bildröhren von 10–15 cm Diagonale. Mit NiCd-Akkus bestückt konnte im Vergleich zu herkömmlichen Batterien eine bis zu dreimal längere Spielzeit erreicht werden. Hier hatte man das Geld für die Akkus und das Ladegerät bereits nach wenigen Ladezyklen »eingespielt«.

Heute kommen NiCd-Akkus nur noch für Hochstromanwendungen zum Einsatz, für die sich die neueren NiMH-Akkus weniger eignen. Wegen eines EU-Verbots ist das Ende der NiCd-Akkus jedoch besiegelt.

Je nach Konstruktion eignen sich NiCd-Akkus auch für den Einsatz bei niedrigen Temperaturen. NiCd-Akkus mit Faserstrukturplattentechnik haben selbst bei -40 °C noch etwa die Hälfte ihrer Kapazität bei Raumtemperatur.

Kennwerte: NiCD-Akku

Abkürzung	NiCd
Ladeschlussspannung	1,35 V
Zellenspannung	1,2 V
Minimale Zellen-Entladespannung	0,9 V
Ladezyklen	1.000
Monatliche Selbstentladung	ca. 15–20 % der Nennkapazität

Das in den Akkus enthaltene Schwermetall Kadmium belastet die Umwelt schwer. Es ist krebserregend und verseucht Gewässer. Deshalb wurde 2004 von den EU-Umweltministern eine Verordnung zur Reduktion von Kadmium in Akkus und Batterien erlassen. Seit 2007 besteht ein Verbot für NiCd-Akkus. Gegenwärtig gibt es aber noch Ausnahmen, die ihren Einsatz in schnurlosen Elektrowerkzeugen gestattet, sofern andere Akkusysteme für keinen gleichwertigen Ersatz sorgen können.

Ende 2013 wurde per Gesetz das Ende der Verwendung von Kadmium in Akkus für Elektrogeräte wie Akkubohrmaschinen beschlossen. Die noch geltende Übergangsfrist endet am 31. Januar 2016. Ab diesem Datum dürfen NiCd-Akkus nur noch in Notsystemen und -leuchten sowie in medizinischer Ausrüstung Verwendung finden.

NiCd-Akku entladen

Entscheidend zum Erreichen einer langen Lebensdauer ist stets die vollständige Entleerung des NiCd-Akkus. Er sollte deshalb so lange im zu betreibenden Gerät verbleiben, bis er nicht mehr genügend Spannung enthält. Im Zweifelsfall kann man auch zu einem Ladegerät mit Entladefunktion greifen. Es entlädt den Akku zunächst auf das geforderte Maß, um anschließend eine schonende Ladung zu gewährleisten.

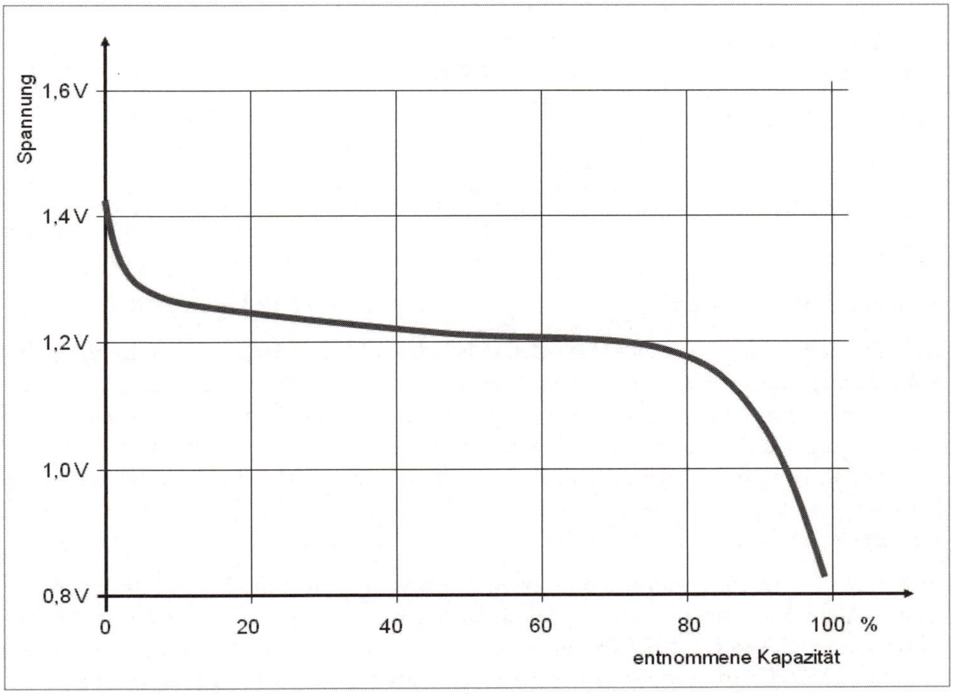

Bild 5.1: Die Entladekurve des NiCd-Akkus zeigt, dass er bis nahe an die vollkommene Entladung eine weitgehend stabile Spannung bereitstellt.

Klassische Einwegbatterien verringern ihre Spannung kontinuierlich bei steigender Entladung. Der NiCd-Akku hält seine Spannung konstant bei etwas unter 1,2 V bis unmittelbar vor seiner vollständigen Entleerung. Damit ist die uneingeschränkte Leistungsfähigkeit der betriebenen Geräte bis unmittelbar vor Erreichen der Ladeschlussspannung gesichert. Erst kurz vor Ladungsende sinkt seine Spannung schnell ab. Sie ist das sichtbare Zeichen dafür, dass der Akku leer ist und wieder aufgeladen werden muss. Die Entladespannung von 0,9 V sollte nicht unterschritten werden, um Schäden am Akku zu verhindern.

5.2 NiMH-Akkus

Der NiMH-Akku gilt als Nachfolger des alten NiCd-Akkus und wurde 1988 auf den Markt gebracht. Er hat eine Zellenspannung von 1,2 V und vermag deutlich höhere Energiemengen zu speichern als der NiCd-Akku. Seine Energiedichte ist mehr als doppelt so hoch wie die einer NiCd-Zelle. Selbst übliche Batterien speichern nur etwas mehr als die Hälfte der Energie eines NiMH-Akkus. Damit erlauben NiMH-Akkus doppelt so lange Betriebszeiten im Vergleich zu den älteren NiCd-Akkus. NiHM-Akkus lassen bei sorgsamer Behandlung mindestens 500 Ladezyklen zu. Bei aktuellen NiMH-Modellen sollen sogar bis zu 1.800 Ladevorgänge möglich sein.

Kennwerte: NiMh-Akku

Abkürzung	NiMH
Ladeschlussspannung	1,35 V
Zellenspannung	1,2 V
Minimale Zellen-Entladespannung	1,0 V
Ladezyklen	300–1.800
Monatliche Selbstentladung	ca. 20 bis 30 % der Nennkapazität

Obwohl die Entwicklung der NiMH-Zelle bis auf Thomas A. Edison zurückgeht, ist ihre Entwicklung längst nicht abgeschlossen. Heute ist man bemüht, für verschiedene Einsatzgebiete eigens dafür optimierte Lösungsansätze zu verwirklichen. Zum einen arbeitet man an der Optimierung der Elektroden und Elektrolyten zur Anhebung der Zyklenzahl. Ging man noch um 2008 von rund 500 Zyklen für einen NiMH-Akku aus, hat man 2013 mit bis zu 1.800 möglichen Ladevorgängen das ursprüngliche Ziel, gleich viele Zyklen wie bei den alten NiCd-Zellen (1.000) zu erreichen, längst überschritten.

Außerdem wurden Zellen mit verringertem Innenwiderstand entwickelt. Damit wird der NiMH-Akku auch hochstromfähig, ohne sich dabei sonderlich zu erwärmen. Solche Akkus finden besonders bei Elektrofahrrädern ihren Einsatz. Bei ihnen müssen sie auch über längere Zeiträume wie etwa bei der Überwindung von Steigungen in der Lage sein, Ströme von bis über 30 A bereitzustellen. Keine Frage, dass besonders bei diesem Anwendungsfall nicht mehr von typischen Haushaltsakkus die Rede ist.

Spezielle NiMH-Akkus wurden ferner für den Hochtemperaturbereich geschaffen. Sie können in Notleuchten oder z. B. in Backup-Systemen eingesetzt werden. Hier profitiert man von der deutlich höheren Energiedichte der NiMH- im Vergleich zu den NiCd-Zellen, womit diese bei gleicher Größe deutlich längere Betriebszeiten zulassen.

Entladen

NiMH-Akkus und normale Einwegbatterien unterscheiden sich auch in ihrer Entladecharakteristik grundlegend voneinander. Zunächst hat es den Anschein, als seien NiMH-Zellen mit ihrer Nennspannung von 1,2 V den klassischen Batterien mit 1,5 V unterlegen. Diese zeigen während des Entladevorgangs einen nahezu linearen Spannungsabfall. Damit kommt die höhere Nennspannung der Batterien nur zum Tragen, solange sie noch weitgehend voll sind.

Die NiMH-Zelle hat im Gegensatz dazu eine sehr flache Entladekurve. Sie hält ihre Nennspannung bis nahe an ihr Kapazitätsende konstant bei 1,2 V. Erst unmittelbar vor ihrer vollkommenen Entladung bricht ihre Spannung zusammen.

Dieses unterschiedliche Verhalten von Batterie und NiMH-Akku lässt sich bestens mit einer Taschenlampe nachvollziehen. Sie leuchtet ab dem Einschalten im Lauf der Zeit stets weniger hell, bis sie bei entladener Batterie irgendwann erlischt. Ganz zu Beginn brennt das Licht mit einer NiMH-Zelle nicht ganz so hell, wobei uns der Unterschied zur frischen Batterie in der Praxis kaum auffallen wird. Entscheidend ist aber: Die Helligkeit der Taschenlampe bleibt bis zuletzt unverändert erhalten. Wird sie dunkler, weiß man, dass der Akku sein Ladeende erreicht hat und nun auszuwechseln ist. So ist auch sichergestellt, dass er nicht über Gebühr entladen wird.

Stellt man die Augenblicksspannungen während des gesamten Entladevorgangs von Batterie und NiMH-Akku gegenüber, wird mit dem Akku eine höhere Durchschnittsspannung erreicht. Während die Batterie die Spannung von 1,2 V bereits bei einem Entladezustand von etwa 45 % unterschreitet, wird sie von der NiMH-Zelle bis zu einer Entladung bis rund 90 % weitgehend konstant gehalten.

Der konstante Kurvenverlauf hat den Vorteil, dass die betriebenen Geräte über einen langen Zeitraum gleich zuverlässig funktionieren. Werden NiMH-Zellen etwa in motorgetriebenem Spielzeug eingesetzt, bleibt der Spielspaß bis zuletzt erhalten.

Mitunter wird die flache Spannungskurve auch als Nachteil gesehen, sie erlaubt nämlich keine Rückschlüsse auf den Ladezustand des NiMH-Akkus. Er kann bei anliegender Spannung von 1,2 V nahezu voll, aber auch bereits fast leer sein. Bei Geräten mit Niedrigspannungswarnung können so die Warnung und die Abschaltung unmittelbar aufeinander folgen.

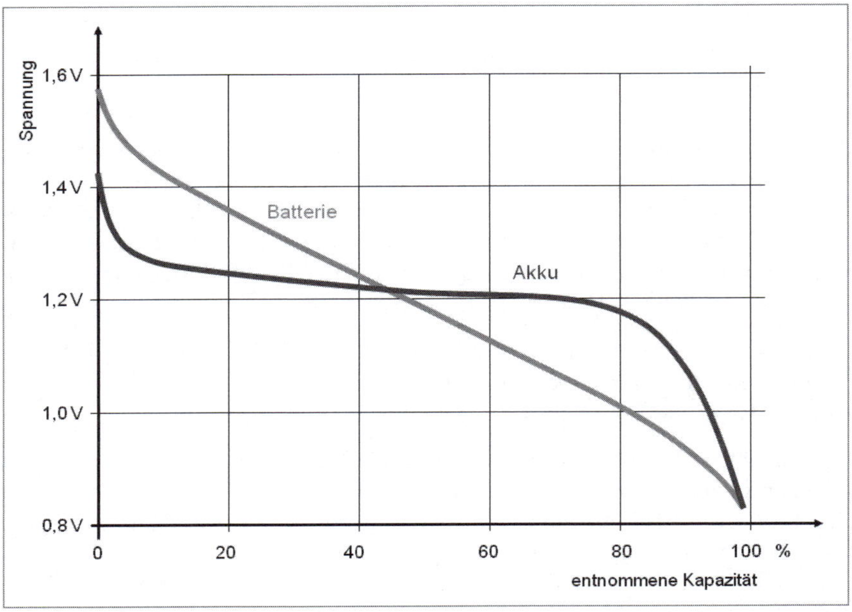

Bild 5.2: Während die Batterie kontinuierlich an Spannung verliert, hält der NiHM-Akku sie bis zum Schluss konstant, womit ein stabilerer Betrieb von Geräten aller Art gewährleistet ist.

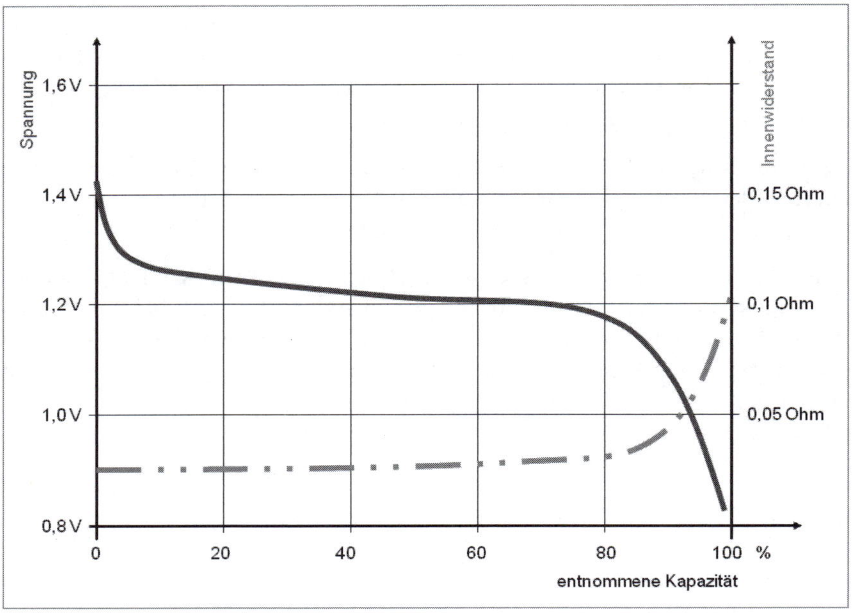

Bild 5.3: Zusammenhang zwischen Spannungsentladekurve und Innenwiderstand – dieser steigt erst unmittelbar vor Erreichen der Entladeschlussspannung.

Akkus dürfen, anders als Einwegbatterien, nicht bis zum bitteren Ende entleert werden. Ein sicherer und vor allem langlebiger Betrieb ist bei NiMH-Akkus gewährleistet, wenn sie nicht unter 1,0 V entladen werden. Dreht sich z. B. ein Motor scheinbar von einem Augenblick zum Nächsten plötzlich langsamer oder wird die Taschenlampe auf einmal dunkler, kommt man in den Bereich der 1,0 V. Dann heißt es: Gerät ausschalten, Akkus wechseln.

Tiefentladungen auf 0,9 V oder 0,8 V sind bei NiMH-Akkus zwar grundsätzlich möglich und werden den Akku nicht sofort zerstören, eine außergewöhnlich starke Belastung bedeutet es aber allemal. Sie geht auch nicht spurlos vorüber, sondern verringert die Lebensdauer spürbar. Bei fortwährender Tiefentladung kann das Lebensende eines NiMH-Akkus bereits bei 50 Ladezyklen erreicht sein. Bei schonender Behandlung ist mühelos das Zehnfache möglich.

5.2.1 Akkukapazität

Auf NiMH-Akkus ist üblicherweise die Kapazität in Milliamperestunden (mAh) angegeben. Je höher ihre Zahl, umso mehr Power steckt im Akku. Unter welchen Voraussetzungen die Akkukapazität vom Hersteller ermittelt wurde, bleibt unklar. Meist dürfte als Basis ein konstanter Entladestrom in der Höhe von 0,1 C dafür herangezogen werden. Dieser Wert ist durchaus praxisgerecht. Er erlaubt dem Hersteller, hohe Kapazitätswerte zu erreichen, die natürlich entsprechend werbewirksam sind.

Grundsätzlich sollte man die aufgedruckte Milliamperestundenzahl nur als Richtwert betrachten, denn wie viel Kapazität dem Akku tatsächlich entnommen werden kann, hängt von der Höhe des entnommenen Stroms ab. Je geringer der Entladestrom ist, umso höher ist die Kapazität des NiMH-Akkus. Bei der Entnahme sehr geringer Ströme wie etwa 0,2 C wird die am Akku angegebene Kapazität ungefähr erreicht. Beträgt der Entladestrom etwa 1 C, ist mit einer entnehmbaren Kapazität von 90 % zu rechnen. Bei sehr energieintensiven Verbrauchern kann die Leistung des Akkus bei Strömen in der Größenordnung von 2–3 C deutlich unter 90 % sinken und sich bis nahe 80 % reduzieren.

Wie auch alle anderen Akkus und Batterien ist der NiMH-Akku einer hohen Temperaturabhängigkeit ausgesetzt. Am wohlsten fühlt er sich bei Zimmertemperatur. Darauf beruhen auch die Kapazitätsuntersuchungen. Bei hohen Temperaturen steigt die Kapazität sogar geringfügig. Niedrige Temperaturen führen zu hohen Kapazitätsverlusten. Bei 0 °C muss man bereits eine Leistungsminderung von etwa 20 % hinnehmen. Bei -10 °C kann sie im Vergleich zur Zimmertemperatur sogar bei 80 % liegen.

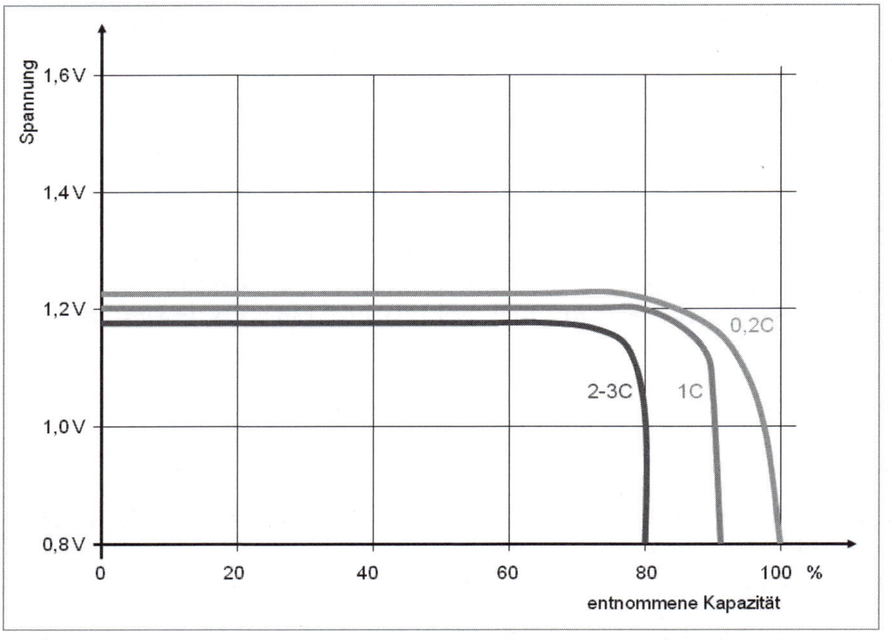

Bild 5.4: Die Kapazität eines NiMH-Akkus ist umso höher, je geringer der Entladestrom ist.

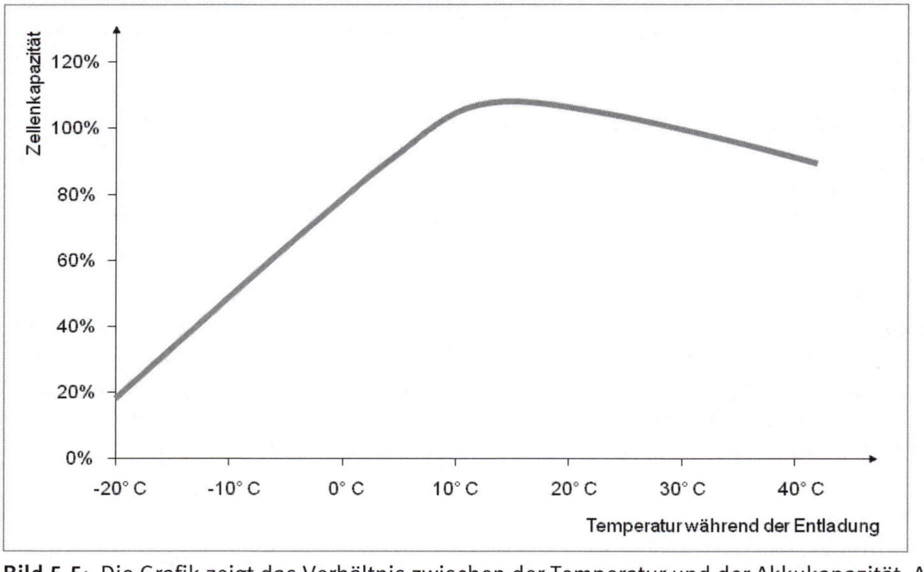

Bild 5.5: Die Grafik zeigt das Verhältnis zwischen der Temperatur und der Akkukapazität. Am geringsten ist diese bei Kälte, am höchsten etwa bei Zimmertemperatur.

5.2.2 Selbstentladung

Die Selbstentladung ist bei Akkus ein nicht zu unterschätzender Faktor. Bei NiMH-Akkus liegt sie bei 20–30 % pro Monat. Hinzu kommt, dass sich normale NiMH-Akkus nicht linear entladen. Ihre Entladung beginnt unmittelbar nach dem Ladevorgang. Innerhalb von 24–48 Stunden können sie bereits 10 % und mehr ihrer Ladung verlieren. Damit hat z. B. ein 2.000-mAh-NiMH-Akku am Tag nach dem Aufladen höchstens noch eine Kapazität von 1.800 mAh. An den folgenden Tagen schrumpft seine Ladung weiter – allerdings nicht mehr in so rasantem Tempo wie zu Beginn. Innerhalb eines Monats gehen 20–30 % der gespeicherten Energie verloren.

Deshalb sollte man NiMH-Akkus möglichst gänzlich aufladen, kurz bevor man sie benötigt. Ärgerlich wäre es z. B., wenn ein vor Wochen geladener NiMH-Akkusatz in einem Blitzgerät bereits nach wenigen Fotos aufgäbe.

Die hohe Selbstentladung lässt den sinnvollen Einsatz von NiMH-Akkus jedenfalls fraglich erscheinen. Bei energieintensiven Anwendungen wie in der Fotografie oder in Kinderspielzeug stellen sie vollauf zufrieden. Für Geräte, die nur selten genutzt werden, eignen sie sich weniger (z. B. Taschenlampe für Notfälle). Der NiMH-Akku büßt innerhalb eines Jahres bis zu 95 % seiner Kapazität ein. Er ist also leer, bevor man ihn überhaupt gebraucht hat. Gleichzeitig läuft der Akku Gefahr, tiefentladen zu werden, was ihm schadet.

Die hohe Selbstentladung wird bei NiMH-Akkus von den Herstellern zugunsten höherer Kapazitäten bewusst in Kauf genommen. Man geht davon aus, dass höhere Kapazitätsangaben unschlagbare Verkaufsargumente sind. Man kann aber mit einem Akku geringerer Kapazität durchaus die Nase vorn haben – insbesondere, wenn der Akku nicht unmittelbar nach dem Ladevorgang genutzt wird.

Der Grad der Selbstentladung ist von der Umgebungstemperatur abhängig. Je wärmer es ist, desto schneller verliert der Akku seine Ladung.

Ältere NiMH-Akkus haben eine relativ hohe Selbstentladung. Bei ihnen muss man davon ausgehen, dass sie nach etwa 9 Monaten vollständig entladen sind. Viele der aktuell angebotenen NiMH-Akkus haben eine reduzierte Selbstentladung. Hier soll der Akku nach 12 Monaten noch etwa 80 % seiner Nennkapazität enthalten. Vorausgesetzt wird dabei, dass der Akku bei Temperaturen zwischen etwa 4–10 °C gelagert wird und ihm stets nur Ströme mittlerer Höhe entnommen werden. Außerdem sollte er nicht mit Schnellladegeräten aufgeladen worden sein.

Bei Temperaturen um den Gefrierpunkt findet die geringste Selbstentladung statt. Bereits bei normaler Raumtemperatur verliert der NiMH-Akku innerhalb des ersten Monats rund 25 % seiner Kapazität. Wird er bei durchschnittlich 40 °C gelagert, verliert er allein durch Selbstentladung innerhalb eines Monats rund zwei Drittel seiner Ladung. Diese Angaben sind als Richtwerte zu verstehen. Während bei tiefen Lagertemperaturen die Toleranz bei der Selbstentladung bei nur etwa 5 % liegt, kann sie bei hohen Temperaturen bis zu etwa 20 % betragen, womit ein bei 40 °C gelagerter NiMH-Akku nach einem Monat zu 80 % seiner Nennkapazität verloren haben kann. Das trifft übrigens nur für ältere NiMH-Akkus zu. Aktuell werden zunehmend verbesserte NiMH-Akkus mit deutlich geringerer Selbstentladung vertrieben.

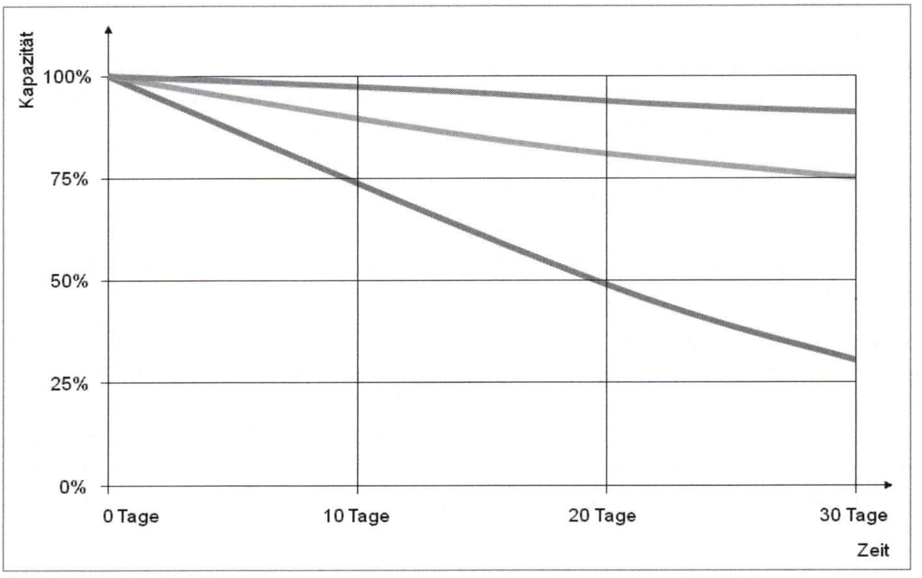

Bild 5.6: Die Grafik zeigt die Selbstentladung eines NiMH-Akkus bei 0 °C (oben), bei 20 °C (Mitte) und bei 40 °C (unten).

5.2.3 Stromentnahme und Einsatzgebiete

Fernsteuerungen werden meist mit AAA-, seltener mit AA-Zellen betrieben. Normalerweise kommen in Fernsteuerungen normale Einwegbatterien zum Einsatz, die hier über Jahre hinweg ihren Dienst verrichten können, ehe sie zu tauschen sind.

Bei Einsatzgebieten, bei denen nur sehr geringe Ströme in der Größenordnung bis etwa 10 mA dem Akku entnommen werden, besteht bei normaler Standardware die Gefahr, dass sie bereits nach wenigen Monaten durch Selbstentladung geleert sind. Diese Akkus sind relativ häufig nachzuladen. Dieser Effekt ist umso ausgeprägter, je höher die Kapazität des eingelegten Akkus ist. Bei einem normalen 2.500-mAh-Akku muss man damit rechnen, dass er allein während des ersten Monats 10 % seiner Kapazität aufgrund von Selbstentladung verliert, was 250 mAh entsprechen würde. Besser verwendet man für solche Anwendungen einen Akku mit geringer Nennkapazität. Mit einem 1.000-mAh-Akku wäre die Selbstentladung zwar grundsätzlich gleich hoch, allerdings würden hier 10 % nur noch 100 mAh ausmachen. Damit wäre die effektive Laufzeit eines schwachen Akkus kaum kürzer als die eines leistungsstarken.

Am sinnvollsten ist der Einsatz von Akkus in Verbrauchern mit besonders geringem Energiebedarf, wenn man auf Typen mit verringerter Selbstentladung zurückgreift. Mit ihnen sollten ähnlich lange Betriebszeiten wie mit einer herkömmlichen Einwegbatterie zu erreichen sein. Es stellt sich aber die Frage, ob der Einsatz von Akkus in Fernsteuerungen u. Ä. tatsächlich wirtschaftlich ist.

Werden dem Akku hohe Stromstärken entnommen, belastet ihn das vergleichsweise mehr als die Entnahme geringerer Ströme. Um den Akku nicht über Gebühr zu belasten, sollte seine Kapazität jedenfalls doppelt so hoch wie der zu erwartende Stromfluss sein. Aus einem 2.000-mAh-Akku sollten dementsprechend maximale Ströme von 1.000 mA entnommen werden. Das gewährleistet, dass sich der Verlust an Ladezyklen in noch erträglichen Grenzen hält. Hohe Entladeströme führen zu einer erhöhten Erwärmung des Akkus. Sie ist auch die Hauptursache für den Verlust an Ladezyklen.

Die Lebensdauer eines NiMH-Akkus wird in hohem Umfang von dessen Nutzung beeinflusst. Am liebsten mag es ein NiMH-Akku, wenn man ihn gleichmäßig belastet, wobei er allerdings weder über- noch unterfordert werden sollte.

Geringe Entladeströme führen zu einem gesteigerten Kristallwachstum an den Elektroden, womit der Innenwiderstand des Akkus steigt. Dabei sinkt seine Selbstentladung, aber auch die Fähigkeit, hohe Ströme abzugeben. Bei der Entnahme geringer Ströme sind bis zu 500 Ladezyklen erreichbar.

Werden dem Akku hohe Ströme entnommen, unterbindet das zwar die Kristallbildung an den Elektroden und der Innenwiderstand bleibt gering, aber es führt aber zu einer steigenden Selbstentladung, und es sind höchstens ca. 300 Ladezyklen erreichbar.

Die Entnahme mittlerer Stromstärken erweist sich für den NiMH-Akku als ideal. Sie sorgt für ein vernachlässigbares Kristallwachstum und einem geringen Innenwiderstand. Auf diese Weise sind bis etwa 1.000 Ladezyklen erreichbar.

Am wohlsten fühlt sich der Akku, wenn er von Anfang an immer die gleiche Nutzung erlebt. NiMH-Akkus sollten also nicht in verschiedene Geräte eingelegt, sondern bestimmten zugeordnet werden. Die stets gleichmäßige Belastung hilft, die Lebensdauer des Akkus zu maximieren. Das trifft zumindest für Akkus zu, die Geräte mit besonders geringem oder hohen Stromverbrauch versorgen sollen, beides belastet den Akku nämlich relativ stark. Wird ein Akku für mittlere Stromstärken benötigt, sollte er grundsätzlich auch dieser Nutzung treu bleiben. Während der Nutzungsdauer kann er aber bei Bedarf auch zu Hoch- oder Niedrigstromverbrauchern wechseln. Dort sollte er dann aber bis zum Ende seiner Lebensdauer verbleiben.

Bild 5.7: Diese NiMH-Akkus der Größe D haben mit 10.000 mAh eine ausgesprochen hohe Kapazität. (Quelle: Ansmann)

Bild 5.8: Mit 5.000 mAh haben diese NiMH-Akkus der Größe D eine vergleichsweise geringe Kapazität. (Quelle: Ansmann)

5.2.4 Umgang mit NiMH-Akkus

Der NiMH-Akku ist überaus temperaturempfindlich. Wegen seines Wasseranteils verliert er bei Temperaturen um den Gefrierpunkt massiv an Leistung. Generell ist der NiMH-Akku nur für den Temperaturbereich von etwa 0 °C (mit Einschränkungen) und 40 °C vorgesehen. Hohe Temperaturen schaden seiner Lebensdauer. Der Gefahr der Unterkühlung oder Überhitzung ist der NiMH-Akku bereits ausgesetzt, wenn er im Winter oder Sommer im Auto liegt.

Entscheidend für die lange Lebensdauer eines NiMH-Akkus ist auch, dass er nicht unter seine minimale Entladespannung strapaziert und beim Laden nicht überladen wird. Das Powermanagement vieler Geräte ist nicht optimal. Sie schalten z. B. erst nach Unterschreiten der Mindestspannung ab oder lassen den Akku zu hoch aufladen. Mitunter kann auf diese Weise der NiMH-Akku bereits nach weniger als 50 Ladezyklen unbrauchbar sein.

Der NiMH-Akku wird am besten bei tiefen Temperaturen unter 20 °C aufbewahrt. Kalte Umgebung reduziert die Selbstentladung und die sogenannte Elektrodenkorrosion. Der NiMH-Akku sollte niemals voll entladen aufbewahrt werden. Ideal ist ein Ladezustand von 50–60 %, bei dem die Zellenselbstentladung gering ist und mit sinkender Zellenspannung weiter abnimmt. Auf diese Weise lassen sich lange Lagerzeiten realisieren. Dennoch ist es unumgänglich, den Spannungszustand des Akkus rund alle drei Monate zu kontrollieren. Nähert er sich der zulässigen Mindestspannung von 1,0 V, ist der Akku nachzuladen. So wird die schädliche Tiefentladung verhindert.

Neue NiMH-Akkus werden ab Werk zu rund 50–60 % aufgeladen. Damit soll die Zeitspanne zwischen ihrer Produktion und dem Erwerb durch den Endverbraucher überbrückt werden.

Ein nicht gänzlich geladener Akku stellt nach längerer Lagerdauer nach dem ersten Laden sofort wieder die volle Spannung und Kapazität bereit. Er sollte aber erst voll aufgeladen werden, wenn er unmittelbar darauf benötigt wird.

5.3 NiCd- und NiMH-Akkus laden

Die alten NiCd- und die aktuellen NiMH-Akkus sind nahe Verwandte mit vergleichbaren Eigenschaften. Beide haben eine Nennspannung von 1,2 V, beide haben eine ähnlich tiefe Entladespannung, beide können in den gleichen Geräten betrieben werden. Die Gemeinsamkeiten setzen sich beim Laden beider Akkutypen fort. Beide können nach den gleichen Kriterien und somit auch mit den gleichen Ladegeräten aufgetankt werden – allerdings mit kleinen Einschränkungen.

Ladeströme

Der klassische NiCd-Akku will langsam aufgeladen werden. Er ist nur für geringe Ladeströme von etwa 0,1 C ausgelegt. Man spricht bei dieser Variante auch von der Normalladung. Sie findet über einen Zeitraum von rund 14 Stunden statt. Der geringe Ladestrom hat bei NiCd-Akkus den Vorteil, dass diese damit nicht überladen werden können, womit das langsame Laden einer besonders schonenden Behandlung gleichkommt.

Übliche Haushaltsladegeräte für NiCd- und NiMH-Akkus der Größen AA (Mignon) und AAA (Mikro) lassen das Einstellen des Ladestroms nicht zu. Er ist aber so abgestimmt, dass er selbst Akkus mit geringer Kapazität nur mit einem geringfügig höheren Strom als 0,1 C lädt. Je nach Größe und Kapazität werden NiCd- oder NiMH-Akkus in rund 12–24 Stunden voll aufgeladen.

Sofern Akkus schnellladefähig sind, können sie mit Ladeströmen von bis zu 4 C innerhalb von etwa 4–6 Stunden aufgeladen werden. Selbst Ladungen innerhalb von 2 Stunden sind grundsätzlich möglich. Hierzu sollte aber nur gegriffen werden, wenn man sehr schnell einen vollen Akku braucht und dieser auch dafür geeignet ist. Eine extreme Schnellladung belastet einen Nickelakku grundsätzlich sehr stark. Damit geht auch eine spürbare Reduzierung der weiteren möglichen Ladezyklen und somit der Lebensdauer einher.

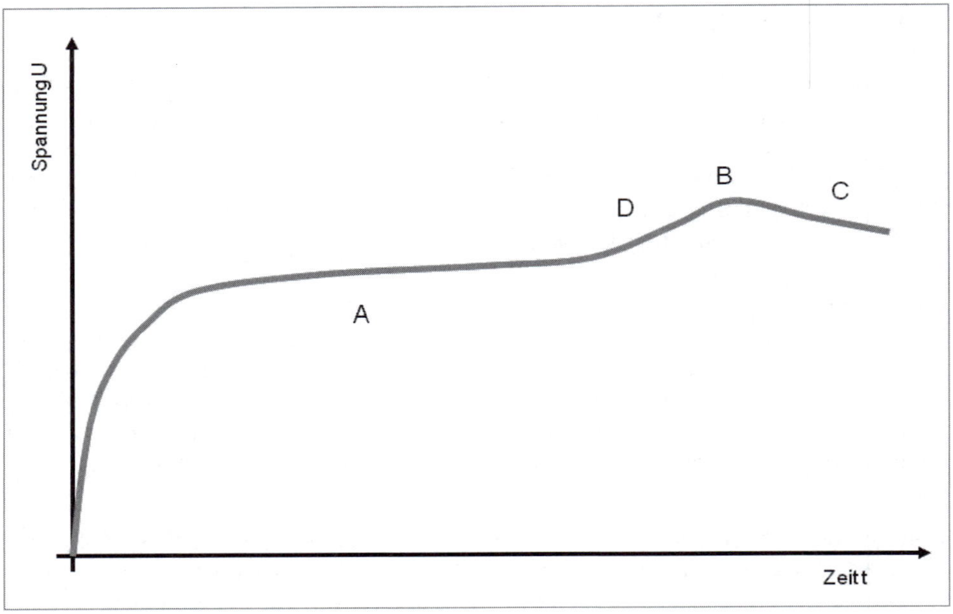

Bild 5.9: Typische Ladekurve eines NiCd-Akkus

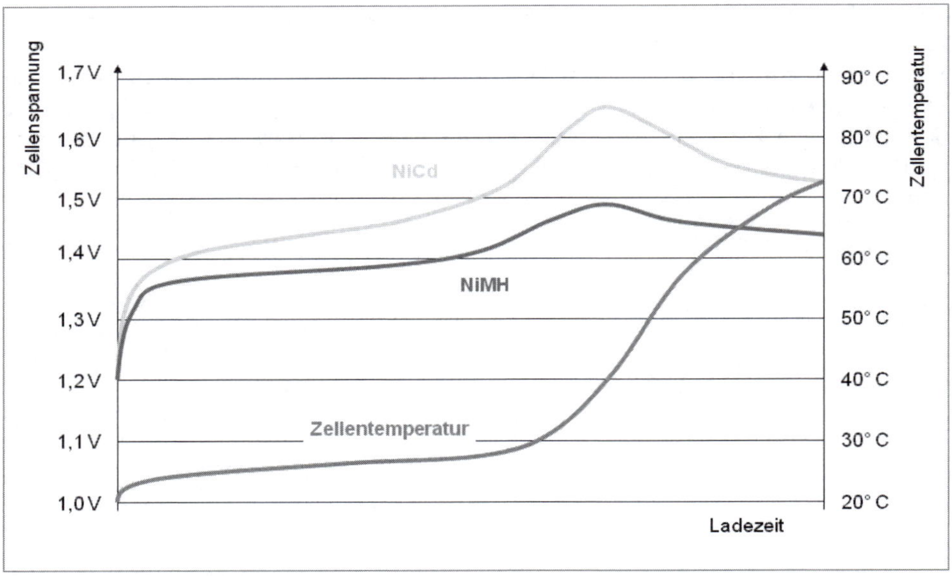

Bild 5.10: Vergleich der Ladekurve von NiCd- und NiMH-Zellen und der Zellenerwärmung während der Ladung

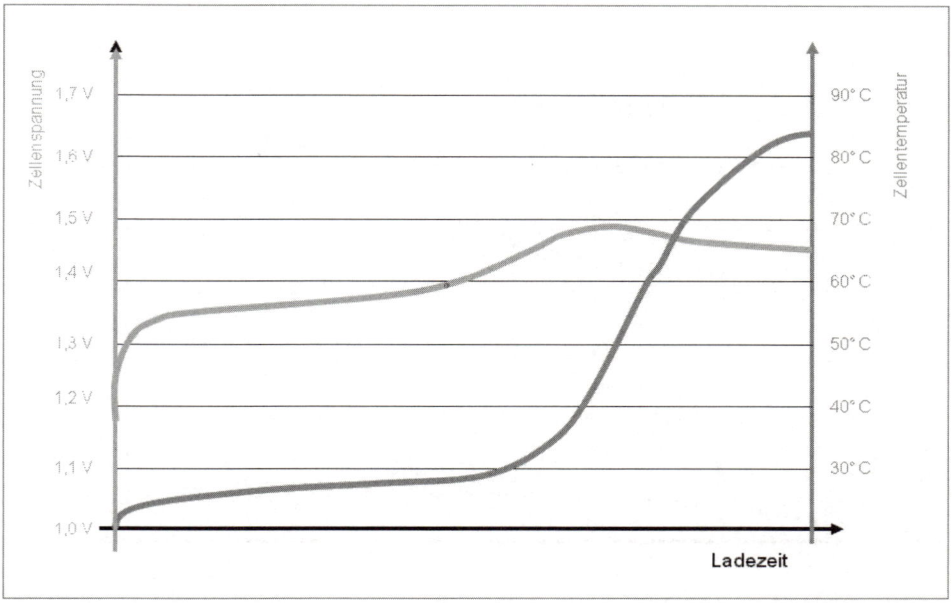

Bild 5.11: Aufladen eines NiMH-Akkus; Zusammenhang zwischen der Zellenspannung und der Zellenerwärmung beim Laden mit konstantem Strom.

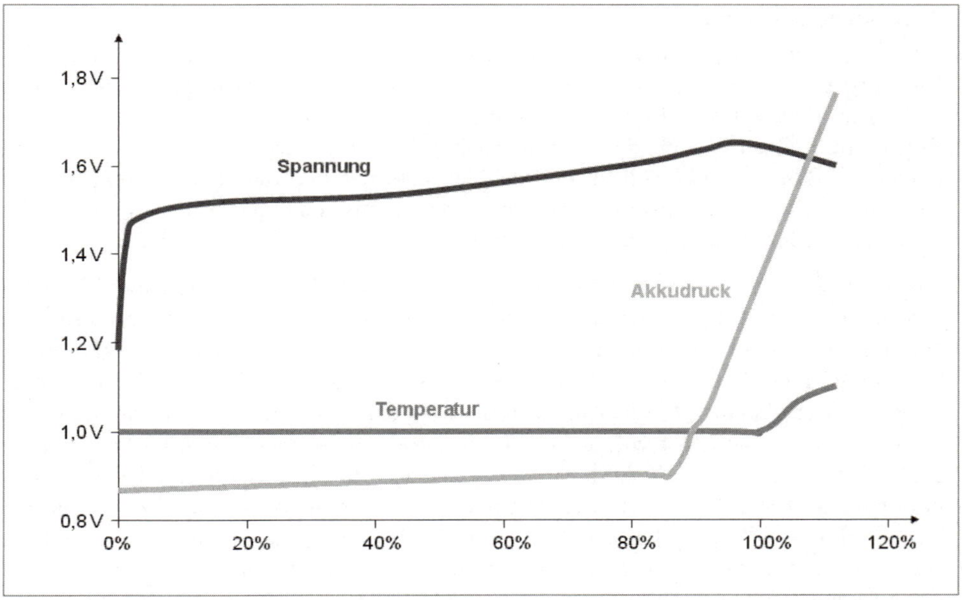

Bild 5.12: Verhalten von Spannung, Akkutemperatur und Druckentwicklung im Akku beim Laden und Überladen eines NiMH-Akkus.

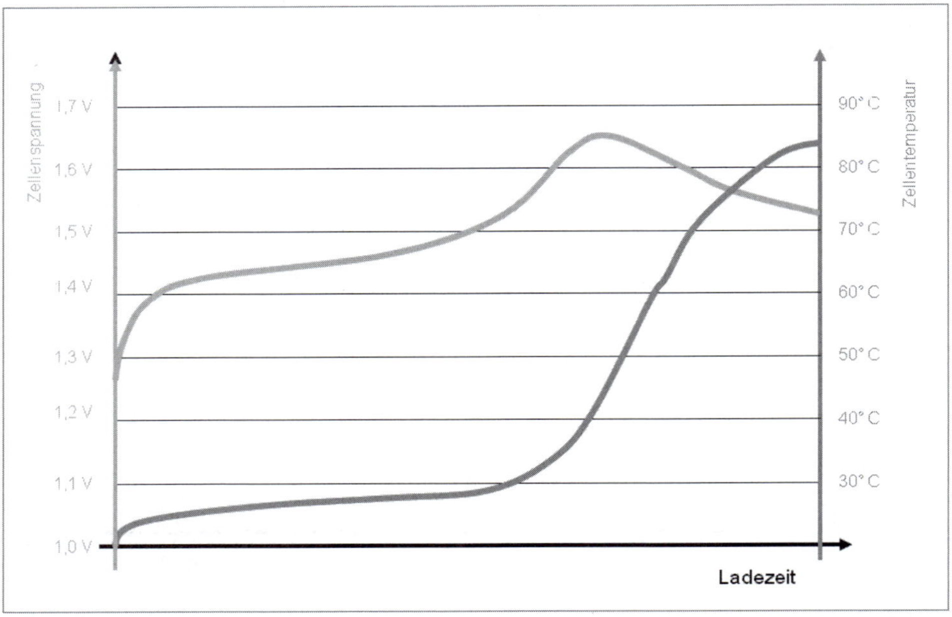

Bild 5.13: Aufladen eines NiCd-Akkus; Zusammenhang zwischen der Zellenspannung und der Zellenerwärmung beim Laden mit konstantem Strom

Zeitgesteuerte Ladung

Vor allem preiswerte Einsteiger-Ladegeräte für NiCd- und NiMH-Akkus nutzen für den Ladevorgang die Zeitsteuerung. Bei dieser Methode wird die Akkukapazität durch den Ladestrom dividiert. Das Ergebnis wird mit einem die Ladeverluste berücksichtigenden Faktor multipliziert. Nach der sich aus dieser Rechnung ergebenden Zeit geht man davon aus, dass der Akku voll ist, und die Ladestationen beenden den Ladevorgang. Bei älteren, primitiven Ladegeräten geht man davon aus, dass das Ladegerät nach der optimalen Ladezeit ausgesteckt wird. Andernfalls würde es einfach weiterladen.

Die am weitesten verbreitete zeitgesteuerte Ladevariante ist das 0,1-C-Laden. Bei ihm geht man von einem Ladestrom aus, der 1/10 der Akkukapazität entspricht, also etwa 160 mA bei einem 1.600-mAh-Akku. Mit diesem Ladestrom wäre der Akku in 10 Stunden geladen. Um jedoch eine schonende Ladung zu gewährleisten, wird der Ladestrom um den Faktor 1,4 verringert, womit er rund 115 mA beträgt. Mit ihm dauert es 14 Stunden, bis der Akku voll aufgeladen ist. Die 0,1-C-Ladevariante kommt deshalb zum Einsatz, weil NiCd-Akkus mit diesem geringen Ladestrom nicht überladen werden können. Selbst wenn sich das Ladegerät nach der Ladezeit nicht abschaltet, würde der NiCd-Akku eine beliebig längere Stromzufuhr unbeschadet überstehen. NiMH-Akkus zeigen sich hier jedoch deutlich empfindlicher. Sie sollten keinesfalls länger als erforderlich geladen werden.

Die zeitgesteuerte Ladung ist insgesamt kritisch zu betrachten, da sie den eingelegten Akku in keiner Weise untersucht oder überwacht. Damit kann das Verfahren nur funktionieren, wenn nur vollständig entleerte Akkus zum Laden eingelegt werden. Außerdem sollte die Kapazität des Akkus bekannt sein. Zu berücksichtigen ist auch, dass die Ladeströme bei einfachen Ladestationen nicht eingestellt werden können und fest vorgegeben sind. Damit muss der Akku zum Ladegerät passen. Gibt es etwa einen Ladestrom von 130 mA aus, sollte der eingelegte Akku keine geringere Kapazität als 1.300 mAh aufweisen.

Wird bei einem zeitgesteuerten Ladegerät mit fest vorgegebenem Ladestrom ein zu großer Akku eingelegt, wird dieser nicht voll aufgeladen werden. Um das zu vermeiden, sind bei älteren Ladegeräten an ihrer Rückseite Tabellen aufgedruckt, die darauf hinweisen, welche Akkus geladen werden können.

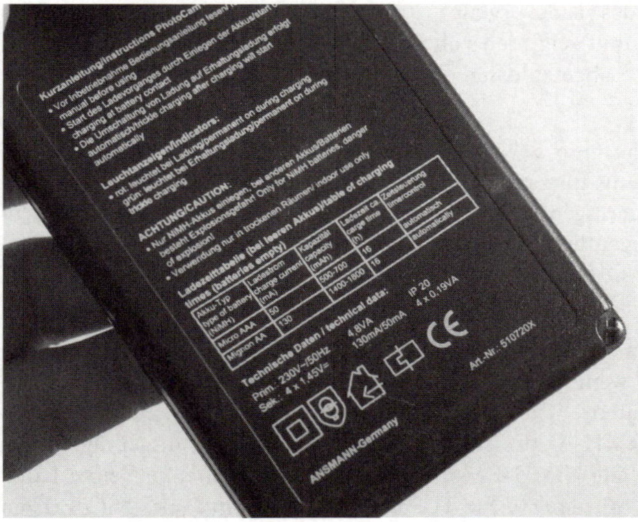

Bild 5.14: Diese zeitgesteuerte Ladestation liefert für AA-Akkus einen Ladestrom von 130 mA. Ihre Ladezeit beträgt 16 Stunden.

Temperaturgesteuertes Ladeverfahren

NiCd- und NiMH-Akkus können auch temperaturgesteuert geladen werden. Das basiert darauf, dass die in den bereits vollen Akku eingespeiste elektrische Energie nicht mehr in chemische umgewandelt wird. Stattdessen erwärmt sich der Akku. Dieser Temperaturanstieg wird vom Ladegerät gemessen. Der Ladevorgang wird abgeschlossen, sobald eine vorgegebene Temperatur überschritten wird.

Die Temperatursteuerung setzt allerdings voraus, dass ein Temperaturfühler guten Kontakt zum Akku hat, damit dieser seine Temperatur genau überwachen kann. Außerdem muss gewährleistet sein, dass die ermittelte Temperatur nicht durch die Umgebungsluft verfälscht wird. Am besten funktioniert das Verfahren bei Akkupacks mit integriertem Temperaturfühler. Bei den klassischen Haushaltsstandardakkus findet man dieses Feature nicht. Sehr wohl kann es uns aber in den Akkupacks verschiedener Elektrowerkzeuge begegnen. Sie kommen auch mit extra für diese Akkus optimierten Ladegeräten, die für eine optimale und vor allem schonende Ladung des Akkus sorgen.

Am zuverlässigsten funktioniert die temperaturgesteuerte Ladung von NiCd- oder NiMH-Akkus bei mittleren bis höheren Ladeströmen. Auch mit wechselnden Ladezuständen und Kapazitäten vermag das Verfahren gut umzugehen.

Delta-U/Delta-Peak-Verfahren

Hier handelt es sich um ein Ladeverfahren, dass teils als *Delta U* und teils als *Delta Peak* bekannt ist. Beide Namen beschreiben die gleiche Funktion.

Die Delta-U-Ladung ist der derzeitige Stand der Dinge bei hochwertigen Ladestationen. Dieses Verfahren nimmt Rücksicht auf unterschiedliche Ladezustände und Kapazitäten. Das Ladeverfahren basiert auf dem Umstand, dass die Spannung eines NiCd- oder NiMH-Akkus gegen Ende des Ladevorgangs zuerst anzusteigen beginnt und dann wieder zurückgeht. Dieser Punkt zeigt den voll aufgeladenen Akku an und sorgt dafür, dass der Ladevorgang präzise abgeschlossen wird. Ein Überladen des Akkus ist somit ausgeschlossen.

Diese Verringerung der Spannung wird auch als *negatives Delta U* bezeichnet. Bei NiMH-Akkus ist die Spannungsspitze zu Ende des Ladevorgangs nur schwach ausgeprägt, besonders, wenn mit geringen Ladeströmen unter 2 C gearbeitet wird. Vor allem ältere Ladestationen, die eigentlich speziell für NiCd-Zellen ausgelegt sind, haben mitunter Schwierigkeiten, diese Spannungsveränderungen zu erkennen. Damit darf bei ihnen auch nicht davon ausgegangen werden, dass sie die Ladung zuverlässig beenden.

Das Delta U, also der Spannungsanstieg am Ende des Ladevorgangs, ist nur schwach ausgeprägt und beträgt nur wenige Millivolt. Bei NiMH-Akkus kommt es schwächer zum Vorschein als bei den alten NiCd-Zellen. Die Höhe wird vom Typ bzw. Alter der Akkus bestimmt. Bei alten NiMH-Akkus ist das Delta U weniger stark ausgeprägt als bei vielen neuen Modellen. Um alle NiMH-Zellen sicher laden zu können, arbeiten Ladestationen im NiMH-Modus mit einer Delta-U-Spannung von 5 mV. Bei NiCd-Zellen liegt die Spannung bei 8 mV. Mit welchem Delta U einzelne Ladestationen konkret arbeiten, ist in ihren technischen Daten nachzulesen.

Programmierbare Ladestationen sind darauf vorbereitet und bieten für NiCd- und NiMH-Akkus separate Delta-U-Schwellwerte. Sie sind vor dem Ladevorgang einzustellen. Ab Werk sind solche Geräte auf das geringere Delta U der NiMH-Akkus voreingestellt. Damit wird sichergestellt, dass weder NiMH- noch NiCd-Akkus Schaden nehmen, sollte sich der Besitzer nicht mit den Funktionen seiner Ladestation vertraut gemacht haben.

Preiswerte Einsteigerladegeräte mit Delta-U-Ladung sind ebenfalls auf den NiMH-Schwellenwert eingestellt. Eine Änderung des Delta-U-Werts ist bei ihnen nicht vorgesehen. Bei ihnen geht man davon aus, dass ohnehin nur noch wenige NiCd-Akkus in Gebrauch sind und dass sich für diese auch die NiMH-Delta-U-Spannungsdifferenz eignet.

Als problematisch kann sich das Delta-U-Verfahren beim Laden von Akkupacks erweisen. Je mehr Zellen diese enthalten, umso höher ist die Wahrscheinlichkeit, dass sie nicht zum exakt gleichen Zeitpunkt vollgeladen sind. Damit ebbt die Spannungsspitze am Ende des Ladevorgangs ab, sodass sie unter Umständen nicht mehr von der Ladestation erkannt wird und diese den Ladevorgang auch nicht beendet.

5.4 Memory- und Lazy-Battery-Effekt

Der Memory- und der Lazy-Battery-Effekt sind unerwünschte Begleiterscheinungen, die beim sorglosen Umgang mit Nickel-basierten Akkus auftreten können. Der Memory-Effekt verringert die Kapazität der NiCd- und der Lazy-Battery-Effekt die des NiMH-Akkus.

Während der letzten Jahre haben die Akkuhersteller beide Effekte bereits recht gut in den Griff bekommen. Sie treten heute weitaus weniger oft und weniger ausgeprägt auf als bei alten Akkus. Diese werden oft gar nicht mehr genutzt, in Elektrowerkzeugen wie dem Akkuschrauber oder der elektrischen Heckenschere können sie aber durchaus noch vorhanden sein. Sie sind die typischen Kandidaten, die am Memory- oder Lazy-Battery-Effekt leiden.

Der Memory-Effekt tritt bei sorgloser Handhabung bei NiCd-Akkus auf und kann sie sehr schnell außer Gefecht setzen. Die Ursache für den Memory-Effekt liegt in den Eigenschaften der negativen Kadmium-Elektrode. Er tritt auf, wenn ein NiCd-Akku dauerhaft mit geringen Strömen geladen wird. Was ein typisches Beispiel für eine Erhaltungsladung ist. Sie hätte eigentlich das Ziel, den Akku zu schonen und ihn jederzeit voll aufgeladen zu halten.

Allergisch reagiert der NiCd-Akku auch, wenn er nicht voll entladen wieder aufgeladen wird. In beiden Fällen entstehen an der negativen Elektrode metallische Kristalle, die die verfügbare Kapazität immer mehr reduzieren. Bei fortgeschrittenem Memory-Effekt macht der Akku mitunter schon nach wenigen Minuten schlapp. Das vorsorgliche gut gemeinte Nachladen eines nicht gänzlich entleerten NiCd-Akkus führt so exakt zum Gegenteil dessen, was man eigentlich erreichen wollte. Bevor ein NiCd-Akku wieder aufgeladen wird, sollte man mit ihm ein Gerät zumindest so lange betreiben, bis es sich bei Erreichen der Abschaltspannung von selbst ausschaltet. Erst dann kann ein NiCd-Akku bedenkenlos wieder geladen werden.

Es schadet dem NiCd-Akku auch, wenn er lange Zeit nicht benötigt wird. In dieser Zeit bilden sich ebenfalls die metallischen Kristalle, die für den Memory-Effekt sorgen und die Nutzung es Akkus einschränken.

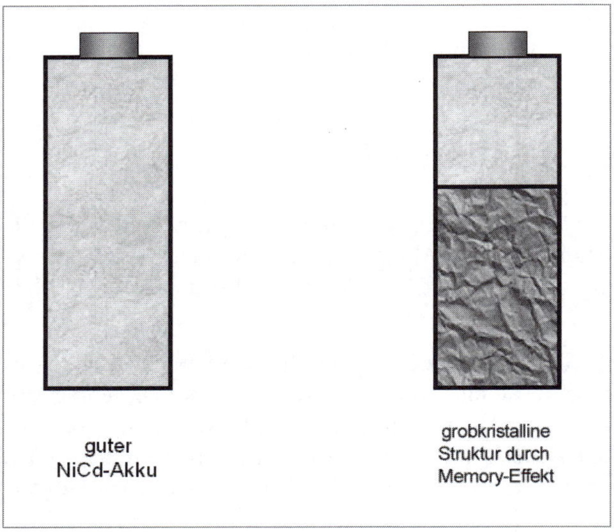

Bild 5.15: Beim Memory-Effekt bildet sich eine grobkristalline Struktur, die die Kapazität des NiCd-Akkus merklich mindern kann.

Memory-Effekt umkehren

Der Memory-Effekt bei NiCd-Akkus ist zwar ärgerlich, sollte aber kein Grund zur Besorgnis sein, denn er lässt sich wieder aufheben. Dazu bieten programmierbare Ladestationen eine sogenannte Refreshfunktion an, mit der der Akku reaktiviert werden kann. Sie helfen auch, den Memory-Effekt durch exakte Messung des Ladezustands vor Beginn der Ladung und bei Erreichen der maximalen Kapazitätsgrenze erst gar nicht aufkommen zu lassen.

Zum Beseitigen des Memory-Effekts ist der Akku mehrmals hintereinander vollständig zu entladen und unmittelbar darauf wieder zu laden. Für den ersten Ladevorgang ist ein geringer Ladestrom auszuwählen. Bei den weiteren Ladevorgängen kann der Ladestrom schrittweise auf das normale Niveau angehoben werden. Fünf bis sechs solcher Zyklen können bereits genügen, um die Kapazität des NiCd-Akkus wieder spürbar zu verbessern.

Der Lazy-Battery-Effekt wird gelegentlich auch als Batterieträgheitseffekt bezeichnet. Er kann nur bei NiMH-Akkus auftreten, wenn diese mehrmals unvollständig entladen wurden. Wie der Memory-Effekt beim NiCd-Akku führt auch der Lazy-Battery-Effekt zu einer Verringerung der Akkukapazität. Sie macht sich in einer Verschiebung der Entladekennlinie nach unten bemerkbar. Während der Memory-Effekt beim NiCd-Akku zu einem plötzlichen Spannungseinbruch führt, startet die Lazy-Battery-Entladekennlinie nur mit etwas geringerer Ausgangsspannung und verläuft anschließend parallel zur normalen Entladekurve. Dadurch wird aber die Entladeschlussspannung früher erreicht, womit der NiMH-Akku vorzeitig leer ist. Der Lazy-Battery-Effekt tritt nicht sprunghaft, sondern allmählich auf und zeigt sich, indem die Nutzungsdauer der mit den NiHM-Akkus betriebenen Geräte nach und nach sinkt.

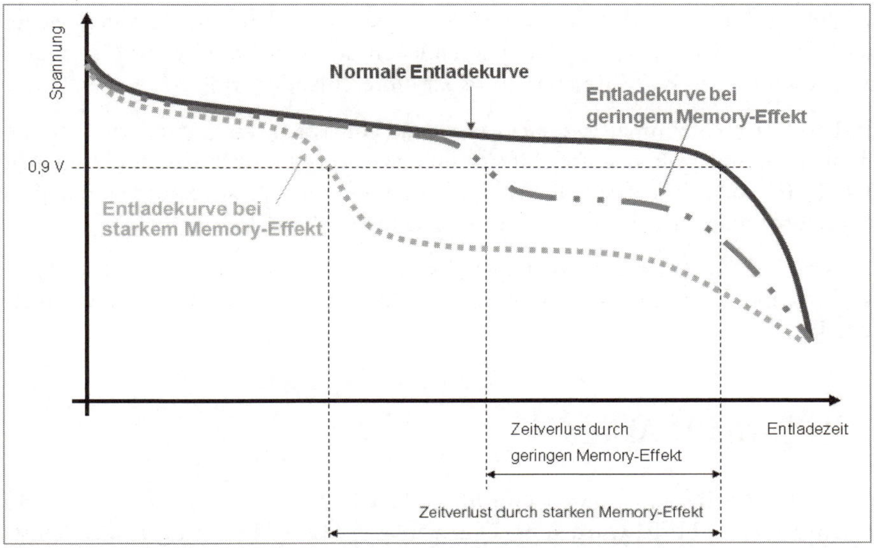

Bild 5.16: Die Grafik veranschaulicht, wie sich die Nutzungsdauer bei zunehmendem Memory-Effekt verringert.

Am besten lässt sich der Lazy-Battery-Effekt verhindern, wenn man besonders auf regelmäßiges vollständiges Entladen und Wiederaufladen des Akkus achtet.

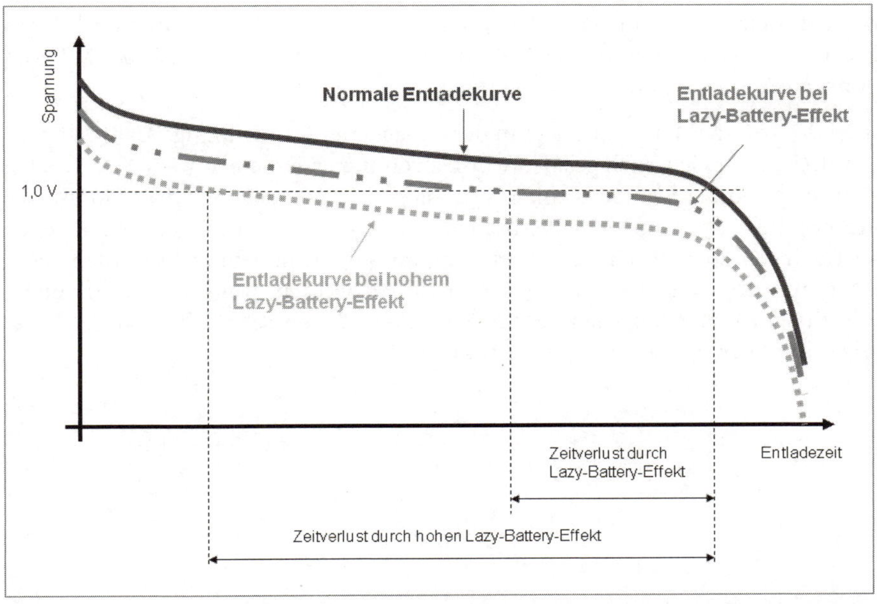

Bild 5.17: Beim Lazy-Battery-Effekt bleibt die Entladekurve des NiMH-Akkus grundsätzlich gleich, sie ist nur nach unten verschoben. Damit wird die Entladeschlussspannung früher erreicht.

Der Lazy-Battery-Effekt schädigt den NiMH-Akku nicht dauerhaft und lässt sich wieder beseitigen. Dazu ist der Akku vollständig zu entladen und dann wieder zur Gänze aufzuladen. Das sollte zwei- bis fünfmal unmittelbar hintereinander erfolgen.

Da NiMH-Akkus nicht immer exakt bei der Ladeschlussspannung, sondern teilweise auch schon zuvor ausschalten, empfiehlt sich eine Ladestation mit Entladefunktion. Mit ihr ist der NiMH-Akku zunächst vollständig zu entladen. Danach ist der Ladevorgang zu starten. Das führt man anschließend mehrere Male manuell durch.

Am sichersten lässt sich der Lazy-Battery-Referesh mit Ladestationen bewerkstelligen, die diese Funktion bieten und selbstständig den Akku mehrmals hintereinander entladen und laden.

5.5 LSD-NiMH-Akkus

Nachdem die hohe Selbstentladung bei normalen NiMH-Akkus zu schwindendem Interesse bei den Kunden führte, wurden hochkapazitive NiMH-Akkus mit geringer Selbstentladung entwickelt. Für diese neuen NiMH-Akkus hat sich inzwischen der Zusatzbegriff *LSD* durchgesetzt. Er steht für Low Self Discharge, also für geringe Selbstentladung.

Der LSD-Akku verliert im ersten Monat rund 10 % seiner Ladung, was nicht einmal dem entspricht, was der normale NiMH-Akku innerhalb eines Tages verliert. Während der folgenden Monate stabilisiert sich der Kapazitätsverlust und macht sich nur noch mit wenigen Prozent bemerkbar. Bei aktuellen LSD-NiMH-Akkus geht man von einer jährlichen Selbstentladung von 15 % aus. Damit bleiben nach 12 Monaten noch 85 % der Kapazität verfügbar, während der Ladezustand beim NiMH-Standardakku auf etwa 5 % gesunken ist.

Ein Vorteil des LSD-NiMH-Akkus liegt in der einfacheren Handhabung. Auch wenn sie nicht unmittelbar vor Gebrauch geladen wurden, kann man auf einen weitgehend vollen Akku vertrauen. Außerdem empfehlen sich diese Akkus auch für den Einsatz bei Verbrauchern mit geringem Stromverbrauch wie z. B. Fernsteuerungen oder selten genutzte Taschenlampen. Auch wenn diese ein Jahr lang nicht gebraucht werden, kann man davon ausgehen, dass sie nicht gleich erlöschen werden, wenn man sie braucht. Gerade in diesem Punkt kommen LSD-NiMH-Akkus schon sehr nah an die Lebensdauer einer normalen Alkali-Einwegbatterie heran.

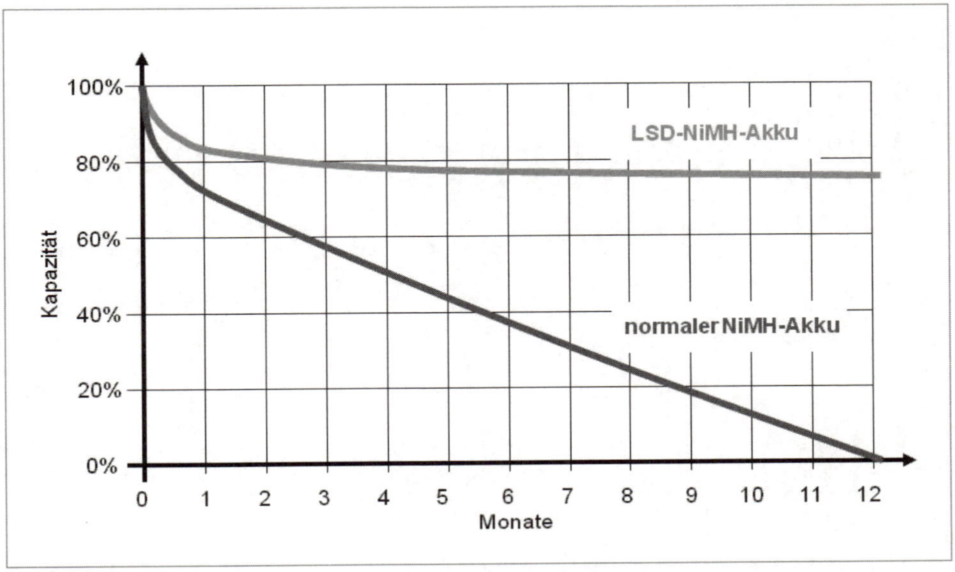

Bild 5.18: Während sich der normale NiMH-Akku innerhalb eines Jahres vollkommen entleert, verliert der LSD-NiMH-Akku im selben Zeitraum nur ca. 20 % seiner Kapazität.

Kennwerte: LSD-NiMH-Akku

Abkürzung	LSD-NiMH
Ladeschlussspannung	1,35 V
Zellenspannung	1,2 V
Minimale Zellen-Entladespannung	1,0 V
Ladezyklen	500–1.800
Jährliche Selbstentladung	ca. 15 % der Nennkapazität

LSD-NiMH-Zellen erweisen sich als robuster gegenüber Über- oder Tiefentladungen, womit sie nicht zwangsweise mit intelligenten Ladegeräten mit Ladeautomatiken aufgeladen werden müssen. Dennoch sollen LSD-NiMH-Akkus nicht zum allzu sorglosen Umgang einladen. Schließlich gilt auch für sie, dass ihre Lebensdauer umso länger ist, je schonender sie behandelt werden.

Zu den Vorteilen der LSD-NiMH-Zellen zählt ferner ihre Tieftemperaturbeständigkeit. Während bei normalen NiMH-Akkus Temperaturen um den Gefrierpunkt bereits eine starke Herausforderung darstellen, können die neuen LSD-NiMH-Zellen auch bei Minusgraden noch eingesetzt werden.

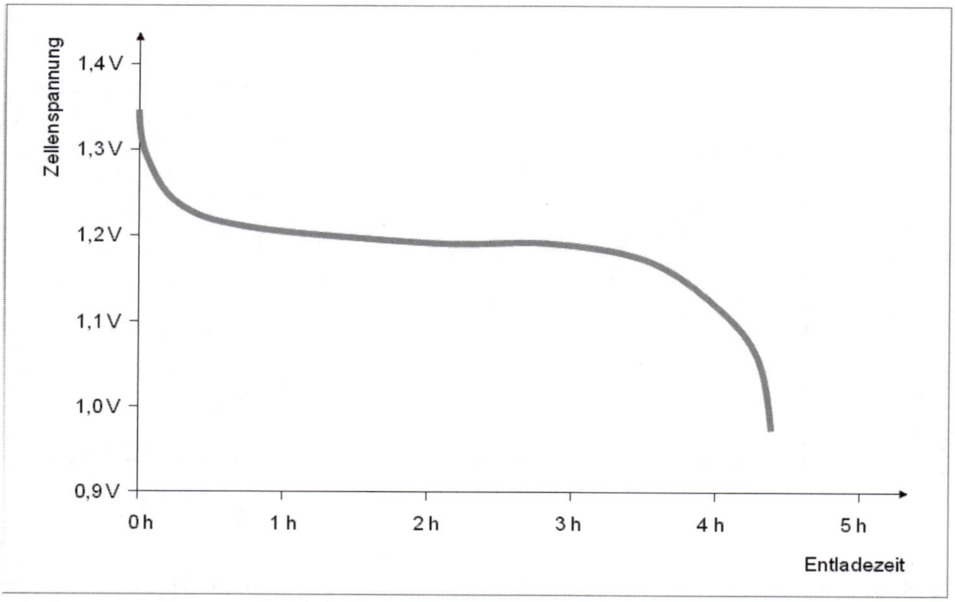

Bild 5.19: Entladekurve eines 2.700-mAh-LSD-NiMH-Akkus bei einem Entladestrom von 400 mA

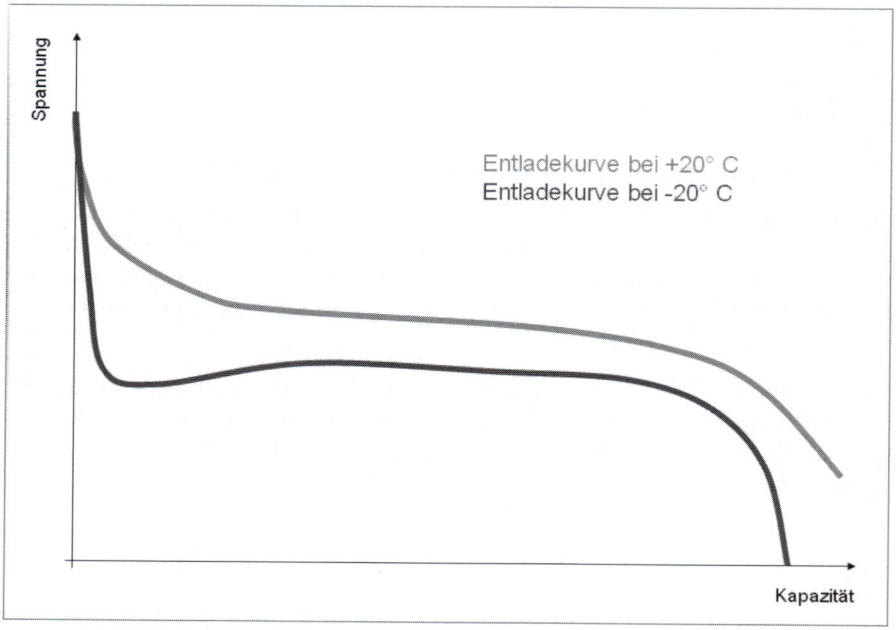

Bild 5.20: Die Entladekurven zeigen, dass der LSD-NiMH-Akku bei -20 °C eine nicht viel schlechtere Performance liefert als bei +20 °C.

5.6 Stichwort Kapazität

LSD-NiMH-Akkus sind etwas teurer als herkömmliche NiMH-Modelle. Während Standard-NiMH-Akkus mit hohen Kapazitätszahlen förmlich protzen, zeigen sich die Typen mit geringer Selbstentladung etwas verhaltener. Gerade in diesem Segment werden derzeit aber sehr hohe Fortschritte erzielt. Während normale NiMH-Akkus etwa der Größe AA seit Jahren durchaus mit Kapazitäten um 2.700 mAh angeboten werden, mussten sich die neuen LSD-Typen bis in die jüngere Vergangenheit mit etwa der halben Kapazität begnügen – worauf die Konsumenten zurückhaltend reagierten. Neue Entwicklungen zur Steigerung der Kapazität von LSD-NiMH-Akkus beschreiten zwei Wege. Einmal wird versucht, mit besonders hohen Ladezyklen zu punkten. Die LSD-NiMH-Akkus eines bekannten Herstellers überzeugen bei der Größe AA nicht nur mit einer bereits sehr hohen Kapazität von 2.000 mAh, sondern auch mit bis zu 1.800 Ladevorgängen. Damit haben diese Zellen im Vergleich zu herkömmlichen NiMH-Akkus, bei denen man von bis zu 1.000 Ladezyklen ausgeht, eindeutig die Nase vorn. Bezogen auf seine Lebensdauer vermag dieser LSD-NiMH-Akku um ein Drittel mehr an Energie zu speichern, als die Standardvariante. Beim zweiten Lösungsansatz versucht man, sich bei LSD-NiMH-Zellen möglichst den Kapazitäten der Standard-NiMH-Akkus zu nähern, was mit einer Kapazität von 2.450 mAh bei der Größe AA bereits gut gelungen ist. Allerdings geht diese Kapazität auf Kosten der erreichbaren Ladezyklen. Diese sinkt nämlich auf 500. Bezogen auf die Lebensdauer liegt sie dabei etwa bei der Hälfte eines 2.700-mAh-NiMH-Standardakkus.

5.7 Nickel-Wasserstoff-Akkus

Der Nickel-Wasserstoff(NiH2)-Akku unterscheidet sich vom NiMH-Akku durch die Verwendung von gasförmigem Wasserstoff. Er ist mit einem Druck von rund 83 bar in einer Druckzelle gespeichert. Sie macht den Akku unhandlich und teuer, weshalb er nur für Spezialanwendungen infrage kommt.

Der Akku besitzt eine Leerlaufspannung von 1,55 V und kann bis zu einer Spannung von 1,25 V entladen werden. Seine Energiedichte liegt bei 75 Wh/kg. Die Zahl er möglichen Ladezyklen des NiH2-Akkus ist außergewöhnlich hoch. 20.000 Lade- und Entladevorgänge und eine Lebensdauer von 15 Jahren sind leicht zu erreichen, solange der Akku nicht um über 80 % seiner Nennkapazität entladen wurde. Wird er nur zu je rund 40 % entladen, lässt der NiH2-Akku über 40.000 Ladevorgänge zu. NiH2-Zellen tolerieren zudem Überladungen und zufälliges Umpolen, was ihre Betriebszuverlässigkeit enorm steigert. NiH2-Zellen lassen sich zudem auch zuverlässig laden, da der momentane Wasserstoffdruck im Druckbehälter unmittelbar auf den Ladezustand rückschließen lässt.

Der NiH2-Akku verdankt seinen guten elektrischen Eigenschaften und seiner Robustheit seinen Einsatz in der Raumfahrt. 1977, sieben Jahre nach dem Beginn der Entwicklung dieser Technologie, kam er erstmals in einem Satelliten zur Anwendung. Heute sorgt er auf der internationalen Raumstation ISS und verschiedenen Mars- und Merkur-

Raumsonden für Energie. Daneben sind NiH2-Akkus auch in Satelliten und im Hubble-Weltraumteleskop zu finden. In ihm wurden sie erst nach 19 Jahren Betriebszeit im Zuge einer Space-Shuttle-Mission getauscht.

Kennwerte: NiH2-Akku

Abkürzung	NiH2
Zellennennspannung	1,55 V
Ladeschlussspannung	1,25 V
Energiedichte	75 Wh/kg
Ladezyklen	>20.000

Bild 5.21: Der NiH2-Akku wird wegen seiner Langlebigkeit und Zuverlässigkeit gern in der Raumfahrt genutzt. Auch in der internationalen Raumstation ISS ist er im Einsatz. (Quelle: obs/National Geographic Channel/NASA/»Live from Space« auf National Geographic Channel)

6 Lithiumakkus

Der Lithium-Ionen(Li-Ion)-Akku bildete den Grundstock zu einer Reihe verschiedener auf Lithium-Technologie basierender Akkutypen. Egal, ob Li-Ion oder etwa LiPo (Lithium-Polymer) – sie alle unterscheiden sich grundlegend von den Nickelakkus. Zunächst einmal gibt es Lithiumakkus nicht in den üblichen international genormten Standardgrößen, wie wir sie von den herkömmlichen Haushaltsbatterien oder den NiCd- und NiMH-Akkus kennen. Lithiumakkus werden speziell für ganz bestimmte Anwendungsgebiete gefertigt. Der Verzicht auf die üblichen Normgehäuse ergibt sich aber auch dadurch, dass ein Lithiumakku nicht einfach eine Batterie oder einen NiMH-Akku ersetzen kann. Während der NiMH-Akku eine Nennspannung von 1,2 V besitzt, ist sie bei den Lithiumzellen rund dreimal so hoch, was für das zu betreibende Gerät etwa den gleichen Effekt hätte, als wenn man einen Fernseher anstatt mit 230 V mit 400 V betreiben würde.

6.1 Li-Ion-Akkus

Die Entwicklung des Lithium-Ionen-Akkus geht bis in die 1970er-Jahre zurück. Die TU München betrieb relevante Basis-Forschung. 1991 wurde von Sony der erste Li-Ion-Akku auf den Markt gebracht. Er war für den Einsatz in einer Videokamera konzipiert. Noch heute setzt der japanische Hersteller bei seinen Videokameras auf Li-Ion-Akkus.

Heute haben Li-Ion-Akkus ihren Einsatz in mobilen Geräten mit hohem Energiebedarf gefunden. Erst dieser Akkutechnologie haben wir zu verdanken, dass Smartphones und dergleichen heute so klein und flach sind, wie wir sie kennen. Li-Ion-Akkus sind außerdem in Digitalkameras, Notebooks, Handheld-Spielekonsolen usw. allgemein üblich. Ferner kommt dieser Akkutyp in Elektrowerkzeugen und Gartengeräten wie Rasenmähroboter zum Einsatz. Im Straßenverkehr bewähren sich Li-Ion-Akkus in Elektroautos, E-Fahrrädern oder in Elektrorollstühlen. In der Vergangenheit erstreckte sich das Einsatzgebiet der Li-Ion-Akkus auch auf den RC-Modellbau. Heute spielen sie dort keine Rolle mehr, da sie in diesem Segment vom Lithium-Polymer-Akku abgelöst wurden.

Li-Ion-Akkus finden zunehmend auch in Batterie-Speicherkraftwerken Verwendung. In ihnen wird z. B. der am Tag erzeugte Solarstrom in Akkus zwischengespeichert, bis er benötigt wird. In Nordamerika wurden auf Basis von Li-Ion-Akkus Batteriespeicherkraftwerke mit einer Kapazität von bis zu 32 MWh (32.000 kWh) realisiert. 2014 ist in Schwerin ein großes Batteriespeicherkraftwerk mit 25.000 Li-Ion-Akkus in Betrieb gegangen. Seine Leistung beträgt 5 MW.

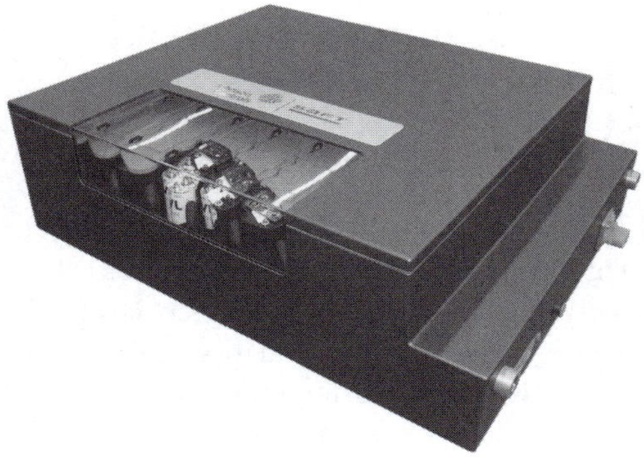

Bild 6.1: Die Li-Ion-Batterie für den Ford Transit Connect Electric ermöglicht 130 km Fahrspaß im elektrischen Modus, hat eine Lebensdauer von über 10 Jahren und ein besonderes Sicherheitskonzept. (Quelle: obs/Johnson Controls Power Solutions EMEA)

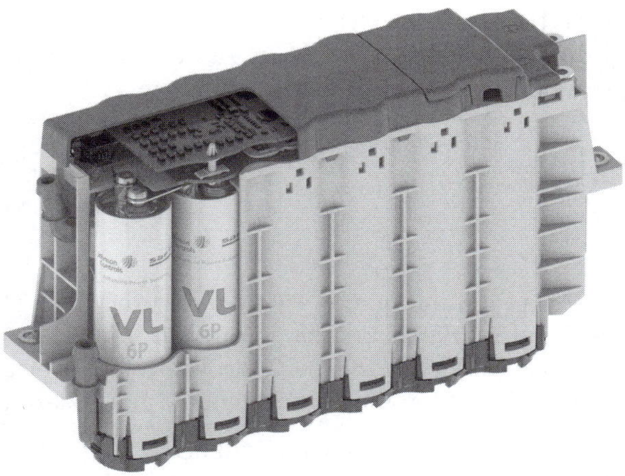

Bild 6.2: Li-Ion-Batterien können in einer Art Baukastensystem hergestellt werden. (Quelle: obs/Johnson Controls-Saft)

»Den« Li-Ion-Akku gibt es nicht. Heute ist Li-Ion ein Sammelbegriff für eine Reihe von Li-Ion-Akkutechnologien. Um welche es sich konkret handelt, geht aus der Akkubeschriftung von Notebook und Co. nicht unmittelbar hervor. Indirekt lässt sich die Li-Ion-Akkutechnologie jedoch anhand weiterer Faktoren wie der Nennspannung oder dem Einsatzgebiet mit ziemlicher Sicherheit feststellen.

Li-Ion-Akkus haben allgemein keinen Memory-Effekt und punkten mit geringer Selbstentladung. Sie haben einen hohen Zellenwirkungsgrad von bis zu 96 %, der bei tiefen Temperaturen jedoch stark abfällt. Je nach Bauform erlauben Li-Ion-Akkus einen Dauerentladestrom von bis etwa 12 C. Kurzzeitige Spitzenströme können bis zu 20 C erreichen.

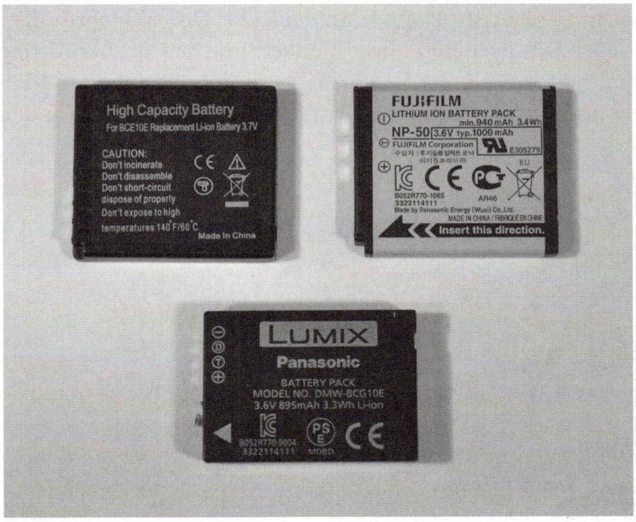

Bild 6.3: Li-Ion-Akkus finden häufig Verwendung in Digitalkameras.

Kennzeichnung von Li-Ion-Akkus

Ein einheitliches Bezeichnungssystem für Li-Ion-Akkus gibt es leider nicht. Einige japanische Firmen haben ein aus drei Buchstaben und fünf Zahlen bestehendes Bezeichnungssystem eingeführt. Das »I« als erster Buchstabe gibt die Akkugrundtype Lithium an. An zweiter Stelle erfolgt der Hinweis auf das Kathodenmaterial. C steht für Kobalt, F für Eisenphosphat und M für Mangan. Mit dem R an der dritten Stelle erfolgt der Hinweis, dass es sich um einen wiederaufladbaren Akku handelt. Die folgenden fünf Zahlen geben bei Rundzellen deren Durchmesser und Höhe in Millimeter an.

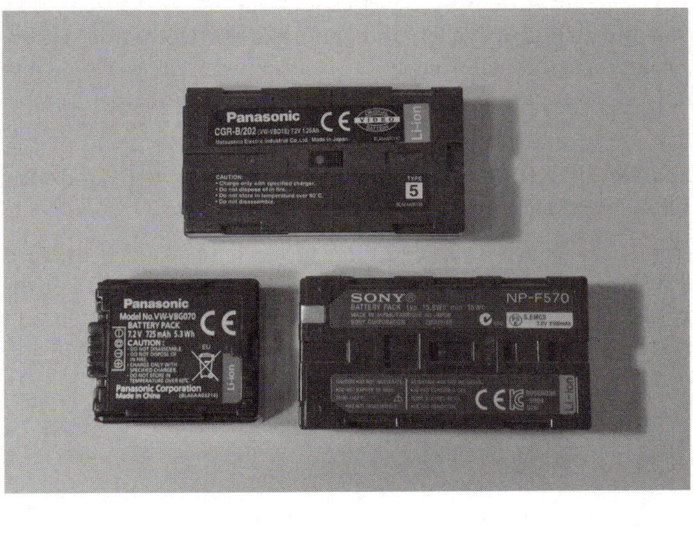

Bild 6.4: Bei Videokameras kommen durchweg zweizellige Li-Ion-Akkus zum Einsatz.

Leider hat sich dieses Bezeichnungssystem kaum durchgesetzt. Deshalb wird man besonders bei Akkus, mit denen im weiteren Sinn Endverbraucher in Berührung kommen, kaum auf Modelle mit entsprechender Beschriftung stoßen. Am ehesten wird man bei Industriezellen fündig und damit durchaus auch auf den Akkuzellen, die in den von uns genutzten Akkublocks verwendet werden.

Bild 6.5: Da die Akkus auch auf das Design der Geräte abgestimmt sind, sind die Zellen in individuellen Gehäusen verpackt.

Protection Circuit Board

Heute findet man in Akkupacks längst nicht mehr nur mehrere Akkuzellen, sondern bei Li-Ion-Akkus auch eine kleine Platine mit einer elektronischen Schaltung. Sie wird *Protection Circuit Board* (PCB) genannt. Ihre Aufgabe ist es während des Betriebs und des Ladens die Augenblicksspannung zu überwachen und den Akku vor Über- oder Unterspannung zu schützen. Außerdem bewahrt die PCB-Schaltung den Akku vor Kurzschlüssen und schützt ihn vor Verpolung. Zudem beobachtet die Schaltung das Temperaturverhalten des Akkus.

Bei geschützten PCB-Akkus ist die Platine im Zellengehäuse eingebaut. Bei Rundzellen kann sie beispielsweise direkt unter dem Pluspolkontakt angeordnet sein.

Die PCB-Schaltung schützt einerseits den Akku und sorgt für dessen lange Lebensdauer, andererseits stellt gerade sie eine zusätzliche Fehlerquelle dar. So mancher Akku musste entsorgt werden, weil seine PCB-Schaltung nicht mehr ordnungsgemäß funktionierte. Ein Akku mit einem Defekt in der Schaltung kann z. B. nicht mehr ordnungsgemäß aufgeladen oder entladen werden.

6.1.1 Umgang mit Li-Ion-Akkus

Die Lebensdauer des Li-Ion-Akkus wird stark von seiner Nutzung beeinflusst. Hohe Lager- und/oder Betriebstemperaturen sowie hohe Lade- oder Entladeströme und Tiefentladungen verringern seine Lebensdauer. Zu einem gewissen Grad spielt auch die Verarbeitungsqualität eines Akkus bei der erreichbaren Lebensdauer eine Rolle.

Li-Ion-Akkus reagieren empfindlich auf Überladungen und Überlastungen und können augenblicklich ausfallen. Bei Überlastung können sie zu gasen beginnen und dabei sogar explodieren. Lithium-Mangan-Akkus, wie sie etwa unter der Bezeichnung Konion vertrieben werden, haben ein Metallgehäuse mit eingebauter Temperatursicherung. Diese unterbricht den Stromfluss bei Überlast oder Kurzschluss, womit der Akku weder brennen noch explodieren kann.

Li-Ion-Akkus dürfen nicht im entladenen Zustand aufbewahrt werden. Idealerweise werden sie mit einer Ladung zu etwa 50–80 % gelagert. So weisen sie nämlich die geringste Selbstentladung auf und werden am wenigsten belastet. Würde man sie vor dem Lagern gänzlich aufladen, wären sie einer deutlich ausgeprägteren Selbstentladung und einem beschleunigten Alterungsprozess ausgesetzt. Werden Li-Ion-Akkus für längere Zeit nicht benötigt, sind sie aus den Geräten zu entnehmen, sofern sie darin nicht fest eingebaut sind. Außerdem wird empfohlen, sie möglichst kühl zu lagern, wobei man sie durchaus in einen Kühlschrank legen kann. Wichtig ist nur, dass die Akkus bei Plusgraden gelagert werden und nicht frieren können. Niedrige Temperaturen sind wichtig, weil sie so ihren Ladezustand am längsten beibehalten und nur etwa 1 % Selbstentladung aufweisen. Je wärmer die Umgebung ist, in der sie gelagert werden, umso schneller altern sie.

Während längerer Lagerungsphasen sollte regelmäßig die Akku-/Zellenspannung kontrolliert werden. Sie muss zwingend über der minimalen Zellen-Entladeschlussspannung liegen. Fällt die Spannung darunter ab, wird der Akku, obwohl er gar nicht im Einsatz ist, tiefentladen, wodurch dauerhafte Schäden unausweichlich sind. Um sie zu verhindern, sollte ein Lithiumakku alle drei bis sechs Monate nachgeladen werden, jedoch jeweils nur zu maximal 80 %. Die minimale Entladeschlussspannung hängt von der Akkutype ab. Beim Lithium-Mangan-Akkus beträgt sie beispielsweise 2,5 V, beim LFP-Akku 2,75 V. Über die zulässige Entladeschlussspannung geben die Datenblätter der Akkus Auskunft.

Lithiumakkus verlassen die Fabrik bereits teilaufgeladen, sodass sie die Zeit zwischen Herstellung und Verkauf unbeschadet überstehen. Man geht hier von einer Zeitspanne von bis zu sechs Monaten aus. Die meisten der bei uns verkauften Akkus kommen aus Fernost. Sie haben, wenn sie in unseren Fachmärkten zum Verkauf angepriesen werden, bereits eine mehrmonatige Reise hinter sich und können einen verdächtig geringen Ladezustand aufweisen, vielleicht sogar die Entladespannung bereits unterschritten haben. Damit hängt die tatsächliche Lebensdauer eines Akkus nicht nur davon ab, wie sorgsam wir ihn behandeln, sondern auch davon, in welchem Zustand wir ihn erworben haben.

6.1.2 Li-Ion-Kobalt-Akku

Der Li-Ion-Kobalt-Akku ist der klassische Li-Ion-Akku. Ihn gibt es bereits am längsten. Der Li-Ion-Kobalt-Akku erfreute sich in der Vergangenheit großer Verbreitung. Bei ihm sind die Kathoden im Akku-Inneren aus Kobalt gefertigt. Dabei handelt es sich um eine bedenkliche Technologie, die erheblich dazu beigetragen hat, dass Lithiumakkus den Ruf haben, explodieren oder Feuer fangen zu können. Dem ist in der Regel eine Erschütterung vorausgegangen, auf die der Li-Ion-Kobalt-Akku äußerst empfindlich reagiert.

Längst wurden andere Kathodenmaterialen, etwa Nickel-Kobalt-Mangan oder Mangan-Nickel, entwickelt. Damit konnte die Sicherheit so weit gesteigert werden, dass von diesen Akkus kein erhöhtes Gefahrenpotenzial mehr ausgeht.

Der Li-Ion-Kobalt-Akku hat eine Betriebsspannung von 3,6 V. In Normgrößen, wie wir sie von NiMH-Akkus oder Haushaltsbatterien kennen, gibt es ihn nicht. Meist kommt er in rechteckiger Flachbauweise oder fest in ein Akkugehäuse eingebaut. Die Energiedichte des Li-Ion-Kobalt-Akkus liegt bei 110–190 Wh/kg. Sie ist damit zum Teil sogar höher als bei den neueren Li-Ion-Technologien. Neben seiner sehr hohen Energiedichte zeichnet sich der Li-Ion-Kobalt-Akku durch die konstante Spannung aus, die über den gesamten Entladezeitraum auszugeben vermag.

Kennwerte: Li-Ion-Kobalt-Akku

Abkürzung	Li-Ion
Zellenspannung	3,6 V
Minimale Zellen-Entladespannung	2,5 V
Ladezyklen	200–500
Energiedichte	110–190 Wh/kg
Entladestrom	bis ca. 12 C
Monatliche Selbstentladung	5–8 % der Nennkapazität

6.1.3 Li-Ion-Mangan-Akku

Der Bedarf an leistungsfähigen Akkus steigt immer mehr – egal, ob es gilt, Smartphones nicht mehr so oft aufladen zu müssen oder mit einem Elektroauto respektable Distanzen zurückzulegen. So werden auch Li-Ion-Akkus laufend verbessert. Besonders nach der Jahrtausendwende haben sie einen enormen Entwicklungsschub erfahren. Durch den Einsatz neuer Materialien (Nanotechnologie) hat man es geschafft, die Ladezeiten deutlich zu reduzieren und die Zahl der möglichen Ladezyklen etwa zu verzehnfachen. Außerdem konnte die Energiedichte der Li-Ion-Akkus um bis zu 10 % pro Jahr gesteigert werden.

Durch den Einsatz von Mangan bei den Elektroden konnte der Innenwiderstand der Akkus deutlich reduziert werden. So sind sie nun auch in der Lage, hohe Ströme abzugeben. Spitzenströme bis zu 50 A und Dauerströme bis 30 A erlauben den Einsatz der Li-Ion-Mangan-Akkus in leistungsfähigen Werkzeugen wie Bohrmaschinen. Sogar für Starterbatterien eignet sich diese Technologie. Daneben finden wir Li-Ion-Mangan-Akkus in netzunabhängigen Staubsaugern, E-Fahrrädern und u. a. in Golf-Caddys.

Beim Li-Ion-Mangan-Akku liegt die Betriebsspannung zwischen 3,7 V und 3,8 V. Seine minimale Zellenentladespannung liegt bei 2,5 V. Der Li-Ion-Mangan-Akku darf auf höchstens 4,2 V aufgeladen werden. Zum Teil geben Datenblätter auch Höchstspannungen zwischen 4,0 V und 4,3 V an. Allerdings lassen sie mitunter die Details zur Akkutechnologie vermissen, womit nicht ausgeschlossen ist, dass es sich um andere Akkutypen handelt.

Kennwerte: Li-Ion-Mangan-Akku

Abkürzung	Li-Mn
Zellennennspannung	3,7–3,8 V
Minimale Zellen-Entladespannung	2,5 V
Ladeschlussspannung	4,2 V
Energiedichte	110–120 Wh/kg
Ladezyklen	>1.000
Monatliche Selbstentladung	rund 5 % der Nennkapazität

6.1.4 Lithium-Eisenphosphat-Akku

Der Lithium-Eisenphosphat(LFP)-Akku ist eine weitere Variante des Li-Ionen-Akkus. Er wurde 1997 in den USA entwickelt. Hier setzt man Lithium-Eisenphosphat als Kathodenmaterial ein.

Das für diese Akkutype benötigte Eisenphosphat lässt sich preiswerter herstellen als das Kobaltoxid der Li-Ion-Kobalt-Akkus. Während der Rohstoff Kobalt nur in wenigen Ländern gefördert wird, ist Eisenphosphat in größeren Mengen weltweit verfügbar. Es ist somit auch geringeren Rohstoffpreisschwankungen ausgesetzt.

Für den LFP-Akku spricht auch seine hohe Eigensicherheit. Sie lässt einen zuverlässigen Betrieb auch unter schwierigen Bedingungen zu. Wegen seiner chemischen Eigenschaften neigt der LFP-Akku weder zur Entzündung noch zur Explosion. Die hohe Eigensicherheit wird ferner durch seine Konstruktion unterstrichen. Für diese Akkutype spricht außerdem eine gute Umweltverträglichkeit.

Im Vergleich zu anderen Li-Ion-Akkutechnologien haben LFP-Zellen eine vergleichsweise schlechte elektrische Leitfähigkeit. Dieses Manko konnte allmählich u. a. durch die Beschichtung der Elektroden mit leitfähigem Kohlenstoff und den Aufbau von Nanostrukturen verbessert werden. Heute sind LFP-Akkus in vielen Punkten anderen Li-Ion-Technologien ebenbürtig und überzeugen mehrfach mit beeindruckender Performance. Besonders hervorzuheben sind ihre hohe Zyklenzahl von über 5.000 Ladevorgängen und ihr Temperatureinsatzbereich von -45 °C bis +80 °C. Damit arbeiten LFP-Akkus auch bei niedrigen Temperaturen gut und zuverlässig. Allerdings ist bei Temperaturen unter etwa +5 °C mit hohen Spannungseinbrüchen zu rechnen, sofern Stromstärken von mehr als 0,5 C gefordert werden. Trotz dieser Einschränkung ist dem Akku sein kaum vorhandener Kapazitätsverlust bei tiefen Temperaturen gutzuschreiben. Andere Akkutechnologien zeigen besonders hier deutliche Schwächen.

Im Vergleich zu anderen Lithium-Technologien haben LFP-Zellen kein einheitliches Spannungsverhalten. Es variiert je nach Hersteller, Bauart und Anwendungsfall. Deshalb sind bei ihnen die Datenblätter heranzuziehen. Die Zellennennspannung liegt im Bereich von 3–3,3 V, die Entladeschlussspannung bei etwa 2,75 V. Auch die Ladeschlussspannung variiert und bewegt sich meist im Bereich zwischen 3,6 und 3,65 V.

Der LFP-Akku ist schnellladefähig, wobei die Stromstärke bis zu 3 C betragen darf. Bei Pulsladungen sind sogar bis zu 6 C möglich. Die Zyklenzahl ist bei LFP-Akkus variabel. Einige Hersteller versprechen nach 1.000 Ladungen noch 80 % der ursprünglichen Kapazität. Andere Hersteller geben mehr als 10.000 mögliche Ladevorgänge an, sofern der Akku nicht stark entladen wird.

Der LFP-Akku hat mit 90–110 Wh/kg nur eine relativ geringe Energiedichte. Im Vergleich zum LiPo-Akku ist deshalb mit etwa dem doppelten Platzbedarf und deutlich höherem Gewicht zu rechnen. Bislang gibt es zudem nur wenige genormte Bauformen.

Wegen der Zellenspannung von 3–3,3 V bieten sich LFP-Akkus als Ersatz für Bleiakkus an. Diese sind mit Nennspannungen von 6 V, 12 V und 24 V im Kraftfahrzeugbereich weit verbreitet. Ein 12-V-Bleiakku besteht aus sechs Zellen. Er lässt sich gut durch einen vierzelligen LFP-Akku ersetzen. Dabei gilt es allerdings auf die Ladetechnologie zu achten, die auf den neuen Akkutyp abgestimmt ist. Sie muss speziell für LFP-Akkus ausgelegt sein.

Kennwerte: Li-Ion-Eisenphosphat-Akku

Abkürzung	LFP
Zellennennspannung	3,0–3,3 V
Minimale Zellen-Entladespannung	ca. 2,75 V
Ladeschlussspannung	3,6–3,65 V
Energiedichte	90–110 Wh/kg
Entladestrom	bis ca. 40 C
Ladezyklen	bis >5.000
Monatliche Selbstentladung	3–5 % der Nennkapazität

Zum Laden von LFP-Akkus sind speziell dafür vorgesehene oder programmierbare Ladestationen erforderlich, die sich auf den zu ladenden Akku exakt abstimmen lassen. Wie bei auf Lithium-Technologie basierenden Akkupacks üblich, müssen LFP-Akkus mit einer Balancer-Schaltung geladen werden. Sie soll sicherstellen, dass alle in einem Akkublock verbauten Zellen exakt gleich geladen werden.

Bereits die Ladeschlussspannung bei LFP-Akkus ist mit Vorsicht zu genießen. Bei ihr setzt ein nicht umkehrbarer chemischer Prozess ein, der eine Abnahme der Kapazität nach sich zieht. Eine Überladung des Akkus ist deshalb zu vermeiden. Das Laden mit Balancer lässt zwar eine besonders schonende Behandlung des Akkus annehmen, allerdings wird auch darüber die höchstzulässige Spannungsgrenze gern bis aufs Äußerste ausgereizt. Auf diese Weise lassen sich zwar die Ladezustände der einzelnen Akkuzellen exakter feststellen und die Kapazität maximal ausnutzen, aber das erfolgt zulasten der

Lebensdauer. Auf ihre Kosten würde auch das Dauer- oder Erhaltungsladen des Akkus gehen. Wegen der geringen Selbstentladung der LFP-Akkus ist dieses ohnehin nicht erforderlich.

6.1.5 Lithium-Titanat-Akku

Der Lithium-Titanat(LTO)-Akku ist ebenfalls ein Mitglied der Li-Ion-Akkufamilie. Er ist eine Entwicklung der US-Firma Altair Nanotechnologies Inc., die unter der Bezeichnung *nanoSafe Battery* seit 2006 an Originalgerätehersteller austeliefert wird.

Bei den meisten Li-Ion-Akkutypen wie Lithium-Eisenphosphat oder Li-Ion-Mangan wird die Kathode des Akkus weiterentwickelt. Als Anode wird für diese Typen Kohlenstoff verwendet – gewöhnlich in Form von Grafit. An der Oberfläche des Kohlenstoffs, dort, wo er mit dem Elektrolyten in Verbindung kommt, bildet sich eine passive Schicht aus. Sie wird als Solid Electrolyte Interface (SEI) bezeichnet, steigert den Zelleninnenwiderstand und bestimmt damit in hohem Umfang die technischen Eigenschaften des Akkus. Durch den Einsatz unterschiedlicher Elektrolyten und unter Zugabe von Hilfsstoffen in geringem Umfang, sogenannten Additiven, können die Eigenschaften der SEI-Schicht etwas verbessert werden.

Beim LTO-Akku wurde das Augenmerk auf die Verbesserung der Anodeneigenschaften gelegt. Durch den Einsatz von nanostrukturiertem Titanat als Anodenmaterial wurde die Ausbildung der SEI-Schicht weitgehend unterbunden. Auf diese Weise konnte eine sehr gute Schnellladefähigkeit erreicht werden. Innerhalb von weniger als 10 Minuten kann der Akku wieder bis auf 90 % seiner Nennkapazität geladen werden. In nur 1–2 Minuten kann ein Ladezustand von über 80 % erreicht werden. Mit rund 20.000 Ladezyklen ist zudem eine sehr lange Lebensdauer gewährleistet.

Der LTO-Akku zeichnet sich außerdem durch seine hervorragenden Temperatureigenschaften aus. Sie erlauben den Einsatz bei etwa -50 °C bis +75 °C. Damit lässt er sich problemlos selbst bei tiefen Minustemperaturen problemlos verwenden, was auch durch seine Ladefähigkeit bei -30 °C auf bis zu 90 % seiner Nennkapazität unterstrichen wird.

Für den LTO-Akku spricht zudem seine hohe Resistenz gegenüber Überladung und Tiefentladung sowie mechanischen Beschädigungen. Er neigt nicht zur Brandbildung oder Explosion. Damit gelten diese Zellen als außergewöhnlich sicher.

Mit diesen Eigenschaften empfiehlt sich der LTO-Akku besonders für den Einsatz in Elektro- oder Hybridautos. Dank seiner sehr kurzen Ladezeiten können mit ihm ohne Weiteres auch größere Wegstrecken zurückgelegt werden, als mit einer Akkuladung möglich wären. Der Zeitaufwand für das Laden des Akkus hält sich bereits in gut vertretbaren Grenzen. Die hohe Eigensicherheit des LTO-Akkus ist für den Einsatz in Kraftfahrzeugen ebenfalls entscheidend. Bei Unfällen besteht schließlich keine Gefahr, dass der Akku und somit das Fahrzeug Feuer fangen, weshalb mit LTO-Akkus betriebene Autos sogar deutlich sicherer sind als heute übliche Fahrzeuge mit Verbrennungsmotoren.

Zu den noch vorhandenen Schwächen des LTO-Akkus zählt die geringe Energiedichte von nur 70–90 Wh/kg. Sie ist damit nur etwa halb so hoch wie bei Lithium-Polymer-

Zellen. Auch die Nennspannung von 2–2,5 V ist vergleichsweise gering und erfordert das Inserieschalten mehrerer Zellen, um die geforderte Arbeitsspannung zu erhalten, als das bei anderen Lithiumakkutechnologien der Fall ist.

Bislang sind LTO-Akkus noch sehr teuer und für Privatpersonen kaum erhältlich. Der überwiegende Teil dieser Akkus wird in Elektrofahrzeugen verbaut.

Die Forschung sieht beim LTO-Akku noch großes Entwicklungspotenzial. Man rechnet damit, dass diese Akkutechnologie etwa ab 2016/2017 die gleiche Leistungsfähigkeit wie der LiPo-Akku erreicht haben wird. Außerdem ist ab dann mit einer besseren Verfügbarkeit für den Endverbraucher und auch geringeren Preisen zu rechnen.

Kennwerte: Li-Ion-Titanat-Akku

Abkürzung	LTO
Zellennennspannung	2,0–2,5 V
Energiedichte	70–90 Wh/kg
Entladestrom	bis zu 100 C
Ladestrom	bis zu 50 C
Ladezyklen	10.000 bis >20.000
Monatliche Selbstentladung	rund 3 % der Nennkapazität

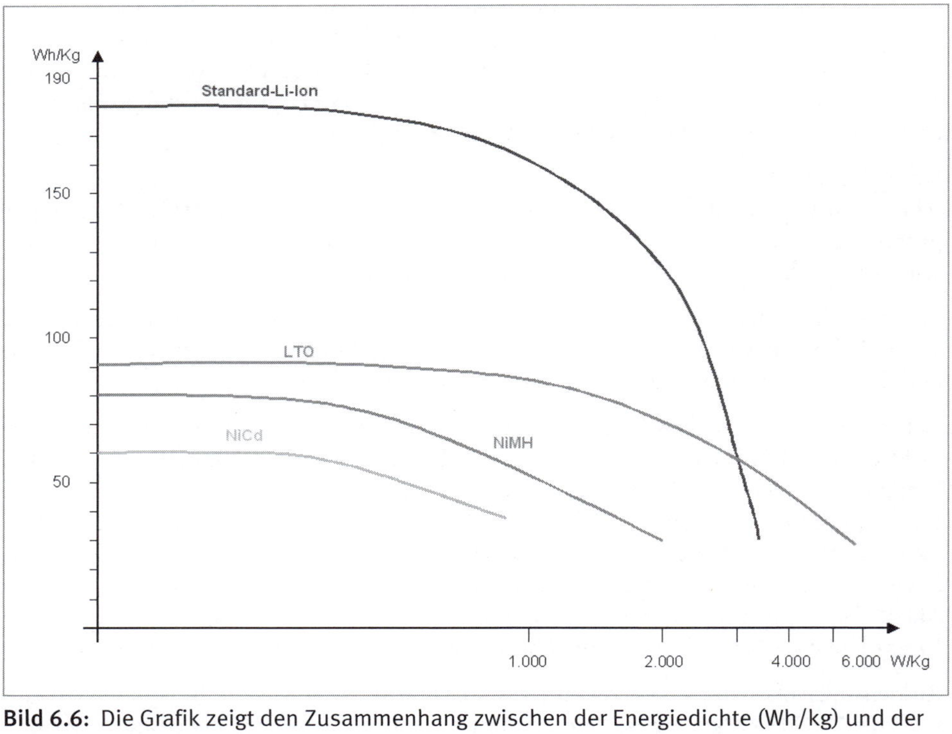

Bild 6.6: Die Grafik zeigt den Zusammenhang zwischen der Energiedichte (Wh/kg) und der Leistungsdichte (W/kg) bei verschiedenen Akkutypen.

6.1.6 Super Charge Ion Battery

Die Super Charge Ion Battery (SCiB) gehört ebenfalls zur Li-Ion-Akkufamilie. Der SCiB-Akku basiert auf der LTO-Technologie und setzt als Anodenmaterial ebenfalls Titan ein. So erstaunt es auch nicht, dass der vom japanischen Hersteller Toshiba entwickelte SCiB-Akku in seinen technischen Eigenschaften ein naher Verwandter des LTO-Akkus ist.

Zunächst punktet der SCiB-Akku mit seiner extremen Schnellladefähigkeit. Innerhalb von nur fünf Minuten kann er auf 90 % seiner Nennkapazität aufgeladen werden, womit er sich noch etwas schneller als der LTO-Akku aufladen lässt.

Mit bis über 6.000 Ladezyklen und, laut Herstellerangaben, einer Lebensdauer von bis zu zehn Jahren ist der Akku sehr langlebig. Er ist für einen Temperaturbereich von etwa -30 °C bis +50 °C ausgelegt, womit er ein nahezu gleich breites Temperaturspektrum wie der LTO-Akku abdeckt. Zuletzt zeichnet sich der Akku durch seine hohe Eigensicherheit aus.

Zu den Nachteilen des SCiB-Akku gehört die geringe Energiedichte von 90 Wh/kg, die nur etwa halb so hoch wie beim LiPo-Akku ist. Auch seine Nennspannung von rund 2,3 V ist geringer als die der meisten anderen Lithiumakkutechnologien.

SCiB-Akkus finden primär im industriellen Bereich Verwendung. Daneben werden sie in Hybridautos, Elektrogabelstaplern und Elektrofahrrädern eingebaut.

Kennwerte: Super Charge Ion Battery

Abkürzung	SCiB
Zellennennspannung	2,3 V
Ladeschlussspannung	2,7 V
minimale Zellen-Entladeschlussspannung	1,5 V
Energiedichte	90 Wh/kg
Entladestrom	bis zu 8 C
Ladestrom	bis zu 8 C
Ladezyklen	bis >6.000

6.1.7 Lithium-Sulfat-Akku

Eine künftige weitere Lithiumakkutechnologie wird der Lithium-Sulfat(LSP)-Akku sein. Seit 2011 wurde er immer wieder angekündigt und sogar schon in einzelnen Shops zum Verkauf angepriesen. Nach wie vor ist er auf der chinesischen Herstellerinternetseite *www.winston-battery.com* gelistet. Tatsächlich handelte es sich dabei stets um verfrühte Ankündigungen einer neuen, viel versprechenden Lithiumakkutechnologie. Noch befindet man sich in der Entwicklungsphase, an der auch namhafte deutsche Forschungsinstitute beteiligt sind. Bis zur endgültigen Marktreife werden aber noch einige Jahre ins Land ziehen. Dennoch sind bereits heute erste grundlegende Fakten zum LSP-Akku bekannt. Während der Akku mit etwa 2,3 V eine eher geringe Zellennennspannung aufweist, überzeugt er bereits mit seiner hohen Energiedichte von 190 Wh/kg, womit er sich schon jetzt auf dem Niveau der LiPo-Akkus bewegt. Mit seinem Einsatztemperaturbereich von rund -35 °C bis +85 °C eignet er sich hervorragend für Elektrofahrzeuge. Bei der Entwicklung des neuen LSP-Akkus hat man auch speziell diesen Anwendungsbereich im Visier. Mit rund 2.000 möglichen Ladezyklen sollte sich mit einem Akkusatz etwa die Wegstrecke zurücklegen lassen, die mit vielen Autos im Rahmen ihrer Lebensdauer üblicherweise gefahren werden.

Kennwerte: Lithium-Sulfat-Akku

Abkürzung	LSP
Zellennennspannung	2,3 V
Ladeschlussspannung	1,7–1,8 V
minimale Zellen-Entladeschlussspannung	1,0 V
Energiedichte	190 Wh/kg
Entladestrom	bis zu 3 C
Ladestrom	bis zu 3 C
Ladezyklen	bis >2.000

6.1.8 Lithium-Schwefel-Akku

Der Lithium-Schwefel(Li-S)-Akku ist ein weiteres Mitglied der Li-Ion-Akkufamilie, allerdings eines, bei dem man noch mitten in der Entwicklung steckt.

Bei dieser Akkutype besteht die Anode aus metallischem Lithium. Neue Forschungsansätze gehen in Richtung einer Siliziumlegierung. Für die Kathode kommt ein Komposit aus Schwefel und Kohlenstoff zum Einsatz. Diese Kombination sorgt für eine hohe spezifische Kapazität und geringes Gewicht des Akkus. Es erlaubt etwa im Vergleich zum LiPo-Akku, bei gleichem Energiegehalt deutlich kleinere und leichtere Akkus herzustellen, was besonders in Bezug auf das künftige Einsatzgebiet bei Elektrofahrzeugen entscheidend ist.

In Sachen Energiedichte soll der Li-S-Akku alles Dagewesene in den Schatten stellen. Prototypen erreichen bereits heute etwa 350 Wh/kg und damit annähernd das 1,5-fache von LiPo-Akkus. Diese schaffen maximal bis 250 Wh/kg. Meist liegen sie aber unter der 200-Wh/kg-Grenze. Die Forschung sieht aber gerade in der Energiedichte noch viel Entwicklungspotenzial bei Li-S, wobei man das Ziel im Bereich von 400–600 Wh/kg sieht.

Das größte Problem beim Li-S-Akku liegt bei der erreichbaren Zyklenzahl. Sie bewegt sich derzeit bei Zellen mit hoher Energiedichte bei nur rund 50 Lade-Entlade-Zyklen. Schuld daran sind Reaktionen an der Anodenoberfläche, die den Elektrolyten zersetzen und den Akku austrocknen lassen. Am Fraunhofer-IWS-Institut versucht man, die Eigenschaften des Li-S-Akkus durch Modifikationen der Anode unter Verwendung von Silizium und Kohlenstoff in den Griff zu bekommen. Unter Laborbedingungen wurden bereits bis zu 2.000 Zyklen erreicht. Allerdings gilt es noch, die dabei auftretenden Kapazitätsverluste in den Griff zu bekommen. Diese treten zumindest bei Zellen mit hoher Energiedichte auf.

Die Zellennennspannung beim Li-S-Akku liegt bei etwa 2,2 V. Derzeit werden Li-S-Akkus unter Laborbedingungen noch mit konstanten Strömen in der Größenordnung von 0,1–1 C geladen. Ein standardisiertes Ladeverfahren für Li-S-Akkus gibt es noch nicht.

Für Nischenanwendungen ist der Li-S-Akku bereits verfügbar. Es wird aber mindestens bis 2020 dauern, bis man diesen Akkutyp auch in Elektroautos einsetzen kann.

Kennwerte: Lithium-Schwefel-Akku

Abkürzung	Li-S
Zellennennspannung	rund 2,2 V
Energiedichte	350 Wh/kg
Ladestrom	bis zu 1 C
Ladezyklen	50–2.000

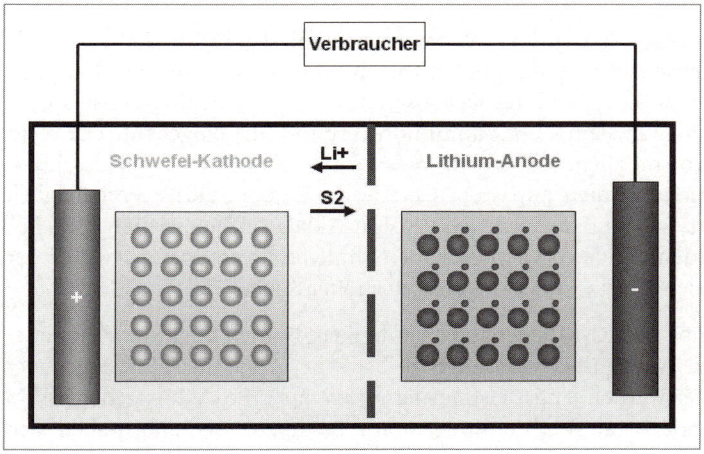

Bild 6.7: Beim Entladen wandert in der Li-S-Zelle Schwefel von der positiven zur negativen und Lithium von der negativen zur positiven Elektrode.

6.1.9 Lithium-Luft-Akku

Der Lithium-Luft-Akku ist noch Zukunftsmusik, an seiner Realisierung wird aber längst intensiv gearbeitet. Auch er basiert auf Li-Ion-Technologie. Derzeit gibt es mehrere Forschungsansätze, wie sich der Lithium-Luft-Akku verwirklichen ließe. Forciert werden die Arbeiten wegen der zumindest theoretisch erreichbaren hohen spezifischen Energiedichte von über 11 kWh/kg, womit diese um bis zum Faktor 20 besser als beim Li-Ion-Akku wäre. Auch die Nennspannung von rund 2,9 V macht den Lithium-Luft-Akku interessant. Man rechnet kaum damit, dass er vor 2030 auf dem Markt verfügbar sein wird. Im Visier hat man derzeit energieintensive Anwendungen wie E-Mobilität oder die Stromspeicherung von Kraftwerken.

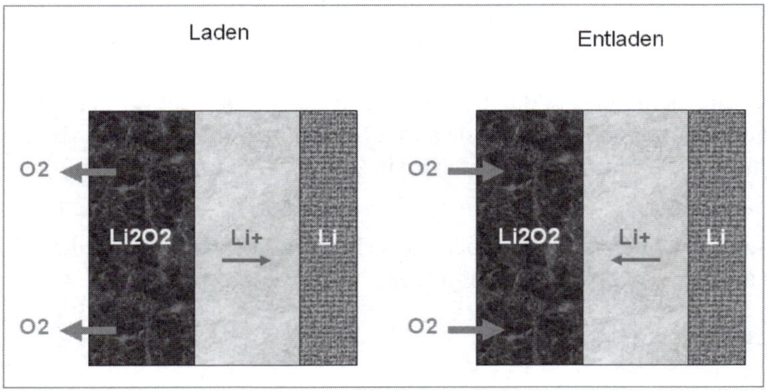

Bild 6.8: Beim Laden gibt der Lithium-Luft-Akku Sauerstoff an die Umgebung ab, beim Entladen nimmt er ihn wieder auf.

6.2 Lithium-Polymer-Akkus

Der Lithium-Polymer(LiPo)-Akku gilt als Weiterentwicklung des Li-Ion-Akkus, womit beide sehr ähnliche Eigenschaften aufweisen. Wie bereits andere Lithiumakkus kommen auch LiPo-Zellen in der Regel ohne festes Gehäuse. Sie sind in Schichtbauweise ausgeführt und in eine Art dichten Beutel aus Aluminiumverbundfolie eingebaut. Damit ist eine sehr flache Bauform möglich. Außerdem lassen sich die Abmessungen des LiPo-Akkus an spezielle Gehäuseformen anpassen. Gerade diese konstruktive Freizügigkeit der Lithiumakkus führt mitunter so weit, dass Li-Ion-Akkus immer wieder als LiPo-Akkus angepriesen werden. Beide Akkutypen haben ähnliche Eigenschaften, wobei der LiPo-Akku seine besondere Stärke in der Abgabe sehr hoher Ströme hat.

Ihr hat er seine Dominanz im RC-Modellbau zu verdanken. Binnen kürzester Zeit hat er die anderen Akkutypen weitgehend verdrängt. Selbst sehr große RC-Flugzeuge oder ferngesteuerte Helikopter werden längst fast ausnahmslos mit LiPo-Akkus geflogen. Da vielerorts keine Flugmodelle mit Verbrennungsmotor mehr zulässig sind, haben sich LiPo-Akkus als alleiniger Standard für Antriebsakkus etabliert. Der LiPo-Akku findet auch in ferngesteuerten Autos und Booten Anwendung, wobei auch hier seine Hochstromfähigkeit bei Großmodellen ausgenutzt wird.

In Kleingeräten ist der Einsatz von LiPo-Akkus eher rückläufig. Ob Smartphone, Tablet-PC oder MP3-Player – in all diesen Geräten macht der LiPo-Akku eine gute Figur. Allerdings spielt hier seine Hochstromtauglichkeit keine Rolle, weshalb ein Li-Ion-Akku ebenso gut seinen Dienst versehen würde. Außerdem sprechen die geringeren Kosten in der Unterhaltungselektronik eher für den Li-Ion-Akku.

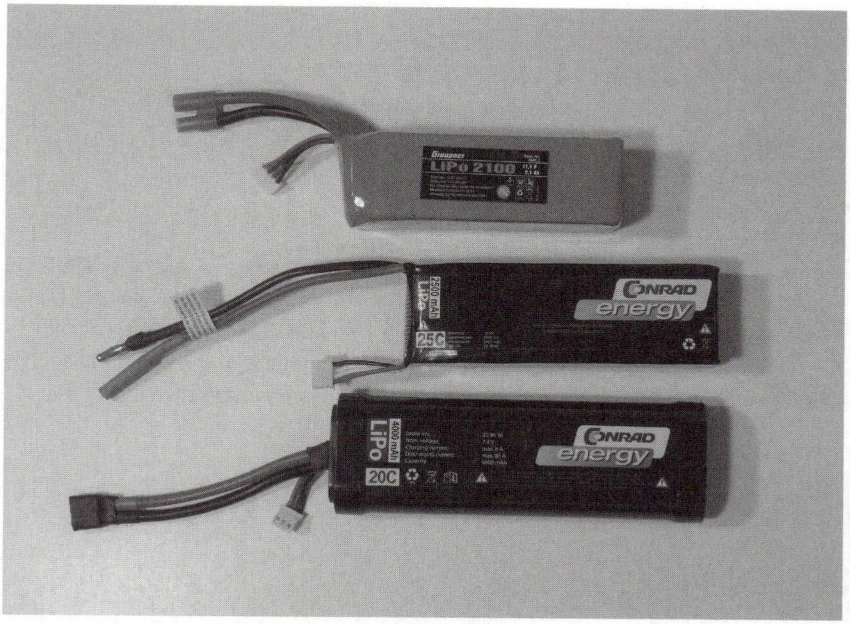

Bild 6.9: LiPo-Akkus für den Einsatz im RC-Modellbau

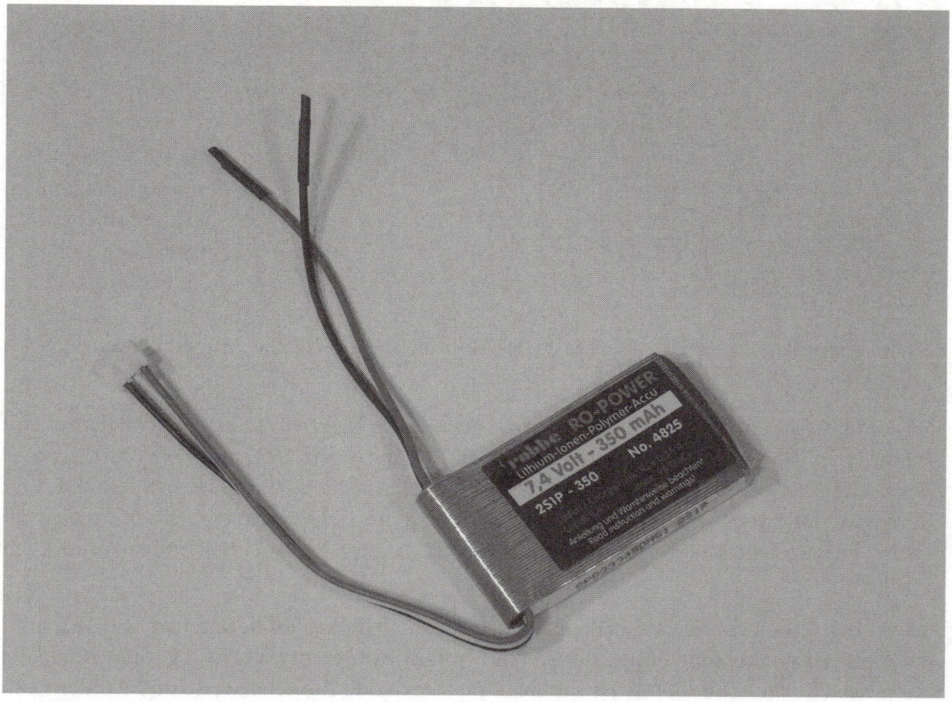

Bild 6.10: Kleiner zweizelliger LiPo-Akku aus dem RC-Modellbau; zusätzlich zum zweipoligen Hochstromanschluss verfügt er über eine dreiadrige Balancer-Leitung.

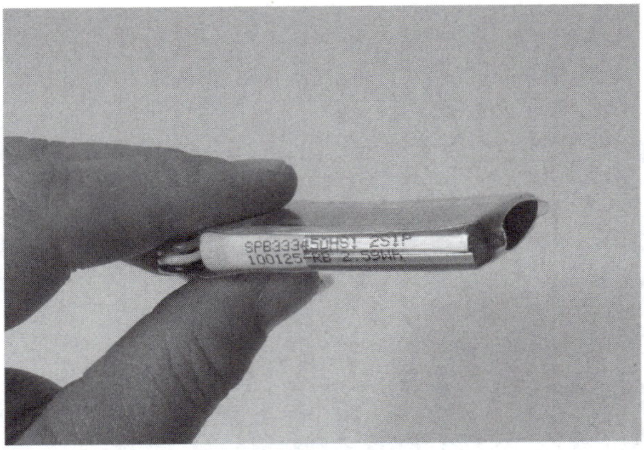

Bild 6.11: Von der Seite erkennt man gut die zwei Zellen. Sie sind nur in Aluminiumbeutel eingebaut und mit einer Folie zusammengeschweißt.

Bild 6.12: Das Typenschild gibt u. a. Auskunft über den maximalen Lade- und Entladestrom.

Genau genommen gibt es mehrere LiPo-Akkutechnologien. Sie unterscheiden sich im Aufbau der Zellen.

Bei der klassischen LiPo-Zelle kommt ein meist fester Elektrolyt mit einem Polymer mit einem darin gelösten Lithiumsalz zum Einsatz. Unter einem Polymer versteht man eine chemische Verbindung aus gleichartigen verketteten oder verzweigten Molekülen. Der Transport der Ionen erfolgt ausschließlich über eine Polymermatrix. Im Vergleich zu einem Flüssigelektrolyten ist die Leitfähigkeit eines Polymerelektrolyten merklich geringer.

Zellen, die üblicherweise als LiPo, LiPoly oder auch PoLiFlex bezeichnet werden, sind meist nur in einem sehr eingeschränkten Umfang weiterentwickelte Li-Ion-Zellen. Bei ihnen besteht die Anode, das ist die negative Elektrode, üblicherweise aus Kohlenstoff. Bei Akkus für den Consumerbereich kommt stattdessen oft auch Grafit zum Einsatz. Die Kathode besteht aus einem Lithium-Übergangs-Metalloxid oder -Phosphat. Es werden auch die gleichen Elektrodenmaterialien und die gleiche Zellchemie wie beim Li-Ion-Akku verwendet – nur mit dem Unterschied, dass der flüssige Elektrolyt beim Polymerakku durch eine Polymermatrix ersetzt wurde, die den Flüssigelektrolyten vollständig aufgesaugt hat. Außerdem bindet die Matrix den Elektrolyten so stark, dass er nicht mehr auslaufen kann. Das hat den Vorteil, dass der LiPo-Akku kein festes Gehäuse mehr benötigt. Bei ihm bestehen die positive und negative Elektrode im Wesentlichen aus Folien, zwischen denen eine weitere liegt: der Polymerseparator mit dem enthaltenen Elektrolyten. Diese Folien werden wie ein Ballen Stoff zusammengelegt, wobei der Handlungsspielraum in Bezug auf die Zellenabmessungen recht groß ist. Die Schichtbauweise erlaubt ferner die Herstellung sehr dünner und in Grenzen sogar flexibler Zellen bei geringen Produktionskosten. Diese Eigenschaften machen diese Variante des LiPo-Akkus besonders attraktiv für den Einsatz in mobilen Endgeräten wie Smartphones oder Notebooks.

Eine LiPo-Zelle hat eine Nennspannung von 3,7 V. Sie darf nur bis zur Entladeschlussspannung von 3,0 V entladen werden, da sonst dauerhafte Schäden durch Tiefentladung entstehen würden. Der LiPo-Akku darf nur bis zu einer maximalen Zellenspannung von 4,2–4,23 V aufgeladen werden.

Da die Zellenspannung von 3,7 V für viele Anwendungen zu gering ist, sind bei LiPo-Akkus häufig mehrere Zellen in Serie geschaltet. Auf diese Weise werden etwa mit zwei Zellen 7,4 V oder mit drei Zellen 11,1 V erreicht.

LiPo-Akkus lassen etwa 300–500 Ladezyklen zu, ohne merklich an Leistung zu verlieren. Ihre monatliche Selbstentladung liegt bei etwa 6 %. Bei älteren LiPo-Akkus kann sie mit bis zu 8 % auch etwas darüber liegen.

Kennwerte: Lithium-Polymer-Akku

Abkürzung	LiPo
Zellenspannung	3,7 V
Minimale Zellen-Entladespannung	3,0 V
Ladeschlussspannung	4,23 V
Ladezyklen	300–500
Entladestrom	bis zu 50 C
Monatliche Selbstentladung	ca. 6 % der Nennkapazität

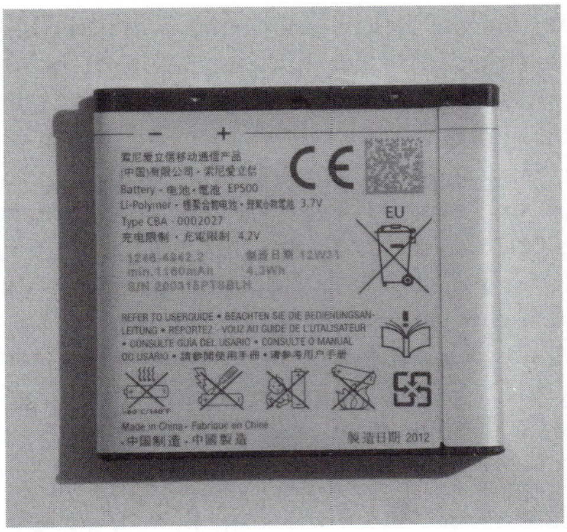

Bild 6.13: LiPo-Akku eines Smartphones

6.2.1 Anschlüsse

Mehrzellige LiPo-Akkus haben zwei Arten von Anschlüssen. Man kann sie am besten bei Modellbauakkus erkennen, da sie bei diesen als rund 10 cm lange Kabel ausgeführt sind. Sind LiPo-Zellen in einem Gehäuse eingebaut, erlaubt die Anzahl der Kontakte oder Kontaktflächen Rückschlüsse auf die beiden Anschlussarten.

Zunächst einmal sind LiPo-Akkus mit einem Hochstromanschluss versehen. Er ist mit je einem massiven roten und schwarzen Draht ausgeführt. Je nach zulässiger Maximalstromstärke kommen hier Querschnitte von 4, 6 oder 8 mm² zum Einsatz. Sie sind die Stromleitung, über die der Akku seine Energie abgibt. Die großen Querschnitte sind im RC-Modellbau erforderlich, um die teils sehr hohen Stromstärken ohne unzulässige Erwärmung der Kabel transportieren zu können.

Außerdem haben LiPo-Akkus ein zusätzliches mehrpoliges Anschlusskabel aus feinen Drähten. Sie sind in einem kleinen Stecker zusammengefasst. Das ist der sogenannte Balancer-Anschluss. Er ist erforderlich, um den LiPo-Akku schonend und gleichmäßig aufzuladen.

Bild 6.14: Die Anschlüsse kleiner einzelliger LiPo-Akkus für den Einsatz in Geräten der Unterhaltungselektronik; hier sind drei Kontaktflächen üblich.

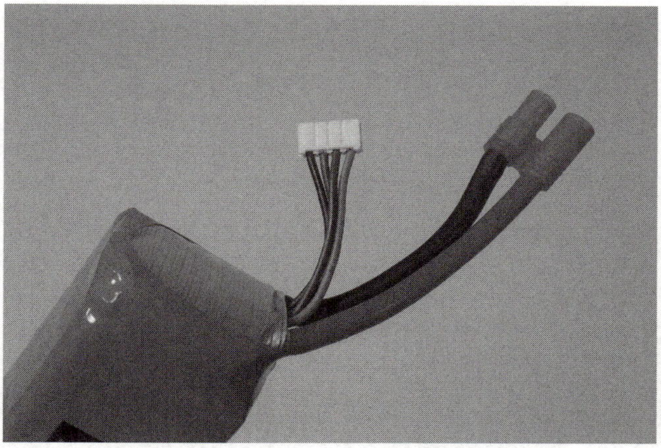

Bild 6.15: Bei diesem größeren LiPo-Akku sind die beiden Hochstromleitungen gut an den großen Kabelquerschnitten zu erkennen. Der vieradrige Balancer-Anschluss verrät uns, dass das ein dreizelliger LiPo-Akku ist.

LiPo-Akkus kommen oft auch in elektronischen Geräten zum Einsatz. Da in ihnen das Ladegerät bereits integriert ist, ist nicht vorgesehen, dass man den Akku aus solchen Geräten entnimmt. Dementsprechend sind die verwendeten Akkus selten aufschlussreich beschriftet.

Hinweise auf die Art der eingebauten Akkutechnologie können Angaben zur Nennspannung geben. Auch die Art und die Anzahl der Anschlüsse können helfen, den Akku zu identifizieren. Meist finden sich Hersteller-Typenbezeichnungen und mit etwas Glück auch der Name des Produzenten. Gibt man diese Angaben in eine Internetsuchmaschine ein, ist die Wahrscheinlichkeit relativ groß, fündig zu werden.

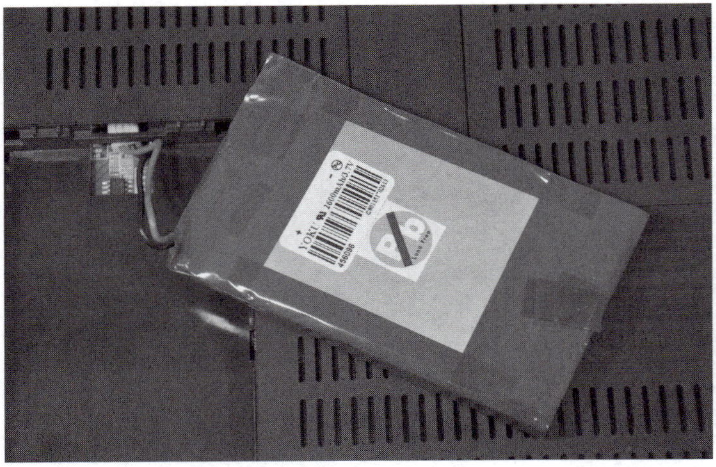

Bild 6.16: Dieser Akku eines Mini-TV wurde über das Internet anhand der Firmenbezeichnung und der Typennummer als LiPo-Akku identifiziert.

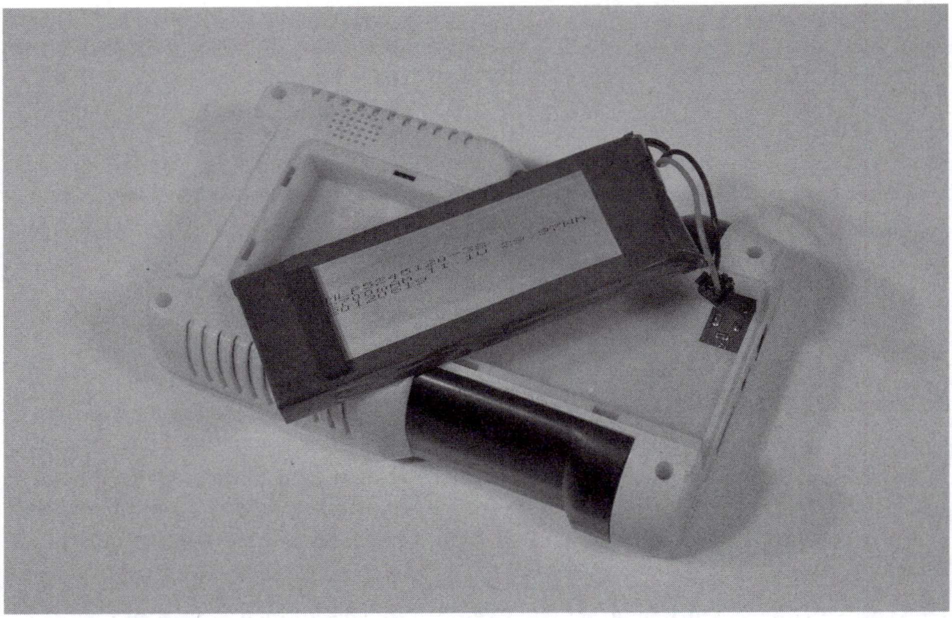

Bild 6.17: Bei diesem Akku wurden wir nicht fündig. Anhand seiner Nennspannung wird er als dreizelliger LiPo-Akku eingestuft. Was jedoch verunsichert, ist das Fehlen des Balancer-Anschlusses.

LiPo-Akkus sollten keinesfalls zu tief entladen werden. Um dem vorzubeugen, sind in den Geräten, in denen sie betrieben werden, Tiefentladeschutzeinrichtungen eingebaut. Sie sorgen für eine rechtzeitige Unterbrechung der Energieversorgung bei Erreichen der zulässigen Entladespannung.

Beim RC-Modellflug wird ein etwas anderer Weg beschritten. Bei Erreichen der Mindestspannung während des Flugs haben zumindest Flächenflugzeuge den Vorteil, nicht augenblicklich wie ein Stein vom Himmel zu fallen. Sie halten sich, ähnlich wie ein Segelflieger, noch eine Zeit lang in der Luft. Eine sofortige Unterbrechung der Stromzufuhr ist dennoch nicht möglich, da damit neben dem Motor auch die Steuerung ausfallen würde, die in der Regel ebenfalls vom LiPo-Akku mit Energie versorgt wird. Somit wäre das Modell erst recht nicht steuerbar. Deshalb lassen sich die in der Luft befindlichen Modelle nach einer wegen Erreichen der Mindestspannung erzwungenen Abschaltung wieder in Betrieb nehmen – allerdings nur mit verringerter Leistung und nur kurzzeitig. Diese Zeit sollte reichen, um das Fluggerät sicher zu einem geeigneten Landeplatz zu manövrieren und zu landen. Lässt man sich mit der Landung zu viel Zeit, besteht die Gefahr, dass der Akku tiefentladen wird, was dauerhafte Schäden nach sich ziehen würde.

Bei »leichten« Fällen einer Tiefentladung verliert der LiPo-Akku mitunter nur etwa 5 % seiner Kapazität. In schweren Fällen kann er auch gänzlich zerstört werden.

6.2.2 Umgang mit LiPo-Akkus

Für den LiPo-Akku ist es besonders wichtig, dass er nur innerhalb seiner zulässigen Grenzen betrieben wird. Das setzt einen korrekt arbeitenden Tiefentladungsschutz in den Geräten und geeignete Ladegeräte voraus. Wird ein LiPo-Akku unter seine Entladeschlussspannung entladen, wirkt sich das erst beim nächsten Einsatz aus, indem der Akku eine stark verkürzte Betriebsdauer bereitstellt. Die Akkukapazität kann in Folge sehr rasch auf 50 % oder deutlich weniger der Nennkapazität abfallen.

Der LiPo-Akku reagiert sehr empfindlich auf Tiefentladungen. Deshalb darf er nicht im leeren Zustand gelagert werden. Er würde sich währenddessen weiter entladen und dabei zerstört werden. Wird der Akku für länger als eine Woche nicht benötigt, ist er auf rund 50 % seiner Nennkapazität aufzuladen, was einer Zellenspannung von ca. 3,85 V entspricht. Bei diesem Ladezustand sind der chemische Zerfall und somit die Selbstentladung am geringsten. So werden auch längere Lagerungszeiten problemlos überstanden. Etwa alle vier bis fünf Monate ist der LiPo-Akku dennoch wieder auf etwa 50 % seiner Nennkapazität nachzuladen.

Hinsichtlich ihrer Sicherheit wurden LiPo-Akkus während der letzten Jahre erheblich verbessert. Dennoch ist ein Restrisiko vor allem bei unsachgemäßer Behandlung nicht ausgeschlossen. Abgesehen davon sind längst nicht alle im Umlauf befindlichen LiPo-Akkus neu, weshalb der Sicherheitsaspekt so aktuell wie eh und je ist.

LiPo-Akkus sind regelmäßig auf Beschädigungen zu überprüfen. Das trifft besonders zu, nachdem der Akku heruntergefallen ist oder ein Modellflugzeug eine harte Landung überstehen musste. In allen Fällen ist der Akku unmittelbar aus dem Gerät zu nehmen und an einer sicheren Stelle am besten im Freien für mindestens 20 Minuten zu beobachten. Die Wartezeit ist ratsam, weil sich Schäden nicht unmittelbar bemerkbar machen müssen und der Akku auch erst etwas später Feuer fangen oder gar explodieren kann. Auch der bei einem LiPo-Brand entstehende Rauch ist giftig. Schadhafte LiPo-

Akkus, z. B. wenn sie aufgebläht sind, dürfen keinesfalls aufgeladen werden. Zeigt der Akku also eine Wölbung, ist er umgehend fachgerecht zu entsorgen.

LiPo-Akkus enthalten wie auch andere Akkusysteme und Batterien giftige Stoffe, die an der Haut zu Verätzungen führen können. Deshalb sind Akkus oder Batterien, bei denen aus dem Inneren Stoffe dringen, zum eigenen Schutz mit höchster Vorsicht zu behandeln.

LiPo-Akkus sollten keinesfalls unbeaufsichtigt geladen werden und man sollte sie nur an Orten aufbewahren, an denen keine Brandgefahr besteht. Sie dürfen nicht kurzgeschlossen oder verpolt werden und sind vor Hitze und Feuchtigkeit zu schützen. Sie sind von Kindern fernzuhalten.

Wegen des erhöhten Gefahrenpotenzials taucht immer wieder die Frage auf, wie LiPo-Akkus fachgerecht zu entsorgen sind. Ist der Akku entladen, kann er bedenkenlos in jedem Altbatterie-Sammelbehälter entsorgt werden. Um sich abzusichern, dass tatsächlich alle Zellen gänzlich entladen sind, können diese einzeln mit einer LED mit Vorwiderstand entleert werden. Dazu schließt man sie an die Positionen am Balancer-Stecker an, die den einzelnen Zellen zugeordnet sind.

Akkus in feuchten Sand oder in Wasser zu legen oder zu kühlen hat keine Wirkung und ist deshalb abzulehnen. Am besten wird ein LiPo-Akku entsorgt, nachdem man alle Kabel einzeln abgezwickt hat.

6.2.3 LiPo-Akku laden

LiPo-Akkus gibt es, wie auch die Li-Ion-Akkus, nicht in Normgrößen, die einen Einsatz in beliebigen Geräten zulassen würden. Meist sind sie in Gehäusen eingebaut, die nur den Einsatz in einem bestimmten Gerät wie Smartphone, Tablet-PC, Notebook, Videokamera usw. zulassen. Sie alle werden nicht nur mit dem passenden Akku ausgeliefert oder er ist fest eingebaut, im Lieferumfang ist auch das passende Ladegerät enthalten. Häufig müssen die Akkus nicht einmal den Geräten entnommen werden. Die Meldung, ob noch geladen wird oder ob der Akku bereits voll ist, erfolgt üblicherweise über eine LED.

In den Ladevorgang kann man nicht eingreifen, da das Ladegerät, egal ob extern oder in eingebauter Form, exakt auf die Bedürfnisse »seines« Akkus abgestimmt ist. Man kann aber darauf vertrauen, dass der Akku, egal ob ein- oder mehrzellig, schonend und korrekt geladen wird.

Fest im Gerät eingefügte LiPo-Akkus können jederzeit nachgeladen werden – sie müssen also nicht leer sein. Überladungen und Tiefentladungen sind zu vermeiden. Dafür sorgt üblicherweise das Gerät, in dem der Akku betrieben wird.

Beide Ladeverfahren, im Gerät und außerhalb des Geräts, haben ihre Vor- und Nachteile. Muss der Akku zum Laden im Gerät verbleiben, erspart man sich das Handling mit dem externen Ladegerät, in das der Akku erst einzulegen ist. Das Ladekabel ist schnell angedockt und das Gerät bleibt weiter im Betrieb – allerdings stark eingeschränkt, denn der Aktionsradius beschränkt sich auf die Länge des Ladekabels.

Bild 6.18: Netzgerät, Ladekabel und Kamera – ein Hinweis darauf, dass der Akku zum Laden in der Kamera verbleibt.

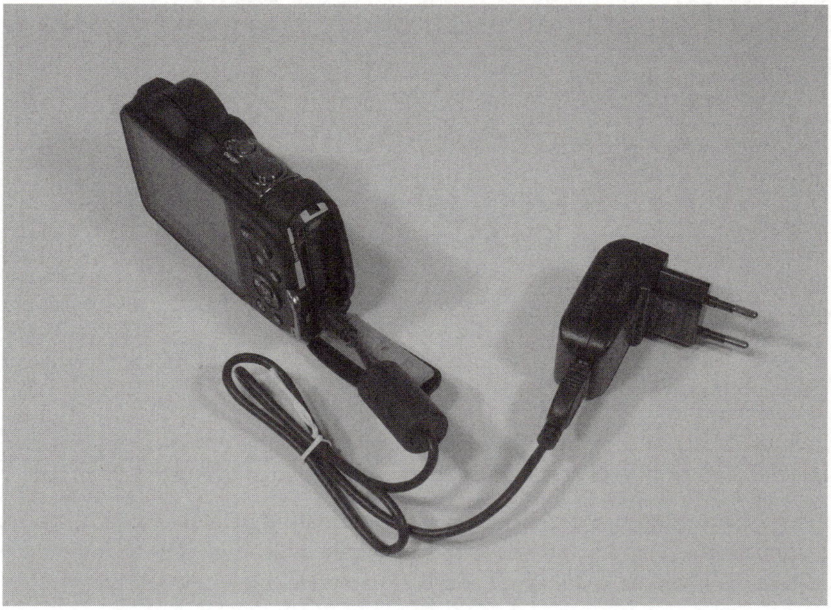

Bild 6.19: Während des Ladevorgangs fällt die Kamera für weiteres Fotografieren aus.

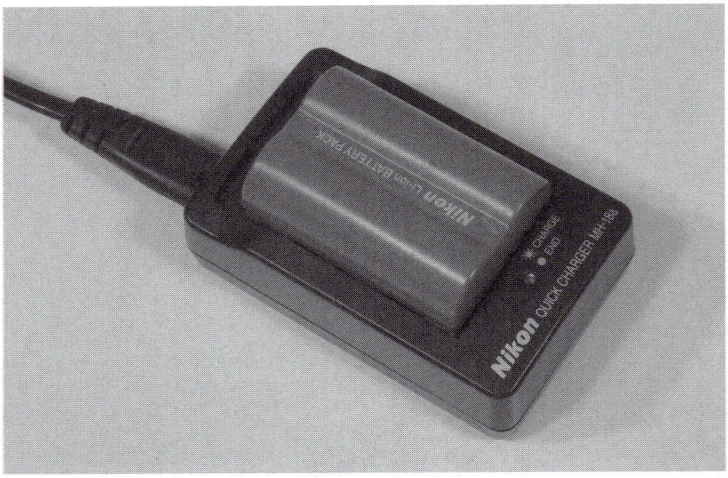

Bild 6.20: Externe Ladegeräte sind insofern von Vorteil, als mit einem zweiten Akku das Gerät voll einsatzfähig bleibt.

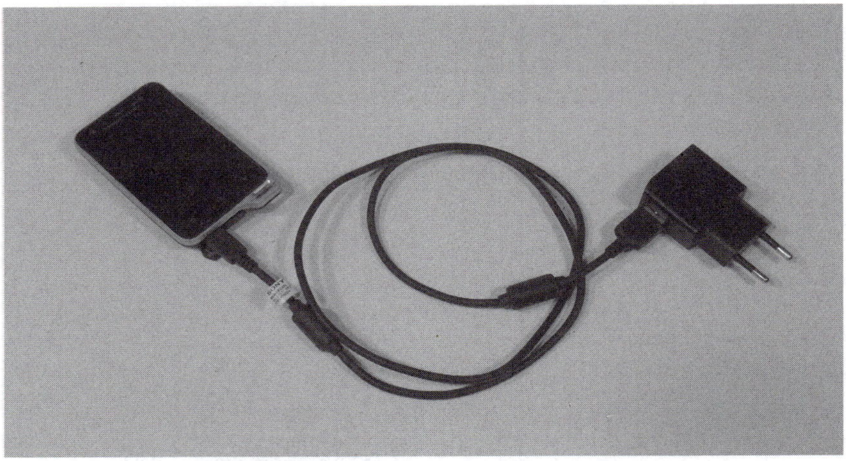

Bild 6.21: Netzteil und Ladekabel für ein Smartphone

Entscheidend ist auch, wie schnell ein Akku geladen wird. Bei Smartphones und vielen anderen Geräten kann man von einer Schnellladung ausgehen, die nach 1–2 Stunden bereits abgeschlossen ist. Andere Geräte wie Kameras lassen sich Zeit. Da kann es schon sein, dass das Aufladen eines größeren Akkus an die acht Stunden in Anspruch nimmt.

Für verschiedene LiPo-Akkuformen, wie sie in der Unterhaltungselektronik üblich sind, werden vom Zubehörfachhandel auch externe Ladegeräte angeboten. Ob sie auch nach den gleichen Kriterien wie die originalen Ladegeräte arbeiten, bleibt jedoch meist offen. Man kann nicht automatisch davon ausgehen, dass sie mit den geforderten Ladeströmen und -spannungen laden und die erforderlichen Überwachungseinrichtungen an Bord haben. Versprechen externe, von unabhängigen Firmen angebotene Ladestationen eine deutlich geringere Ladezeit als das Original, ist Skepsis angebracht. Sie könnten mit zu hohen Ladeströmen arbeiten, die den Akku mittel- bis langfristig schädigen würden.

Bild 6.22: Wie lange ein Gerät für den uneingeschränkten Betrieb ausfällt, wird primär davon bestimmt, wie viel Zeit der Ladevorgang erfordert.

Tiefentladenen Akku retten

Achtung! Wir machen an dieser Stelle ausdrücklich darauf aufmerksam, dass das Retten eines tiefentladenen Akkus nicht ohne Risiko ist und deshalb ausschließlich auf eigene Gefahr erfolgt.

Tiefentladene LiPo-Akkus werden von vielen Ladegeräten gar nicht mehr erkannt, womit auch die automatische Zellenzahlerkennung nicht funktioniert. Damit scheiden übliche für LiPo-Akkus ausgelegte Ladestationen aus.

Als Alternative bieten sich Labornetzteile mit einstellbarer Strombegrenzung an. Mit dem Labornetzteil ist jede Akkuzelle einzeln über den Balancer-Anschluss zu laden. Als Ladespannung ist 3,7 V und als Ladestrom 0,1 C einzustellen. Mit diesen Parametern sollte die Zellenspannung innerhalb einer Stunde unter 3,3 V bleiben. Andernfalls ist die Zelle dauerhaft defekt und nicht mehr zu retten.

Verläuft der Rettungsversuch erfolgreich, sollte der Akku in Folge wieder mit einem normalen LiPo-Ladegerät aufgeladen werden können. Wie viel an Kapazität der Akku nach dem Rettungsversuch noch besitzt, lässt sich nur im Betrieb oder mit einem Entladegerät mit Kapazitätsanzeige ermitteln.

Das Laden eines LiPo-Akkus sollte nicht unbeaufsichtigt oder zumindest im Freien an einem sicheren Ort erfolgen.

6.2.4 Lithium-Modellbauakkus

Bei LiPo-Akkus für den RC-Modellbau fehlt das sonst übliche robuste Kunststoffgehäuse. Die Außenhülle der Akkupacks besteht hier meist nur aus einer dicken Folie, in die die einzelnen in Aluminiumbeutel gepackten Zellen zusammengeschweißt sind. Das hat zur Folge, dass Modellbau-Lithiumakkus zu einem geringen Grad sogar mit den Händen verformbar sind. Davon ist aber dringend abzuraten, da Modellbauakkus eben aus diesem Grund sehr empfindlich sind. Man sollte sie nicht fallen lassen, außerdem ist jegliche mechanische Belastung zu vermeiden. Dazu zählt auch, dass man niemals an den Anschlusskabeln zieht. Es besteht Brand- und Explosionsgefahr.

Die Qualität eines Akkupacks wird, übrigens nicht nur im RC-Modellbau, von der Güte der einzelnen verbauten Zellen bestimmt. Aufgrund von Fertigungstoleranzen, Materialqualität sowie dem inneren Aufbau können die einzelnen Zellen zum Ende der Entladung unterschiedliche Spannungen haben.

Würde ein LiPo-Akku ohne Balancer geladen werden, würden sich bereits nach wenigen Zyklen große Unterschiede in den Zellenspannungen ergeben. Damit verbunden wäre eine verkürzte Betriebsdauer, weil in der schwächsten Zelle die Spannung zusammenbrechen würde. Gleichzeitig würde diese Zelle durch Tiefentladung beschädigt. Zuletzt wäre die Einhaltung der Ladeschlussspannung bei den verbauten Zellen mehr als fraglich. Idealerweise sollte sie bei LiPo-Zellen 4,2 V maximal nur um 1 % unter- oder überschreiten, was nur über eine Ladung über die Balancer-Anschlüsse gewährleistet werden kann.

Nehmen wir an, ein ohne Balancer geladener dreizelliger LiPo-Akku hat eine Spannung von 13,2 V. Er scheint somit optimal aufgeladen zu sein. Die Messung der drei Zellenspannungen könnte aber ergeben, dass eine Zelle mit 4,5 V gefährlich überladen wurde, während die zweite mit 3,9 V noch halb leer ist und nur die dritte den Idealzustand von 4,2 V hat. Die überladene Zelle kann auslaufen, in Brand geraten oder im Extremfall sogar explodieren.

Gleiches trifft übrigens auch für Li-Ion- und LiFe-Akkus zu. Unterschiede zum LiPo-Akku bestehen ausschließlich in der Höhe der zulässigen Entlade- und Ladeschlussspannung.

RC-Modellbauakkus werden von zahlreichen Herstellern angeboten. Neben hochwertiger Markenware finden sich darunter auch minderwertige No-Name-Produkte, die besonders mit günstigen Preisen und scheinbar guten technischen Daten locken.

Am besten funktioniert ein Akkupack, wenn die in ihm verbauten Zellen so weit wie möglich die gleichen Eigenschaften besitzen. Deshalb wird bei Premiumprodukten darauf geachtet, dass nur gut zusammenpassende Zellen zu einem Akkublock verbaut werden. Damit ist eine gleichmäßige Belastung gewährleistet, was sich positiv auf die Einsatz- und Lebensdauer auswirkt.

6.3 Lithiumakkus – Irrtümer

Meist sind wir uns bewusst, dass nur der richtige Umgang unseren Akkus ein langes Leben beschert. Doch wie der »richtige Umgang« damit aussieht, ist oft nicht klar. Viele noch immer weitverbreitete Akkuirrtümer reichen bis weit in die Akkuvergangenheit zurück.

Irrtum: erstes langes Laden

Weit verbreitet ist die Annahme, dass ein neuer Lithiumakku beim ersten Ladevorgang mindestens zehn Stunden geladen werden muss, um seine maximale Performance zu erhalten. Dazu besteht erstens keine Notwendigkeit und zweitens ist das in der Praxis auch gar nicht möglich.

Um einen Lithiumakku korrekt und vollständig laden zu können, erfordert er ein auf ihn abgestimmtes Ladegerät. Dies ist beispielsweise im Lieferumfang von Smartphones, Tablet-PCs oder etwa Notebooks enthalten. Solche Ladegeräte laden den Akku nach einem vorprogrammierten Ablauf, wobei der momentane Ladezustand laufend berücksichtigt wird. Ist der Akku voll aufgeladen, wird der Ladevorgang beendet, was in der Regel bereits nach wenigen Stunden der Fall ist. Bleibt der Akku darüber hinaus noch an der Ladestation angeschlossen, erfolgt keine weitere Ladung. Damit wird der Akku bei seinem ersten Mal exakt nach den gleichen Kriterien aufgeladen wie auch bei allen künftigen Ladevorgängen.

Irrtum: Memory-Effekt bei Lithiumakkus

In der inzwischen schon einige Zeit zurückliegenden Nickel-Kadmium-Akku-Ära war der Memory-Effekt stets ein wichtiges Thema, da er die Nutzung dieser Akkus entscheidend beeinträchtigen konnte. Die Angst davor lebt auch im Lithium-Zeitalter weiter. Viele glauben, dass der Memory-Effekt, wenn auch abgeschwächt, auch bei Lithiumakkus auftritt. Tatsächlich war der Nickel-Kadmium-Akku der einzige, der dem Memory-Effekt unterlag. Bei Lithiumakkus tritt er definitiv nicht auf.

Irrtum: Akku regelmäßig entleeren

Ein weitverbreiteter Irrglaube besagt, dass der Lithiumakku regelmäßig vollständig entleert werden muss, um seine Lebensdauer zu verlängern. Tatsächlich ist genau das Gegenteil der Fall. Je mehr ein Akku entladen wird, umso mehr wird er auch beansprucht. Damit belastet ihn eine vollständige Entleerung grundsätzlich mehr als etwa zwei Halbentleerungen. Da die Lebensdauer eines jeden Akkus begrenzt ist, ist es sinnlos, einen Akku grundlos vollständig zu entleeren und ihn wieder aufzuladen, ohne dass man ihn zu diesem Zeitpunkt tatsächlich braucht. Auf diese Weise erreicht man nur, dass die Lebensdauer des Akkus mit jedem Ladezyklus verkürzt wird.

Irrtum: Vollaufladung für Langzeitlagerung

Jeder Akku hat eine Selbstentladung. Sie ist am höchsten, wenn der Akku voll aufgeladen ist und sorgt bereits während der ersten Tage der Lagerung für einen vergleichsweise hohen Kapazitätsverlust. Ist der Akku indes nur teilweise aufgeladen, lässt sich die Selbstentladung zwar nicht beseitigen, in ihrer Intensität aber einbremsen. Wird ein Akku oder ein Gerät mit fest eingebautem Akku über einen längeren Zeitraum nicht benötigt, ist er nur auf rund 60–80 % aufzuladen. Außerdem ist darauf zu achten, den Akku nicht zu hohen oder zu tiefen Temperaturen auszusetzen.

Da die Selbstentladung des Akkus nicht vor seiner Entladeschlussspannung Halt macht, empfiehlt es sich, den Ladungszustand des Akkus nach etwa 6 Monaten zu kontrollieren und ihn gegebenenfalls nachzuladen. Nur so kann man verhindern, dass der Akku bei sehr langer Lagerung irreparable Schäden nach sich zieht.

Irrtum: USB-Ladung schadet dem Akku

Dank standardisierter Ladegeräte und der Verbindung per USB-Kabel zu Smartphone und Tablet-PC, bietet es sich an, die Geräte auch mal über die USB-Schnittstelle zu laden. Gerade das soll den Akkus aber schaden.

Bei dieser falschen Betrachtung wird vergessen, dass bei den genannten Kleingeräten die Ladeelektronik im Gerät selbst eingebaut ist. Sie befindet sich nicht im großen Steckergehäuse. In ihm wird lediglich der Netzwechselstrom in Gleichstrom geringer Spannung umgewandelt. Für den Mobiltelefonakku ist es so kein Unterschied, ob er den Strom für das eingebaute Ladegerät über das Steckernetzteil oder die USB-Schnittstelle des PC bekommt.

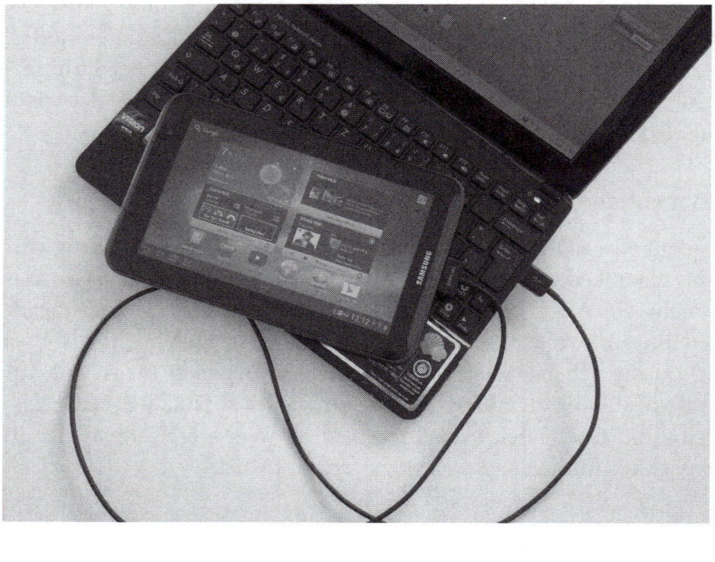

Bild 6.23: Den Tablet-PC oder das Smartphone über die USB-Schnittstelle des Rechners zu laden, schadet dem Akku nicht.

Bild 6.24: Der große Stecker am Ladekabel wird meist als das eigentliche Ladegerät betrachtet, ...

Bild 6.25: ... tatsächlich wandelt er aber nur den Wechselstrom in Gleichstrom mit geringer Spannung um. Das Ladegerät selbst ist im Smartphone fest eingebaut.

7 Wiederaufladbare Batterien

Grundsätzlich wird zwischen Primärzellen (nicht wiederaufladbaren Batterien) und Sekundärzellen (wiederaufladbare Akkus) unterschieden. Als Basis für diese Betrachtung dient die Umkehrbarkeit der in den Energiespeichern stattfindenden chemischen Reaktionen.

Sekundärelemente werden bei ihrer Herstellung nur so weit geladen, wie es für die Lagerzeit bis zum Verkauf erforderlich ist, damit sie keinen Schaden nehmen. Grundsätzlich müssen sie vor ihrem ersten Einsatz voll aufgeladen werden. Primärzellen werden betriebsbereit produziert, womit sie sofort einsatzbereit sind. Im Gegensatz zu Akkus sind Batterien aber typische Einwegartikel, die nur für eine einmalige Entladung vorgesehen sind.

Dennoch lassen sich auch klassische Einwegbatterien in begrenztem Umfang wieder aufladen oder regenerieren. Bereits seit Ende der 1960er-Jahre wurde an der Entwicklung spezieller wiederaufladbarer Alkalibatterien gearbeitet. Erst Mitte der 1990er-Jahre kamen aufladbare Alkalibatterien auf den Markt. Ihnen blieb allerdings der erwartete kommerzielle Erfolg verwehrt.

Aufladbare Alkalibatterien punkten zunächst mit ihrer höheren Zellenspannung von 1,5 V. Im Vergleich dazu sind die weitverbreiteten NiMH-Akkus mit ihrer Zellenspannung von 1,2 V im Nachteil – allerdings nur bedingt, denn bei Batterien verringert sich die Spannung bei gleichmäßiger Belastung linear, während sie bei Akkus bis nahe der vollkommenen Entleerung weitgehend konstant bleibt.

Aufladbare Batterien haben einen höheren Innenwiderstand als herkömmliche Akkus, weshalb ihre Selbstentladung geringer ist. Damit eignen sie sich auch für längere Lagerung in geladenem Zustand. Im Vergleich dazu sollte man beispielsweise NiMH-Akkus erst aufladen, wenn man weiß, dass man sie in Kürze braucht. Dieser höhere Innenwiderstand grenzt das Einsatzgebiet aufladbarer Alkalibatterien jedoch auf Anwendungen mit geringer bis mittlerer Belastung ein. Für Verbraucher mit hohem Strombedarf wie digitale Fotoapparate sind sie fehl am Platz. Dennoch dient heute die aufladbare alkalische Batterie als beinah vollwertiger Ersatz für die klassische Einwegbatterie.

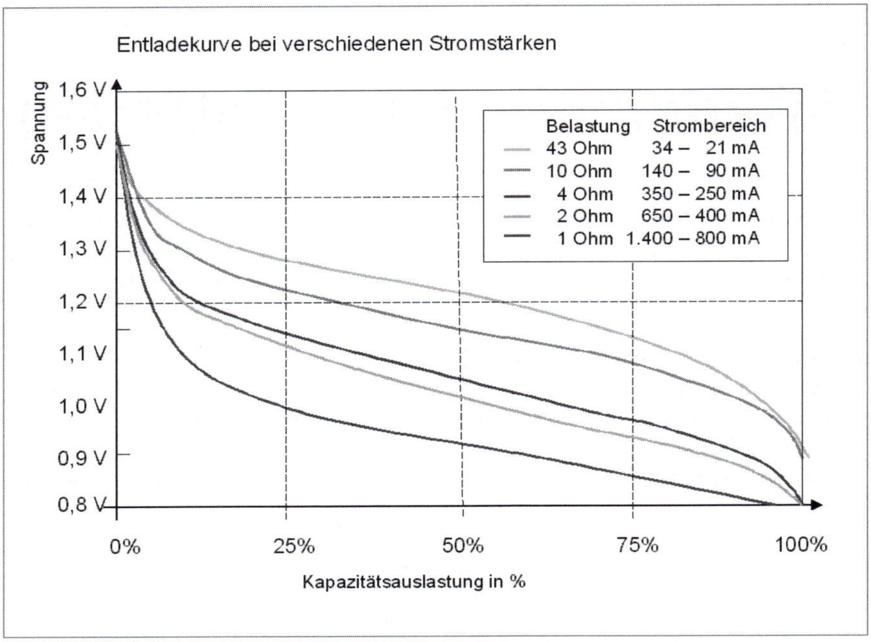

Bild 7.1: Die Grafik zeigt das Spannungsverhalten während der Entladung einer wiederaufladbaren Alkalibatterie unter verschiedenen Belastungen.

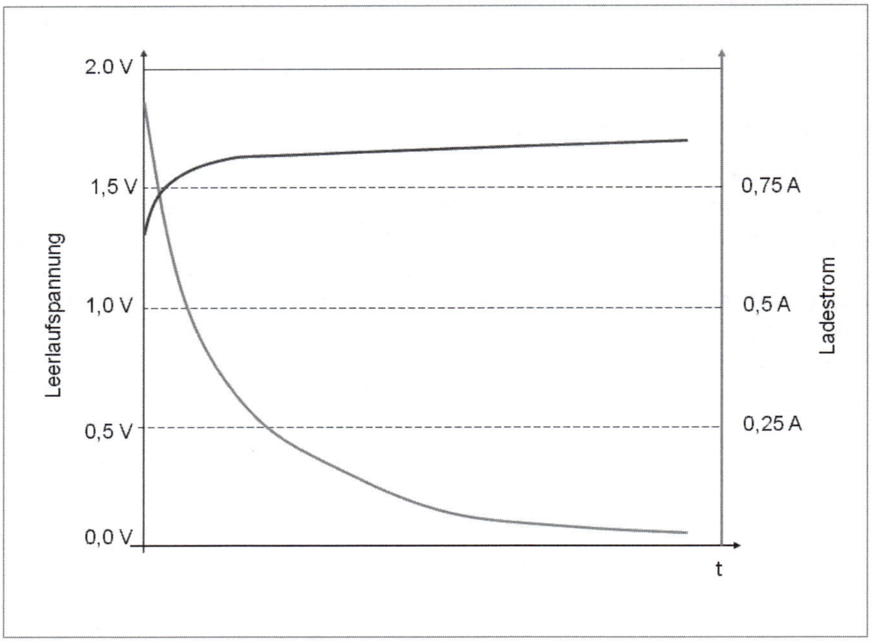

Bild 7.2: Typische Ladekurve für wiederaufladbare Alkalibatterien

7.1 Leistungsmerkmale

Wiederaufladbare Alkalibatterien basieren auf einem Alkali-Mangan-Batteriesystem. Um die Vorteile der Einwegbatterie und gleichzeitig die Ladefähigkeit realisieren zu können, unterscheidet sich die aufladbare Alkalibatterie in ihrem Aufbau von ihren Alkali-Einweg-Kollegen. Dabei büßt die aufladbare Batterie etwa 20 % der Leistungsfähigkeit im Vergleich zur Einwegbatterie ein.

Kennwerte: wiederaufladbare Alkalibatterie

Zellenspannung	1,5 V
Minimale Zellen-Entladespannung	0,9 V
Ladezyklen	50–500
Entladestrom	max. 1A (abhängig von der Batteriegröße)
Monatliche Selbstentladung	0,2 % der Nennkapazität

Gegenüberstellung von NiMH-Akku, aufladbarer Alkalibatterie und Einweg-Alkalibatterie

	NiMH	Einweg	aufladbar
• Nennspannung	1,2 V	1,5 V	1,5 V
• Ladezyklen	bis 600	keine	bis 500
• Selbstentladung pro Monat	25 %	0,2 %	0,2 %
• Memory-Effekt	gering	nein	nein
• Für Geräte mit geringer Stromaufnahme	ja	ja	ja
• Für Geräte mit mittlerer Stromaufnahme	ja	ja	ja
• Für Geräte mit hoher Stromaufnahme	ja	nein	nein

Entladekurve

Wie normale Einwegbatterien besitzen auch aufladbare Alkalibatterien eine kontinuierlich fallende Entladekurve. Das macht sich in der fortlaufenden Schwächung der Leistung des Verbrauchers bemerkbar. Beispiel: eine Taschenlampe, bei der die Lichtstärke von Beginn an bis zur leeren Batterie weitgehend gleichmäßig nachlässt.

Es wird allgemein empfohlen, aufladbare Alkalibatterien maximal bis auf eine Zellenspannung von 0,9 V zu entladen. Diese Entladeschlussspannung gewährleistet, dass solche Batterien auf jeden Fall 50 mal wiederaufgeladen werden können. Mitunter werden auch tiefere Entladespannungen genannt. Mit ihnen wird aber auch auf die rapide sinkenden möglichen Ladezyklen hingewiesen, z. B. auf 25 mal. Im Gegensatz dazu sollen bei schonender Behandlung aber auch bis zu 500 Ladevorgänge und sogar mehr möglich sein. Das setzt voraus, dass die Batterie keinesfalls unter 0,9 V entladen wird. Die Gefahr der zu tiefen Entladung liegt in der oft schwierigen Einschätzung, wie voll eine wiederaufladbare Alkalibatterie noch ist. Schließlich lassen viele Verbraucher wie einfache Taschenlampen oder Kinderspielzeug einen Tiefentladeschutz vermissen, der den Betrieb rechtzeitig einstellt. Das ist aber auch verständlich, solche Geräte lassen sich auch mit klassischen Einwegbatterien betreiben, bei denen eine möglichst hohe Entladung sogar gewünscht ist. Betreibt man sie mit NiMH-Akkus, weisen diese wiederum eine andere Charakteristik auf.

Wie lange die Laufzeit einer aufladbaren Alkalibatterie ist, hängt von der Belastung ab. Je geringer die Stromentnahme, umso längere Laufzeiten lassen sich erreichen. Bei einer konstanten Stromentnahme von 30 mA ist die Einsatzdauer einer wiederaufladbaren Alkalibatterie deutlich mehr als zehnmal so lang wie bei einer Stromentnahme von 300 mA.

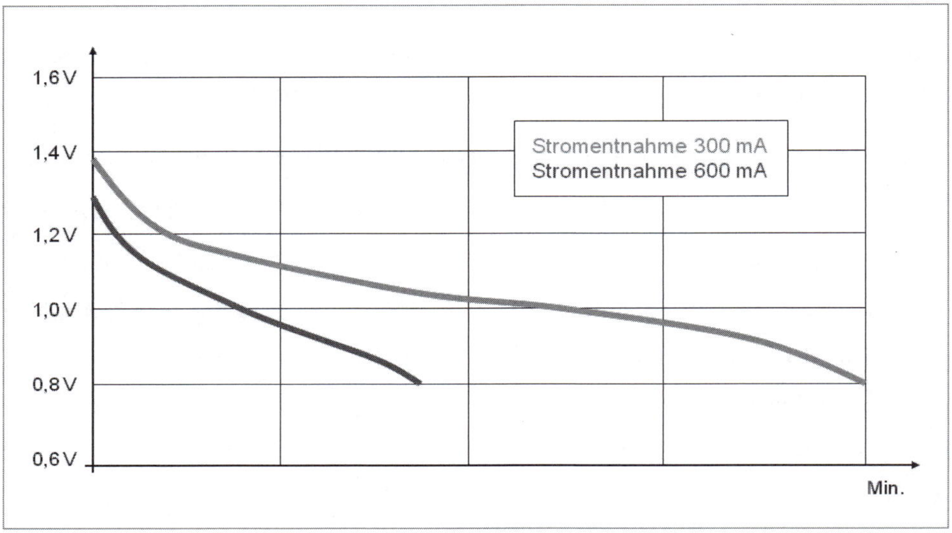

Bild 7.3: Die Entladekurve zeigt, dass mit einer aufladbaren Alkalibatterie bei doppelter konstanter Stromentnahme weniger als die halbe Laufzeit erreicht wird.

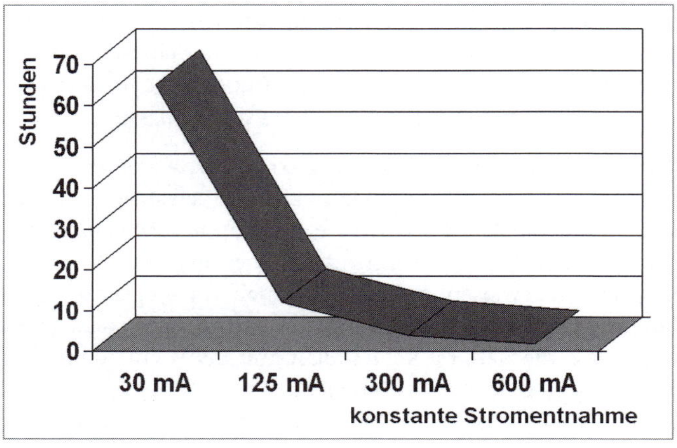

Bild 7.4: Je geringer die Stromentnahme, umso längere Laufzeiten lassen sich erreichen.

Kapazität und Zyklenzahl

Anders als etwa auf NiMH- oder LiPo-Akkus findet man auf Einweg- und wiederaufladbaren Batterien keine Kapazitätsangaben. Batterien haben nämlich die Eigenschaft, dass ihre Kapazitäten umso größer sind, je geringer die Ströme sind, die ihnen entnommen werden. Damit kann man die mögliche Laufzeit nicht einfach anhand der benötigten Stromstärke errechnen, z. B. 100 mA entsprechen 3 Stunden Laufzeit, also 300 mA bei 1 Stunde. In der Praxis werden bei höheren Strömen deutlich geringere Laufzeiten erreicht. Beim genannten Beispiel wird man etwa von einer Kapazitätsminderung von 20–25 % ausgehen müssen, womit bei 300 mA nur um die 45 Minuten Laufzeit erreicht würden.

Bei der erreichbaren Kapazität ist auch die Umgebungstemperatur mit zu berücksichtigen. Batterien und Akkus arbeiten allgemein bei normaler Umgebungstemperatur von ca. 20 °C am besten. Bei Kälte sinkt ihre Kapazität. Bei 0 °C muss man sich mit etwa der halben Kapazität zufriedengeben. Bei noch tieferen Temperaturen können bis zu 90 % der Leistungsfähigkeit verloren gehen. Deshalb sind Batterien und Akkus bis unmittelbar vor ihrem Einsatz warmzuhalten, z. B. indem man sie nah am Körper hält.

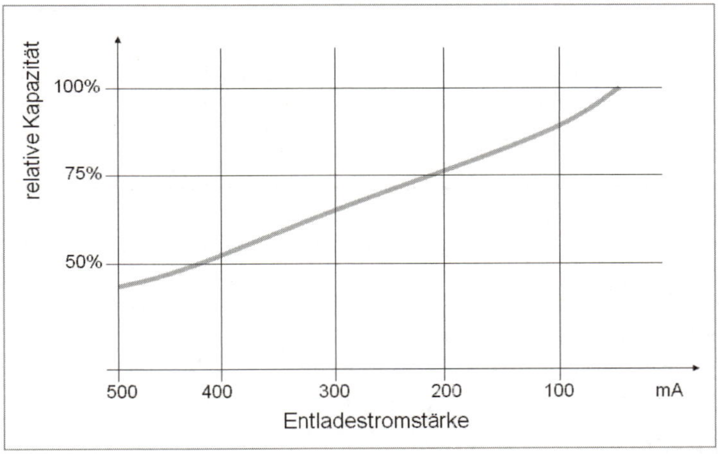

Bild 7.5: Die Kapazität einer aufladbaren Alkalibatterie ist umso höher, je geringere Ströme ihr entnommen werden.

Von typischen Standard-NiMH-Akkus ist man gewohnt, dass diese über viele Ladezyklen hinweg etwa die gleiche Leistung erbringen. Davon darf man bei aufladbaren Alkalizellen nicht ausgehen, denn ihre Kapazität und Entladezeit bei stets gleich hohem Strom verringert sich mit der Anzahl der bereits erfolgten Ladevorgänge. Aus dem Vollen zu schöpfen erlauben aufladbare Alkalibatterien nur nach dem ersten Ladevorgang. Bereits nach fünfmal Aufladen erreicht eine solche Batterie nur noch ca. 80 % ihrer ursprünglichen Kapazität. Nach zehn Ladezyklen hat die aufladbare Alkalizelle bereits etwas über ein Drittel ihrer Leistungsfähigkeit eingebüßt. Nach nur 25 Wiederaufladungen ist von der ursprünglichen Power dieses Batterietyps nur noch wenig übrig geblieben. Gerade einmal etwa 38 % ihrer ursprünglichen Kapazität kann sie nun noch abgeben, womit die erreichte Spielzeit nach vergleichsweise wenigen Ladezyklen fast zwei Drittel eingebüßt hat. Mit weiteren Ladezyklen sinkt die Kapazität wiederaufladbarer Alkalibatterien zwar weiter, der Kurvenverlauf flacht sich aber ab, womit sich weitere Kapazitätsverluste in

Grenzen halten. Nach wie vielen Ladezyklen kein praxisgerechter Betrieb solcher Batterien mehr gegeben ist, hängt von der Anwendung ab. Vielleicht sollte man wiederaufladbare Batterien auch aus einem anderen Blickwinkel sehen als »normale« Akkus, indem man z. B. anerkennt, dass 25 Ladezyklen bei aufladbaren Alkalibatterien etwa 8–10 Einwegbatterien ersetzen.

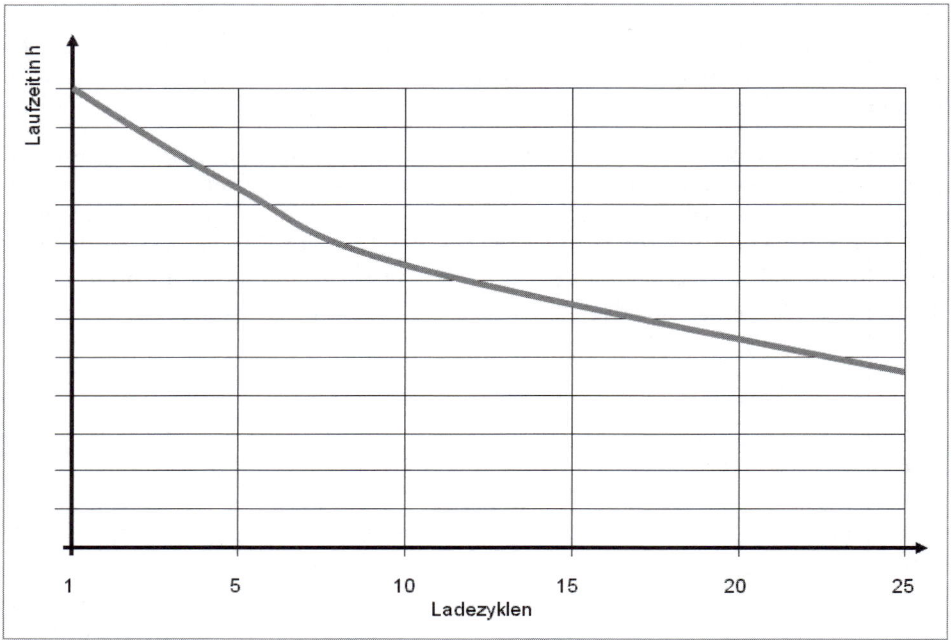

Bild 7.6: Die Grafik zeigt die zu erwartenden Laufzeiten nach mehreren Ladezyklen, wobei hier stets von konstantem Strom ausgegangen wird.

7.2 Ladetechnik

Aufladbare Alkalibatterien dürfen ausnahmslos mit dafür geeigneten Ladestationen geladen werden. Diese können nach zwei Ladeverfahren arbeiten. Entscheidend bei beiden ist, dass keine Überladung der Zellen erfolgt. Eine Spannungsregelung sorgt dafür, dass die Zellenspannung von 1,65 V nicht überschritten wird. So ist auch die Voraussetzung geschaffen, dass die Zellen über längere Zeit unbeschadet im Ladegerät verbleiben können.

Laden mit Konstantspannung

Das Laden mit Konstantspannung ist die bei aufladbaren Alkalizellen am häufigsten verwendete Methode. Konstantspannungsladegeräte bestehen aus preiswerten Bauteilen. Sie geben an den Ladekontakten eine konstante Spannung von etwa 1,65 V ab. Wird eine leere Zelle in das Ladegerät eingelegt, sinkt zunächst die Ladespannung, und der maximale Ladestrom beginnt zu fließen. Während des Ladevorgangs nähert sich die Spannung allmählich den 1,65 V. Gleichzeitig nimmt der Ladestrom ab. Die Ladezeit wird von der Größe, dem Ladezustand und dem Alter der zu ladenden Zellen bestimmt. Außerdem nimmt der maximale vom Ladegerät bereitgestellte Ladestrom Einfluss auf die Ladedauer. Bei einer leeren aufladbaren Alkali-Mignonzelle liegt die durchschnittliche Ladedauer bei 8–16 Stunden.

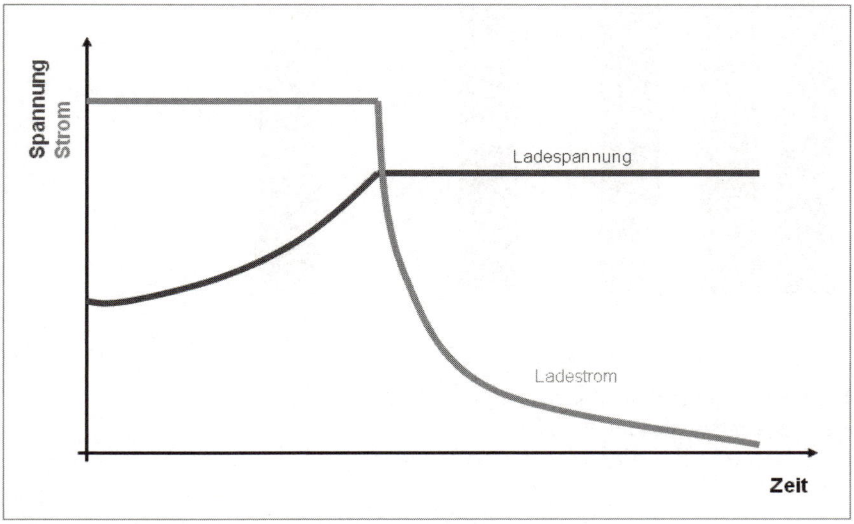

Bild 7.7: Ladekurve bei Konstantspannungsladung

Pulsladeverfahren

Die Pulsladung unterstützende Ladegeräte sind teurer. Sie erlauben eine deutlich schnellere Aufladung der Alkalizellen. Bei stark entladenen aufladbaren Alkalibatterien ist mit einer Ladezeit von maximal 8 Stunden zu rechnen. Bei teilweise aufgeladenen Zellen kann sich die Ladedauer auf 2 Stunden reduzieren. Grundsätzlich wird auch bei diesem Verfahren die tatsächliche Ladedauer vom maximal möglichen Ladestrom, dem Ladezustand der Batterie und deren Allgemeinzustand beeinflusst.

Bei der Pulsladung werden für wenige Millisekunden hohe Spannungsimpulse an die zu ladende Zelle angelegt. Sie überschreiten die übliche Ladespannung von 1,65 V. Je nach Ladezustand werden pro Zeiteinheit mehr oder weniger solcher Spannungsimpulse angelegt, die meisten bei leerer Zelle. Zwischen den Pulsintervallen wird die augenblickliche Zellenspannung ermittelt. Mit steigender Zellenspannung werden die Pulsintervalle verlängert. Bei Erreichen der vollen Ladung werden die Zeitabstände zwischen den Pulsraten auf unendlich vergrößert, womit der Ladevorgang beendet wird – zumindest theoretisch. In der Praxis sinkt die Zellenspannung geringfügig, womit immer wieder 1,7-V-Ladeimpulse generiert werden. In dieser Zeit befindet sich das Ladegerät im Erhaltungslademodus.

Bild 7.8: Je weiter die aufladbare Alkalizelle geladen ist, umso größer werden die Zeitabstände zwischen den Ladeimpulsen.

8 Aufladen von Einweg-Alkalibatterien

Prinzipiell können auch normale Einweg-Alkalibatterien wieder aufgeladen oder vielmehr *refresht* werden, und das bis zu dreimal. Allerdings kann dabei nicht mehr die volle Leistungsfähigkeit der Batterie zurückgewonnen werden. Wenn die so wieder zum Leben erweckten Batterien in Verbrauchern mit geringem bis mittlerem Stromverbrauch genutzt werden, ist ihr Einsatz durchaus sinnvoll.

Zum Laden von Einwegbatterien eignen sich ausnahmslos spezielle mikroprozessorgesteuerte Ladegeräte, die extra für wiederaufladbare Alkalibatterien vorgesehen sind. Standard-Akkuladegeräte dürfen keinesfalls für das Laden von Alkali-Einwegbatterien verwendet werden, da sie die Batterien zerstören würden. Mit anderen Batterietypen wie Zink-Kohle-Batterien funktioniert das Wiederaufladen nicht und sollte auch nicht versucht werden.

Um zu ergründen, was beim Wiederaufladen einer Einweg-Alkalibatterie zu erwarten ist, entnehmen wir einer Batterie der Größe AA (Mignonzelle) zunächst so lange konstanten Strom von 500 mA, bis sie die Schwellenspannung von 0,8 V erreicht. Ab diesem Wert gilt eine klassische Batterie als leer.

Mit unserer Testbatterie erreichen wir eine Laufzeit von 105 Minuten. Ihre abgegebene Spannung bewegt sich unter Belastung zu Beginn des Versuchs bei etwas unter 1,4 V. Wie für Batterien üblich, sinkt ihre Spannung weitgehend linear.

Nach der ersten Wiederaufladung verhält sich die Einweg-Alkalibatterie beinahe wie eine neue. Ihre Anfangsspannung liegt kaum unter der bei Beginn der ersten Entladung. Allerdings fällt die Spannungskurve etwas steiler ab. Bei Erreichen der 0,8 V Schlussspannung sind rund 93 Minuten verstrichen, womit die Laufzeit der aufgeladenen Batterie immer noch bei 88 % im Vergleich mit einer neuen liegt. Damit kann sie ohne Weiteres zweimal in Geräten mit etwas höherem Stromverbrauch sinnvoll genutzt werden.

Nach dem zweiten Refresh ist allerdings bereits ein deutlicher Leistungsabfall zu verzeichnen. Die Anfangsspannung liegt nun nur noch bei rund 1,2 V. Der Leerzustand ist nun bereits nach rund 54 Minuten erreicht, womit man etwa von einer Halbierung der Laufzeit sprechen kann. Wird die Batterie ein drittes Mal geladen, sinken die Anfangsspannung und die Laufzeit weiter. Nur noch an die 40 % der Laufzeit einer neuen Alkalibatterie werden erreicht. Damit kann eine solche Batterie in ihrem dritten und vierten »Leben« zwar nicht mehr zufriedenstellend in Geräten mit höherem Stromverbrauch genutzt werden, in kleinen Verbrauchern wie Fernsteuerungen macht sie aber immer noch eine recht gute Figur.

Ob das Laden/Refreshen einer Alkali-Mangan-Batterie funktioniert, ist von mehreren Rahmenbedingungen abhängig. Zuerst darf die Batterie keinesfalls unter 0,8 V Zellenspannung entladen werden, sonst kommt es im Inneren zur Bildung einer Braunsteinstruktur, die nicht reversibel ist. Außerdem darf der Batterie nicht mehr als 30 % ihrer Nennkapazität entnommen werden. Dabei ist zusätzlich zu beachten, dass der Batterie nicht zu hohe Ströme entnommen werden.

Der für die Regeneration erforderliche Zeitaufwand ist beträchtlich und liegt bei etwa 12 Stunden. Im Vergleich zur damit erreichbaren kurzen weiteren Entladezeit von etwa 1 Stunde bei noch zulässiger Strombelastung ist die Wirtschaftlichkeit dieser ohnehin nicht gerade einfachen Methode infrage zu stellen.

Während sich normale Akkus auf einen definierten Zustand wieder aufladen lassen, ist die Höhe der durch das Refreshen von Alkalibatterien rückgewonnenen Energie eher vom Zufall bestimmt. Viele Geräte werden mit zumindest drei in Serie geschalteten Batterien angetrieben. Damit diese zufriedenstellend laufen, sollte der Ladezustand der Batterien oder auch Akkus möglichst gleich sein. Refreshte Alkalibatterien können recht unterschiedliche Kapazitäten aufweisen. Dabei besteht die Gefahr, dass sich die schwächste Batterie umpolt. Dieser Effekt tritt besonders dann auf, wenn refreshte Alkalibatterien gemeinsam mit neuen betrieben werden. Während der Umpolung entsteht in der Batterie Wasserstoff. Er führt zu einem Überdruck. Der Austritt des Elektrolyten oder sogar die Explosion der Batterie ist die Folge.

Die Leistungsfähigkeiten von Batterien können je nach Qualität deutlich variieren. Das hier angeführte Beispiel kann einen Richtwert geben, was man von einer guten Batterie erwarten kann. Aus den hier angegebenen Werten direkte Rückschlüsse auf andere Batterien zu ziehen, wäre aber falsch.

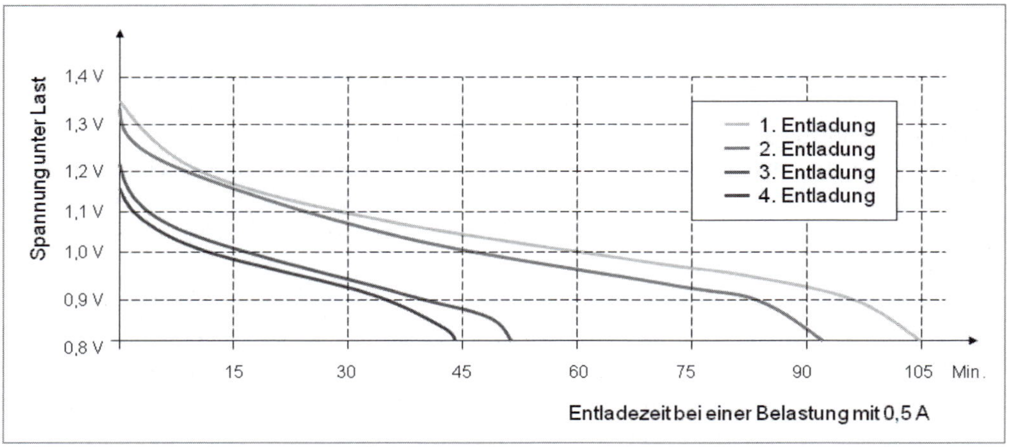

Bild 8.1: Nach dem ersten Wiederaufladen erreicht eine Einweg-Alkalibatterie noch weitgehend die Leistungsfähigkeit einer neuen Batterie. Mit der zweiten und dritten Ladung verringert sich ihre Leistungsfähigkeit auf unter 50 %.

9 Akkuzellen und Akkublöcke

Eine einzelne Akkuzelle liefert eine sehr geringe Spannung. Bei der NiMH-Zelle sind es 1,2 V, bei einer LiPo-Zelle 3,7 V. Eine Li-Ion-Zelle liegt je nach Technologie bei 2,5–3,6 V. Für kleine Geräte wie Smartphones mag die Spannung einer Lithiumzelle genügen, für viele andere Anwendungen reicht sie nicht. Deshalb werden häufig mehrere Zellen zu Akkublöcken zusammengeschaltet, sogenannten Akkupacks. Bei Notebooks, Videokameras und im RC-Modellbau ist das allgemeine Praxis.

Grundsätzlich bieten sich zwei Varianten an, wie man Akkuzellen zusammenschalten kann. Meist kommt die Serienschaltung zum Einsatz. Bei ihr addieren sich die Einzelspannungen der Zellen zur Akkublockgesamtspannung. Schaltet man z. B. zwei LiPo-Akkus in Serie, erhält man eine Nennspannung von 3,7 V + 3,7 V = 7,4 V. Möchte man beispielsweise 12 V mit NiMH-Akkus realisieren, sind zehn dieser Zellen in Serie zu schalten.

Notebooks arbeiten meist mit dreizelligen Lithiumakkublocks, in älteren Modellen können auch vierzellige Lithiumakkublöcke zu finden sein. Akkublöcke für Videokameras sind meist zweizellig aufgebaut, sofern es sich um Lithiumzellen handelt. In alten Videokamera-Akkublöcken waren auch acht NiMH- oder NiCd-Zellen zu finden.

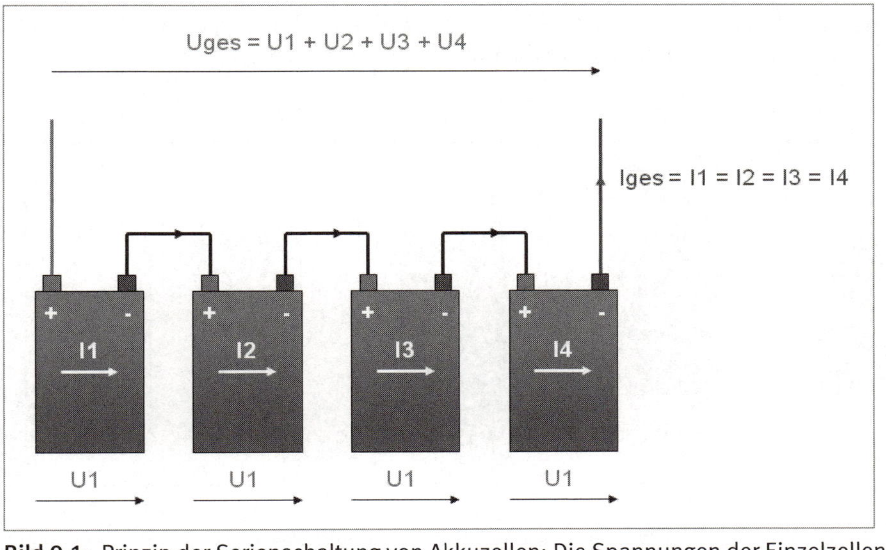

Bild 9.1: Prinzip der Serienschaltung von Akkuzellen: Die Spannungen der Einzelzellen addieren sich zur Gesamtspannung.

Bei der Serienschaltung summiert sich nur die Spannung der einzelnen Zellen zur Gesamtspannung. Eine Kapazitätssteigerung und somit längere Laufzeit mit einer Akkuladung findet nicht statt, da alle Zellen die gespeicherte Energie gleichzeitig abgeben.

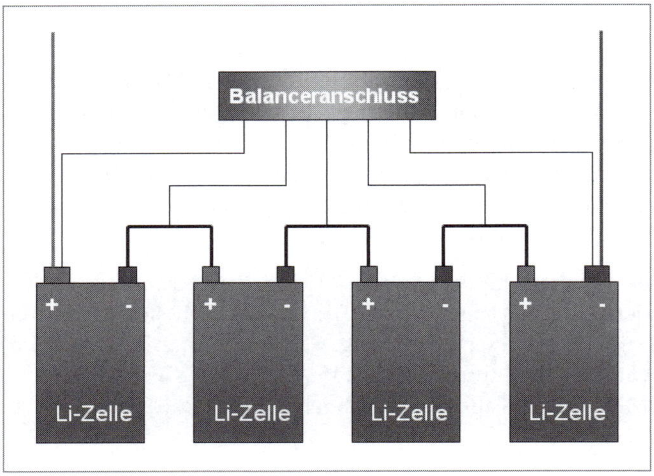

Bild 9.2: Serienschaltung von Lithiumzellen, die zusätzliche Balancer-Verdrahtung ist nur für den Ladevorgang erforderlich.

Werden mehrere Akkuzellen parallel geschaltet, erhöht sich die Gesamtspannung nicht. Sie entspricht den Einzelspannungen der verbauten Zellen. Die Parallelschaltung tritt dann in den Fokus, wenn längere Laufzeiten oder besonders hohe Ströme gefordert sind. Bei dieser Schaltung addieren sich die Einzelkapazitäten und -ströme der Zellen. Werden z. B. zwei Zellen parallel geschaltet, wird eine Verdoppelung der Laufzeit erreicht. Auch der dem Akkublock entnehmbare Maximalstrom ist doppelt so hoch.

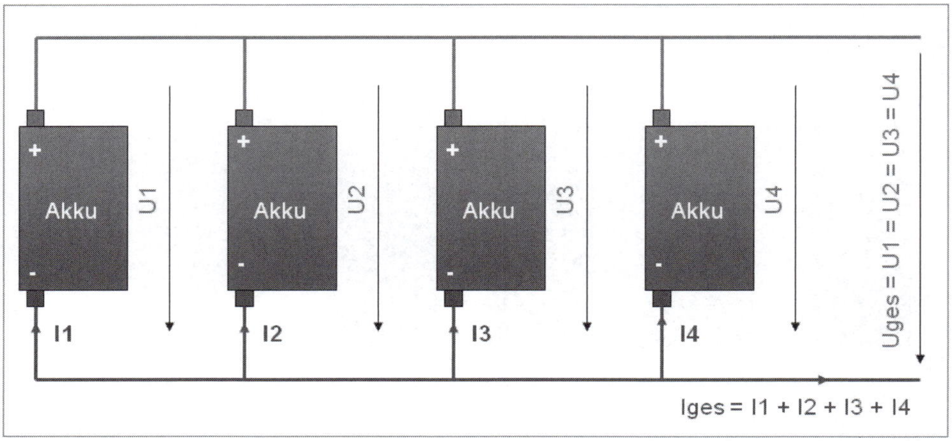

Bild 9.3: Bei der Parallelschaltung addieren sich die Kapazitäten und Stromstärken der einzelnen Zellen. Die Gesamtspannung entspricht den Zelleneinzelspannungen.

Zu einem Akkublock dürfen nur gleiche Zellen zusammengeschaltet werden. Sie müssen somit nicht nur die gleiche Nennspannung, sondern auch die gleiche Kapazität haben, müssen nach der gleichen Technologie arbeiten und vom gleichen Typ und gleich alt sein.

Diese Voraussetzungen sind dringend erforderlich, damit der Akkublock auch auf lange Zeit zufriedenstellend funktioniert. Die in einem Akkupack eingebauten Zellen müssen zu jedem Zeitpunkt den gleichen Ladezustand haben – sie müssen sich gleich schnell entladen. Würde in einen Akkublock eine ältere Zelle eingebaut werden, hätte diese im Vergleich zu den anderen eine geringere Kapazität. Sie wäre als Erstes entleert und würde somit bestimmen, wann der Akkublock leer ist. Hier gilt, dass eine Kette nur so stark wie ihr schwächstes Glied ist. Außerdem würden von den besseren zur schwächeren Zelle Ausgleichsströme fließen, um zwischen allen Zellen einen ausgewogenen Zustand zu erreichen. Dieser Energiefluss steht dann nicht für den Verbraucher zur Verfügung.

Bei gekauften Akkupacks kann man davon ausgehen, dass die verbauten Zellen gleichen Typs und gleicher Qualität sind. Bei billigen Nachbauakkupacks kann man aber nicht darauf vertrauen, dass hochwertige Zellen verbaut sind.

Was für die einzelnen in einem Akkupack verbauten Zellen gilt, trifft auch auf NiMH-Akkus in Standardgrößen in Kinderspielzeug, Taschenlampen, tragbaren Radios usw. zu. Da die Nennspannung eines NiMH-Akkus von 1,2 V selten für den Betrieb eines Geräts ausreicht, sind auch hier mehrere Akkus erforderlich. Diese müssen wir aber selbst ins Batteriefach einlegen. Dann ist die Versuchung groß, ein Gerät einfach mit den Akkus zu bestücken, die man gerade in die Finger bekommt. Alte, neue, mit geringer und hoher Kapazität und alle von verschiedenen Herstellern ... nach kürzester Zeit gibt das Gerät dann seinen Betrieb wieder auf. Bei NiMH-Akkus ist es nicht leicht, den Überblick zu behalten. Ideal wäre, wenn die gleichen Akkus stets im gleichen Gerät zum Einsatz kämen und auch gemeinsam geladen würden. Denkbar wäre, Akkus z. B. mit dem Kaufdatum zu beschriften.

Bild 9.4: Egal, ob in einem Akkupack oder bei mehreren in ein Gerät einzulegenden Einzelakkus – sind sie unterschiedlichen Typs und Alters, belastet das die besseren Zellen mehr und sie erreichen früher ihr Lebensende.

Bild 9.5: Durch eindeutiges Beschriften lassen sich Akkus besser unterscheiden und man behält den Überblick, welche zusammengehören.

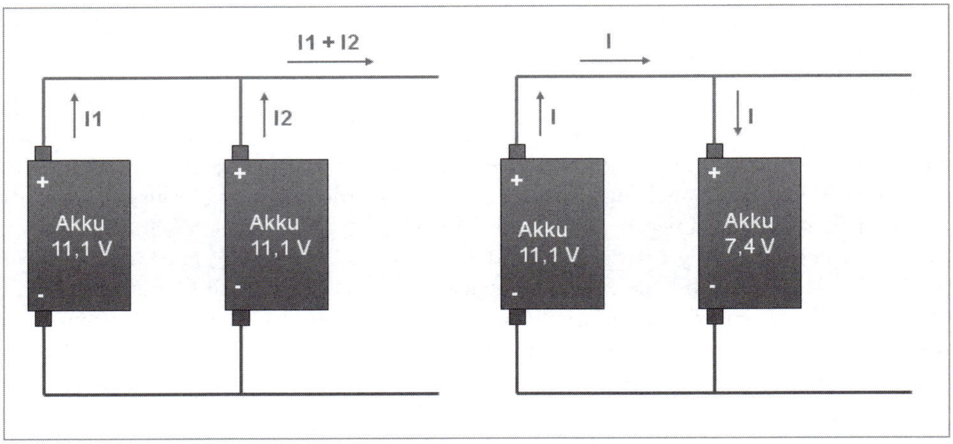

Bild 9.6: Sind beide Akkus gleich, addieren sich ihre Teilströme zum Gesamtstrom (links). Werden zwei Akkus unterschiedlicher Spannungshöhe parallel geschaltet, fließt ein Ausgleichsstrom vom höher zum tiefer geladenen Akku.

10 Ladeverfahren

Je nach Akkutyp sind verschiedene Ladeverfahren erforderlich, sowohl was die Höhe des Ladestroms und der Ladespannung als auch was die Art anbelangt, wie der Akku geladen wird. Das Ladeverfahren entscheidet mit, für wie viele Ladezyklen ein Akku zur Verfügung steht oder ob er einen Ladevorgang überhaupt schadlos übersteht.

10.1 Ladewirkungsgrad

Egal, welche Geräte oder Maschinen wir betrachten – man muss ihnen stets eine höhere Energie zuführen, als man wieder entnehmen kann. Man spricht deshalb vom *Wirkungsgrad*. Ein klassisches Beispiel dafür ist die alte Glühlampe. Von den 100 % an zugeführter elektrischer Energie werden nur etwa 4 % in Licht umgewandelt, während 96 % als Wärme verloren gehen.

Dieses Prinzip begegnet uns auch beim Laden und Entladen von Akkus, wo ebenfalls Wärme frei wird. Als Ladewirkungsgrad wird deshalb das Verhältnis zwischen der dem Akku zugeführten und der aufgenommenen Energie bezeichnet. Der Wirkungsgrad ist allgemein eine Verhältniszahl, die stets kleiner als 1, respektive 100 % sein muss. Beim Aufladen von Akkus bewegt der Wirkungsgrad sich in der Größenordnung von 70–85 %.

Der Ladewirkungsgrad errechnet sich mit der Formel:

$\eta = Qa / Qz$

η	Ladewirkungsgrad (Formelzeichen Eta)
Qa	vom Akku aufgenommene Ladung
Qz	dem Akku zugeführte Ladung

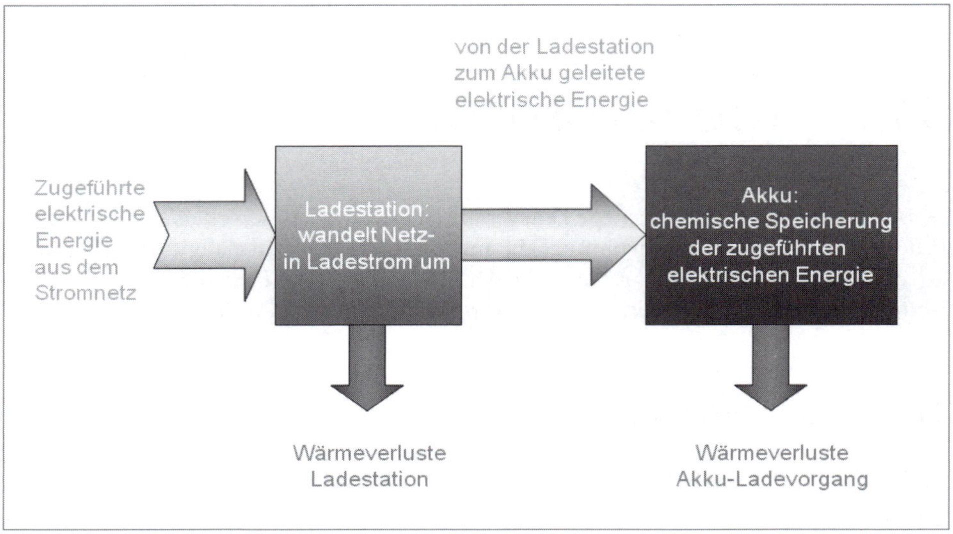

Bild 10.1: Der Wirkungsgrad beim Laden eines Akkus setzt sich aus dem Wirkungsgrad des Ladegeräts und dem des Akkus zusammen.

10.2 Ladefaktor

Der Ladefaktor ist der Kehrwert des Ladewirkungsgrads. Er errechnet sich aus:

$LF = 1 / \eta$

Er stellt den Zusammenhang zwischen der Akkunennkapazität, dem Ladestrom und der Ladezeit her. Der Ladefaktor gibt über die ungefähre Ladedauer eines Akkus Auskunft:

$h = (LF * NK) / Is$

h	Ladezeit in Stunden
LF	Ladefaktor
NK	Akkunennkapazität in mAh
Is	Ladestrom in mA

Die Höhe des Ladefaktors wird von der Akkutechnologie bestimmt und bewegt sich zwischen 1,05 und 1,5. Bei NiCd-Akkus wird die Höhe des Ladefaktors auch von der Höhe des Ladestroms beeinflusst. Beträgt er etwa bei NiCd-Akkus bei geringem Ladestrom 1,4–1,5, sinkt er bei hohen Ladeströmen von >1 C auf 1,2–1,3.

Beträgt der Ladefaktor beispielsweise 1,4, würde die Ladezeit für einen 2.000-mAh-Akku bei einem Ladestrom von 200 mA 14 Stunden betragen. Daraus ergibt sich, dass die Ladedauer steigt, je schlechter der Wirkungsgrad ist.

Ladefaktoren verschiedener Akkutypen

Akkutype	Ladefaktor
Bleiakku	1,05–1,2
NiCd	1,4–1,5
NiMH	1,3–1,4

Mangelladung

Als Mangelladung bezeichnet man allgemein, wenn ein Akku nie vollständig aufgeladen wurde. Ursachen dafür gibt es mehrere, so z. B. eine zu geringe Ladespannung oder eine zu kurze Ladezeit. Auch beide Faktoren kombiniert können zur Mangelladung führen. Anfällig für Mangelladung ist auch der Zyklenbetrieb, wenn dem Akku nicht genügend Zeit gegeben wird, sich gänzlich aufladen zu können. Am häufigsten tritt Mangelladung im Bereitschaftsparallelbetrieb auf, wenn die Ladespannung dauerhaft zu gering ist.

Besonders bei Bleiakkus verringert sich die Kapazität bei unzureichender Ladung von Zyklus zu Zyklus geringfügig. Wird ein solcher Akku wieder ausreichend aufgeladen, kehrt seine ursprüngliche Leistungsfähigkeit größtenteils wieder zurück und steigt von Zyklus zu Zyklus allmählich wieder.

10.3 Ladearten

Unter dem Begriff »Ladearten« werden die Technologien verstanden, die es zum Laden von Akkus gibt. Gleichzeitig kann darunter auch verstanden werden, zu welchem Grad ein Akku geladen wird – unabhängig von der verwendeten Technologie. Klassische Beispiele sind die Teil-, Voll- und Überladung. Sie sagen nur aus, dass der Akku teilweise, ganz oder über den Zeitpunkt seiner Vollladung hinaus geladen wurde. Auch die Erhaltungsladung ist in diesem Kontext zu sehen, da keine Auskunft über die Ladetechnik gegeben wird.

10.3.1 Konstantstromladung

Die Konstantstromladung ist auch als CC-Verfahren (Constant Current) bekannt. Sie ist die einfachste und älteste Methode zum Laden von Akkus. Entscheidend bei diesem Ladeverfahren ist, dass der Ladevorgang rechtzeitig beendet wird, andernfalls wird der Akku überladen. Vor allem bei NiCd-Akkus wurde diese Überladung in Kauf genommen, da sie auf eine Überladung mit geringen Ladeströmen gelassen reagieren. Um eine Überladung weitgehend zu vermeiden, schalten alte und einfache Ladegeräte den Ladestrom nach einer ihnen fest vorgegebenen Zeit ab. Komfortablere Modelle wechseln danach in den sogenannten Erhaltungsmodus, der mit einem deutlich geringeren Ladestrom arbeitet. Er soll der Selbstentladung der NiCd-Akkus entgegenwirken und so stets für einen vollen Akku sorgen.

Die vorgegebene Ladezeit orientiert sich am gänzlich entladenen Akku. Ist er noch teilweise aufgeladen, findet das bei dieser nicht mehr zeitgemäßen Ladevariante keine

Berücksichtigung. Viele der alten nach dem Konstantstromverfahren arbeitenden Ladegeräte sind für eine 14-stündige Ladung des Akkus ausgelegt.

Die Konstantstromladung ist nur für geringe Ladeströme zulässig, wobei man bei NiCd-Akkus von maximal 0,1 C ausgeht. Andernfalls könnte der NiCd-Akku überladen werden. Durch die dabei auftretende Erwärmung und den Druckanstieg im Inneren besteht zudem die Gefahr der dauerhaften Beschädigung.

Für NiMH-Akkus ist die Konstantstromladung nicht geeignet. Sie sollten keinesfalls überladen werden. Außerdem verschlechtert sich ihre Ladekapazität bei einer Erwärmung auf über 40 °C.

Für Lithiumakkus darf die Konstantstromladung keinesfalls verwendet werden. Bei ihnen würde eine Überladung mindestens zu einem unzulässigen Druckanstieg im Akku und zu dauerhaften Schäden führen. Sie könnten auch Feuer fangen und explodieren.

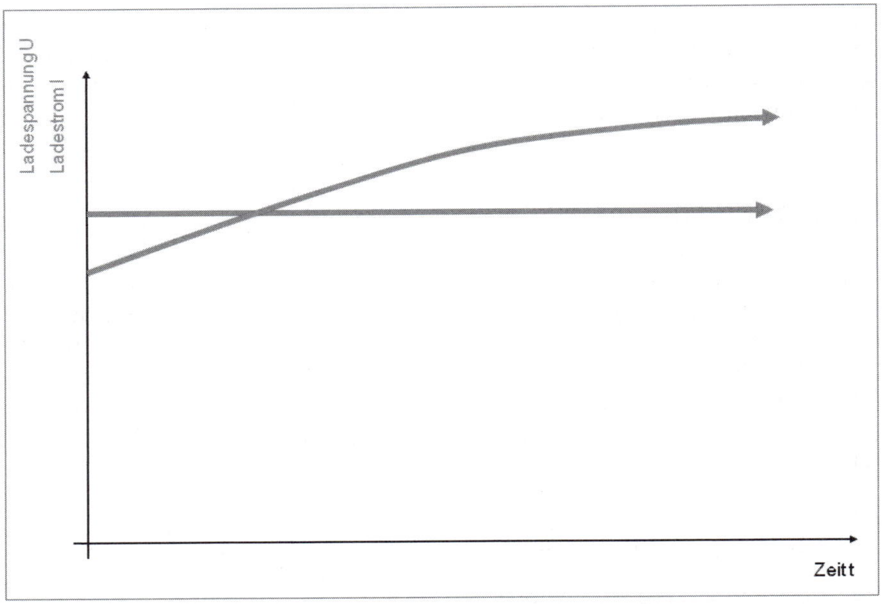

Bild 10.2: Bei der Konstantstromladung wird der Akku so lange aufgeladen, bis der Ladevorgang manuell unterbrochen wird. Der Ladestrom steigt mit fortschreitender Ladung.

Konstantstromladung mit Spannungsüberwachung

Die Konstantstromladung mit Spannungsüberwachung ist auch als Pulsladeverfahren bekannt. Grundsätzlich lässt sich bei NiCd- und NiMH-Akkus während des Ladevorgangs nur schwer erkennen, wann der Akku voll ist. Deshalb wird bei diesem Ladeverfahren der konstante Ladestrom in periodischen Abständen immer wieder kurzzeitig unterbrochen. Während dieser Ladepausen wird die momentane Leerlaufspannung des Akkus ermittelt. Da die Messung während der Strompausen erfolgt, kommt es zu keiner Verfälschung des Messergebnisses. Würde die Spannung etwa während einem konstant fließenden Ladestrom ermittelt, müsste das über eine spezielle Messschaltung erfolgen, die wiederum Messfehler zur Folge hätte.

Die Höhe der Spannung gibt über den unmittelbaren Ladezustand Auskunft. Damit erkennt die Ladestation, ob der Ladestrom kurz vor Ende des Ladevorgangs reduziert werden soll oder ob der Akku bereits vollgeladen ist und die Ladung beendet werden soll. Das kann z. B. auf Basis des Delta-Peaks erfolgen. Dabei erkennt die Ladestation den leichten Rückgang der Spannung, wenn der Akku bereits vollgeladen ist. Das Absinken der Spannung wird durch die zunehmende Erwärmung des Akkus bei allmählich einsetzender Überladung verursacht. Das Nichtmehransteigen der Akkuspannung oder ein wieder leichtes Sinken wird als Ladeende erkannt. Neben dem Spannungsverlauf kann von höherwertigen Ladestationen auch der Kurvenverlauf der Leerlaufspannung zur Ladezustandsbeurteilung dienen.

Das Verhältnis der Lade- und Pausenzeiten ist nicht zwingend starr. Durch Verringerung der Stromzeiten bei gleichzeitigem Ansteigen der Pausen kann so auf verschiedene Ladezustände reagiert werden. Obwohl der Ladestrom stets der gleiche ist, lässt sich so die in den Akku geladene Strommenge verringern, was etwa den gleichen Effekt hat, wie wenn man einen ständig fließenden Ladestrom nach und nach reduziert. Indem nur sehr kurze Ladeimpulse mit entsprechend langen Pausen vom Ladegerät ausgegeben werden, lässt sich auf diese Weise z. B. eine Erhaltungsladung realisieren. Sie ist im Gegensatz zur Dauerladung mit einem geringen Erhaltungsladestrom von Vorteil, da die Kristallbildung im Akkuinneren verringert wird und er so länger seine Kapazität erhält.

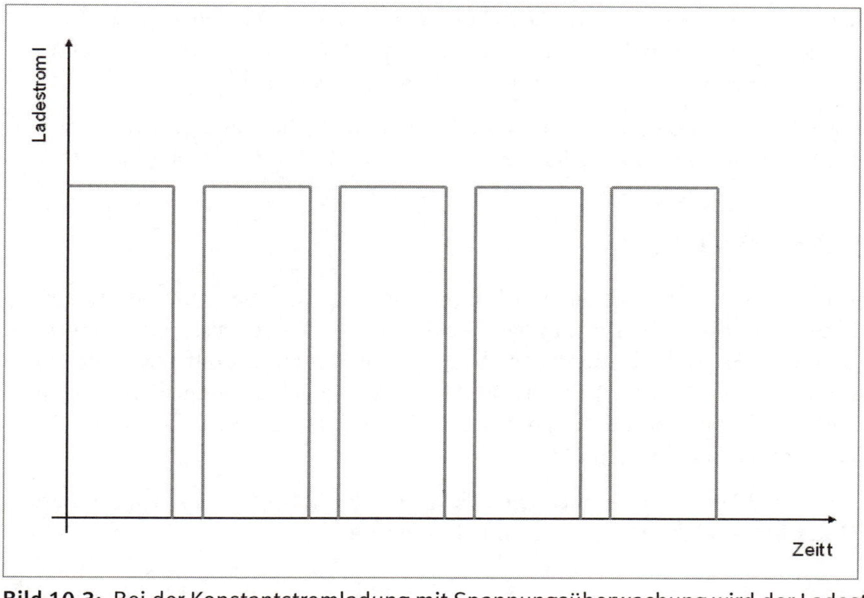

Bild 10.3: Bei der Konstantstromladung mit Spannungsüberwachung wird der Ladestrom in periodischen Abständen kurz unterbrochen. In dieser Zeit wird die momentane Akkuleerlaufspannung ermittelt.

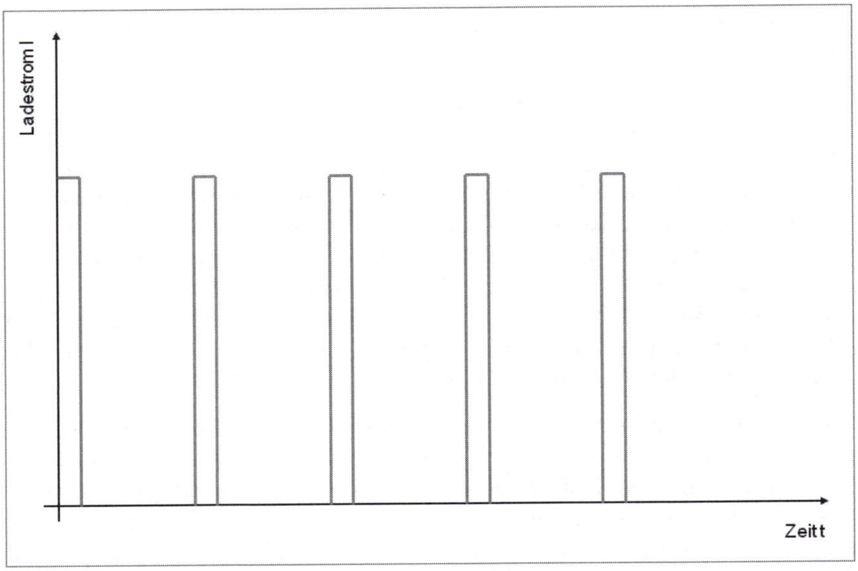

Bild 10.4: Indem bei der Erhaltungsladung nur sehr kurze Strompulse ausgegeben werden, kann der Akku für einen beliebig langen Zeitraum an der Ladestation angeschlossen bleiben.

Die Konstantstromladung mit Spannungsüberwachung ist bei geringen Temperaturen oder z. B. bei sehr geringem Ladestrom mit Vorsicht zu genießen. Dabei besteht die Gefahr, dass der Ladeendpunkt nicht korrekt erkannt und der Akku überladen wird, was seine Zerstörung zur Folge haben könnte. Um das zu vermeiden, sind eine Lademengenbegrenzung und eine Akkutemperaturüberwachung unumgänglich.

Für Lithiumakkus ist diese Konstantstrommethode, auch die mit Spannungsüberwachung, absolut ungeeignet. Sie würden bereits den ersten Ladeversuch nicht überleben.

10.3.2 Reflexladung

Die Reflexladung arbeitet nach einem ähnlichen Prinzip wie die Impulsstromladung. Während der Ladestromunterbrechungen wird ein sehr kurzer aber hoher Entladeimpuls generiert. So soll bei der Schnellladung mit hohen Ladeströmen die unerwünschte Sauerstoffbildung an der positiven Elektrode weitgehend eingedämmt werden. Dadurch wird ein Ansteigen des Innenwiderstands und des Zellendrucks mit der damit verbundenen Erwärmung unterbunden.

Die Reflexladung bietet sich vor allem für NiCd- und NiMH-Akkus an. Mit ihr werden auch der Memory- und der Lazy-Battery-Effekt unterbunden.

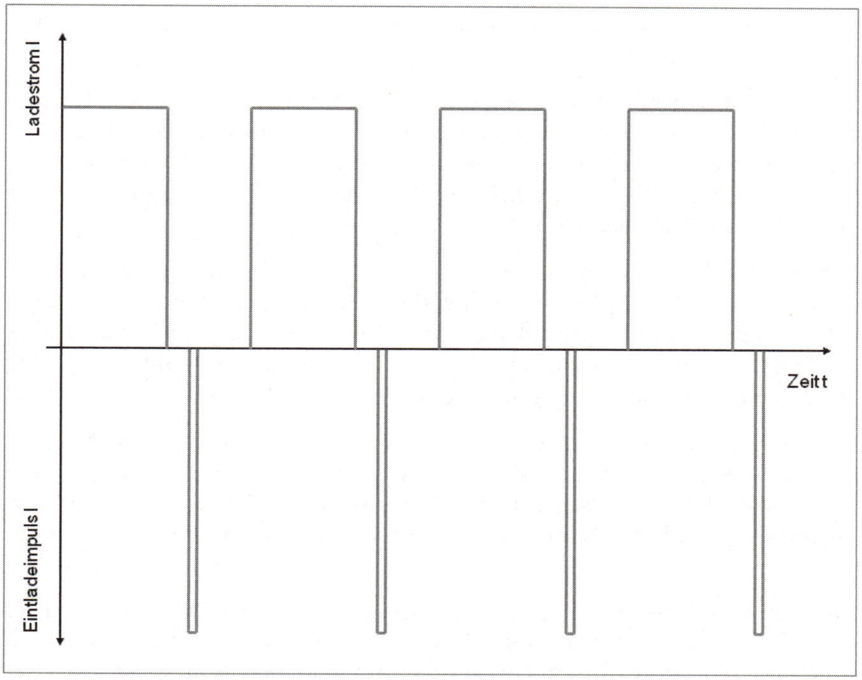

Bild 10.5: Die Reflexladung basiert auf der Pulsladung. Während der Ruhepausen wird der Akku mit sehr kurzen Entladestromimpulsen belastet.

10.3.3 Dauerniedrigstromladung

Muss ein NiMH-Akku ständig auf Vollladung gehalten werden, bietet sich die Dauerladung mit geringen Ladeströmen an. Laut Angaben des Akkuherstellers Gold Peak soll ein Akku mit 0,1 C bis über ein Jahr auf Ladung gehalten werden können, ohne dass er mechanischen Schaden nimmt. Da der empfohlene Dauerniedrigladestrom exakt dem normalen Ladestrom für nicht schnellladefähige NiMH-Akkus entspricht, ist nach einem Jahr zumindest von einer Verringerung der Kapazität des Akkus auszugehen. Ist eine Dauerladung eines NiMH-Akkus unumgänglich, sollte er besser mit geringerem Ladestrom auf Vollladezustand gehalten werden.

10.3.4 CCCV-Ladeverfahren

CCCV (Constant Current Constant Voltage – konstanter Strom und Spannung) ist auch als IU-Ladeverfahren bekannt (»I« für Strom, »U« für Spannung).

Genau genommen handelt es sich bei CCCV um eine Kombination des Konstantstrom- und Konstantspannungsladeverfahrens. Das Verfahren kommt zum Laden von Li-Ion-, LiPo- und Bleiakkus zum Einsatz, wobei dem Akkutyp entsprechend verschiedene Ladeschlussspannungen einzuhalten sind. Die Ladestation ist z. B. zum Laden von Li-Ion-

Akkus auf 4,1 V, für LiPo-Akkus auf 4,2 V und für Li-Fe-Akkus auf 3,6–3,8 V Zellenschlussspannung einzustellen.

Welche Spannung für den Bleiakku einzustellen ist, wird zunächst von dessen Technologie bestimmt. AGM-Akkus benötigen etwa 14,8 V als Ladeschlussspannung. Hier muss man die Herstellerangaben und die jeweilige Bleiakkutechnik berücksichtigen. Unterschiede gibt es zudem bei der Art der Ladung. Bleigelakkus erfordern etwa 13,8 V für Puffer- und 14,4 V für Zyklenbetrieb.

Im ersten Schritt wird der Akku mit einem konstanten Strom geladen. Damit ist dieser begrenzt und ein zu hoher Ladestrom während der Lade-Anfangsphase wird ausgeschlossen. Während der Konstantstromladung wird die Momentanspannung des Akkus überwacht. Erreicht diese die Ladeschlussspannung, wird die Konstantstromladung beendet. Zu diesem Zeitpunkt ist der Akku zu etwa 70–80 % aufgeladen.

Bei Lithiumakkus muss die korrekte Ladeschlussspannung bis auf wenige Millivolt genau eingehalten werden. Je nach Lithiumakkutyp ist diese gesondert einzustellen. Bei Bleiakkus wird die Höhe der Ladeschlussspannung von der Bauart des Akkus und dessen Temperatur beeinflusst. Sie muss nicht so genau wie bei Lithiumakkus eingehalten werden.

Im zweiten Schritt wird der Akku mit Konstantspannung weiter geladen. Damit wird sichergestellt, dass die Ladeschlussspannung keinesfalls überschritten wird. In dieser Zeit verringert sich der Ladestrom umso mehr, je voller der Akku bereits aufgeladen ist. Der Ladevorgang wird beendet, sobald ein voreingestellter minimaler Ladestrom unterschritten wird.

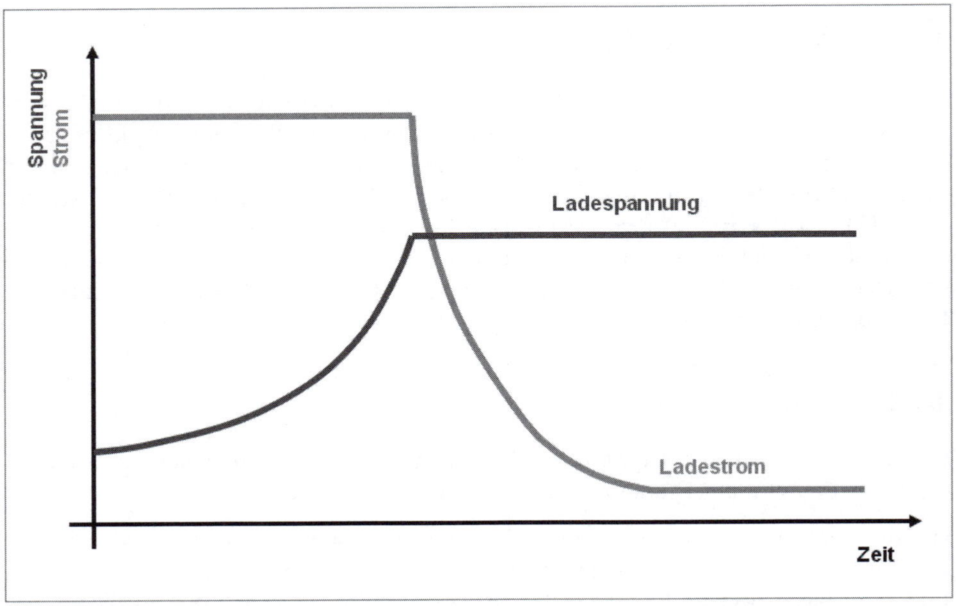

Bild 10.6: Verlauf des Ladestroms und der Ladespannung beim CCCV-Ladeverfahren.

IU0U-Ladeverfahren

Das IU0U-Ladeverfahren ist eine zweite Variante der CCCV-Ladung. Bei ihr wird der Ladevorgang ebenfalls mit einer Konstantstromladung gestartet. Ihr folgt ebenso eine Konstantspannungsladung. Bei dieser wird die Spannung jedoch nach Verstreichen einer festgelegten Zeitspanne rapide auf ein geringeres Spannungsniveau verringert. Gleichzeitig verringert sich auch der Ladestrom.

Diese Ladeart erlaubt während der ersten Phase der Konstantspannungsladung eine höhere Ladespannung als beim klassischen IU-Verfahren, womit kürzere Ladezeiten erreicht werden.

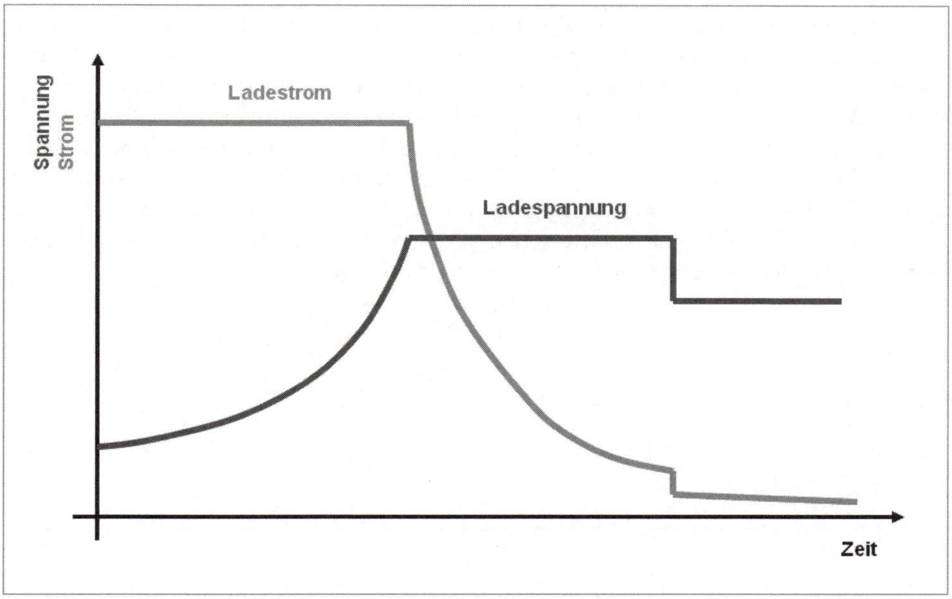

Bild 10.7: Beim IU0U-Verfahren wird die Konstantspannung nach einer gewissen Zeit sprunghaft reduziert. Im gleichen Zug nimmt auch der Ladestrom ab.

10.3.5 Spannungsladung

Die Spannungsladung ist für Blei- und Lithiumakkus recht gut geeignet. Für NiCd- und NiMH-Akkus empfiehlt sie sich jedoch kaum.

Bei der Spannungsladung wird an den Akku eine konstante Ladespannung angelegt. Da besonders zu Beginn des Ladevorgangs, also während der Akku noch leer ist, ein sehr hoher Ladestrom fließen würde, wird dieser begrenzt. Das geschieht z. B., indem er über einen Widerstand geführt wird, denn eine hohe Spannungsdifferenz zwischen dem leeren Akku und der Ladestation hätte das Fließen eines sehr hohen Stroms zur Folge. Damit bestimmt die Spannung, mit welcher Stromstärke der Akku geladen wird, und die Stromstärke nimmt umso mehr ab, je mehr der Akku geladen ist.

Blei- und Lithiumakkus können mit der Spannungsladung sicher geladen werden, wenn die maximale Ladespannung die empfohlene Ladeschlussspannung der Akkus exakt erreicht oder geringfügig darunter liegt. Damit wird gewährleistet, dass der Akku nicht überladen werden kann.

So praktikabel das Erreichen der Ladeschlussspannung für Blei- und Lithiumakkus ist, so ungeeignet ist es für NiCd- und NiMH-Akkus. Bei diesen Akkutypen lässt das Erreichen eines bestimmten Spannungswerts nämlich keinerlei Aussage über den momentanen Ladezustand zu. Dieser hängt bei Nickelakkus nämlich auch von deren Alter und Bauart sowie dem Ladestrom und der Erwärmung des Akkus während des Ladevorgangs ab.

Würde etwa ein 10-zelliger Nickelakkublock bei höheren Außentemperaturen nach der Spannungsmethode über einen Kfz-Laderegler geladen, wäre z. B. eine sichere Ladung nicht mehr gewährleistet. Ein Kompromiss könnte hier zumindest mit dem neuen LSD-NiMH-Akku (Low Self Discharge) erreicht werden. Er verfügt über eine spürbar höhere Spannungslage. Ist ein LSD-NiMH-Akkublock bereits weitgehend voll aufgeladen, würde bei Erreichen der Ladespannung von 14,5 V bereits nach kurzer Zeit kein Ladestrom mehr fließen. Dennoch wird bei dieser grundsätzlich nicht zu empfehlenden Ladevariante nur ein maximaler Ladezustand von kaum über 80 % erreicht – auch, weil dieser extrem von den herrschenden Temperaturverhältnissen beeinflusst wird.

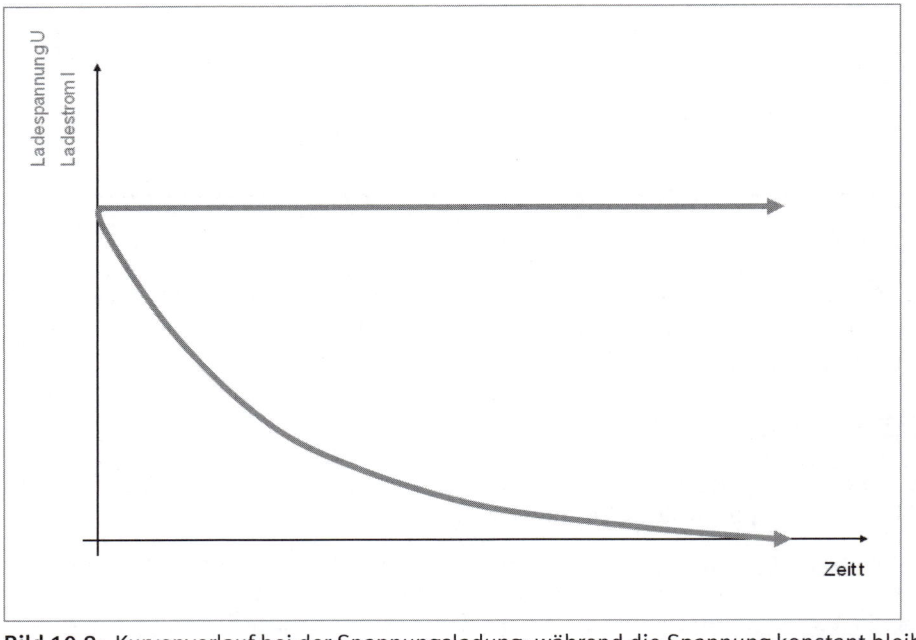

Bild 10.8: Kurvenverlauf bei der Spannungsladung; während die Spannung konstant bleibt, sinkt der Ladestrom kontinuierlich.

11 Akkuladegeräte

Die Auswahl an Akkuladegeräten ist fast grenzenlos. Sie unterscheiden sich nicht nur in der Anzahl und Größe der zu ladenden Akkus, sondern auch in den Ladeverfahren, die sie unterstützen. Welches Ladegerät das richtige ist, ist ein komplexes Thema. Alle Akkutechniken bieten spezielle Ladeverfahren.

Kamen noch in den 1980ern für Hobby, Freizeit und Beruf fast ausschließlich NiCd-Akkus zum Einsatz, sind es heute in Normgrößen wie Mignon, Micro usw. durchweg NiMH-Akkus. Alles, was heute auch nur im Entferntesten an PC-Anwendungen erinnert, wird mit Lithiumakkus betrieben, von denen es alleine mehrere Systeme gibt. Wir finden sie in unseren Mobiltelefonen und Smartphones ebenso wie in MP3-Playern, Tablet-PCs, Note- und Netbooks, Video- und digitalen Fotokameras usw. Lithiumakkus gewinnen auch zunehmend bei Hochstromverbrauchern an Bedeutung. Auch den RC-Modellbau haben sie bereits für sich erobert. War unlängst der Verbrennungsmotor bei ferngesteuerten Flugzeugen und Hubschraubern allgemeiner Standard, wurde er längst vom Elektromotor und dem Lithiumakku verdrängt. All diese Anwendungen erfordern spezielle Akkutypen und dafür abgestimmte Ladestationen.

Mindestanforderungen

Alte Ladestationen arbeiteten noch mit einer zeitgesteuerten Ladekurve. Bei ihr ging man davon aus, dass nur voll entleerte Akkus aufgeladen werden. Darauf wurden die einzelnen Ladeschritte zeitlich abgestimmt. Nur teilweise entladene Akkus berücksichtigen sie nicht, womit diese auch nicht ihren Erfordernissen entsprechend schonend aufgeladen werden. Denn wenn der Akku bereits voll geladen ist, kann ihn ein weiterlaufender Ladevorgang dauerhaft in Mitleidenschaft ziehen.

Dabei sind wir heute durchweg mit nur teilweise entleerten Akkus konfrontiert. Typisches Beispiel ist das Smartphone. Man wird es nur selten so lange nutzen, bis es sich wegen Erreichen der Akkumindestspannung von selbst abschaltet. Der Regelfall ist eher, dass ein Akku dann geladen wird, wenn es gerade passt. Von einem zeitgemäßen Ladegerät wird deshalb erwartet, dass es den momentanen Ladezustand des Akkus erkennt, die Ladung darauf abstimmt und diese beendet, wenn der Akku wieder vollgeladen ist. Besonders Lithiumakkus kommt dieses Ladeverhalten zugute. Bei ihnen ist es egal, bei welchem Ladezustand sie wieder aufgeladen werden. Wichtig ist nur, dass sie nicht tiefentladen werden.

Multifunktionalität ist von einer zeitgemäßen Ladestation nicht zwingend gefordert. Entscheidend ist einzig, dass sie auf den oder die zu ladenden Akkus abgestimmt ist oder auf sie programmiert werden kann. Das schließt die Akkutechnologie sowie ein dafür geeignetes Ladeverfahren und eine ausreichende Ladeüberwachung mit ein.

Dazu gehört auch, mit welchen Stromstärken Akkus geladen werden dürfen. Unterstützt das Ladegerät nur geringe Stromstärken, passt es eigentlich für alle Akkus. Allerdings erfordert dies bei höheren Kapazitäten sehr lange Ladezeiten. Hohe Ladeströme verringern zwar die Ladezeit, erfordern aber, dass auch der Akku dafür ausgelegt ist.

11.1 Ladestationen verschiedener Preisklassen

Ladegeräte und -stationen für Haushaltsakkus gibt es in allen Größen und Ausstattungsklassen. Zum Teil werden vor allem AA- oder AAA-Akkus gemeinsam mit kleinen Ladegeräten verkauft, die zum Laden eben dieser Zellen vorgesehen sind. Zwar lassen sich auch andere Akkus der gleichen Größe aufladen – das war's dann aber auch schon. Hinweise zum aktuellen Ladezustand liefern sie nicht. Auch das Abstimmen des Geräts auf besondere Akkueigenschaften ist nicht vorgesehen.

Für mehr Flexibilität sorgen große Ladestationen. Je nach Ausstattung kann man mit ihnen Akkus unterschiedlicher Größen und Technologien laden. Allerdings erfordern solche Geräte, dass man sich mit ihnen auskennt, denn sie wollen auf die zu ladenden Akkus eingestellt werden. Nur so ist gewährleistet, dass die Zellen auch tatsächlich schonend behandelt werden.

Hochwertige Ladestationen

Hochwertige Ladestationen werden wir uns am Beispiel der Energy X C3000 von Ansmann genauer ansehen. Das Gerät ist zum Laden von NiMH- und NiCd-Akkus der Größen Micro (AAA), Mignon (AA), Baby (C) und Mono (D) vorgesehen. Von den beiden kleineren Typen können bis zu acht, von den größeren bis zu vier Akkus gleichzeitig geladen werden. Außerdem ist das Gerät für 9-V-E-Blocks und 12-V-Akkus der Größe A23 geeignet. Es kann ferner für 1,5-V-Alkaline-Knopfzellen in allen gängigen Größen eingesetzt werden und bietet sich auch für Zink-Luft- und Lithium-Knopfzellen an. Zuletzt kann es noch für verschiedene Li-Ion- oder LiPo-Akkus mit bis zu zwei Zellen, wie sie vorrangig in der Fotografie zum Einsatz kommen, verwendet werden. Die Ladestation ist nur für schnellladefähige Akkus geeignet, die für die jeweiligen Ladeströme des Ladegeräts ausgelegt sind. Werden minderwertige Akkus geladen, können diese oder auch das Gerät zerstört werden. Außerdem wird empfohlen, die Ladestation nur unter Aufsicht zu betreiben.

Die Ladestation ist mit einem großzügigen Display ausgestattet. Nach Einlegen eines Akkus erkennt die Ladestation von selbst seinen Platz und in groben Zügen auch seinen Typ. Im Display wird die Nummer des Ladeplatzes für Rundzellen (Größen AAA bis D), »9 V« für den 9-V-Akkublock oder »Li-Ion« für Lithiumakkus angezeigt.

Es zeigt zu jedem eingelegten Akku die aktuelle Zellenspannung in Volt, den gegenwärtigen Lade- oder Entladestrom in Milliampere, die bereits geladene oder entnommene Kapazität in Milliamperestunden und die bereits verstrichene Zeit der gegenwärtig ausgeführten Aktion. Während ein Ladeprogramm läuft, kann im Display die augenblickliche Spannung des ausgewählten Akkus abgelesen werden. Ist der Ladevorgang einer Zelle abgeschlossen, wechselt die Anzeige auf die im Akku gespeicherte Kapazität. Da alle in die Ladestation eingelegten Zellen individuell geladen werden, können jederzeit mit Auswahltasten alle Augenblickswerte zu den eingelegten Zellen abgerufen werden.

Der augenblickliche Ladezustand eines Akkus wird mit einer aus vier Balken bestehenden Grafik in 25-Prozent-Schritten dargestellt. Erscheint kein Balken, ist der Akku leer, bei einem liegt er bei 25 % der Nennkapazität, bei zwei unter 50 % usw. Vier Balken geben einen Ladezustand von mehr als 75 % an.

Die Ladestation Energy X C3000 bietet neben der Ladefunktion auch einen Entlademodus, mit dem die Akkus kontrolliert entladen werden können. Bei der weiteren Funktion *Batterietest* wird der Akku zuerst geladen, anschließend entladen und dann noch einmal geladen. Zuletzt bietet die Ladestation einen Zyklusmodus, bei der der Akku mit bis zu zehn Zyklen (laden und entladen) behandelt werden kann. Nach Ende des letzten Zyklus wird der Akku aufgeladen.

Die Ladestation erlaubt das Einstellen des Ladestroms für das Laden von NiHM- und NiCd-Rundzellen. Mignon-, Baby- oder Monozellen können mit einem Ladestrom von 1.000 oder 2.000 mA geladen werden. Zum Laden der sehr kleinen Microakkus wird ein verringerter Ladestrom von 250 mA oder 500 mA angeboten. Für Lithiumakkus und 9-V-Blockzellen lässt sich der Ladestrom nicht voreinstellen. 9-V-Blöcke werden mit einem Ladestrom von 75 mA, Li-Ion- und LiPo-Akkus mit 700 mA geladen. Während des Ladevorgangs wird jeder Akku einzeln überwacht. Um ein Überladen der Akkus auszuschließen, ist ein mehrfacher Überladeschutz integriert. Zum Schutz der Zellen ist ferner ein Verpolungsschutz vorhanden. Für Nickelakkus ist eine Impulserhaltungsladung integriert. Sie sorgt dafür, dass die Zellen stets voll aufgeladen bleiben. Außerdem erkennt das Gerät defekte Zellen.

In der Profiladestation ist auch ein intelligenter Batterietester integriert. Während einer kurzen Messphase ermittelt das Gerät den Energiegehalt der Zelle, der in 10-%-Schritten angezeigt wird. Anschließend wird die Akkuspannung ermittelt. Auf diese Weise erhält man eine recht zuverlässige Aussage über den tatsächlichen Ladezustand eines Akkus.

Bild 11.1: Die Ladestation Energy X C3000 von Ansmann ist ein typischer Vertreter der Profiladestationen für den Hausgebrauch. (Quelle: Ansmann)

11.2 Ladestationen der Mittelklasse

Ladestationen der Mittelklasse beschränken sich meist auf NiMH- und NiCd-Akkus, also gängige Haushaltsakkus. Ein typischer Vertreter dieser Klasse ist das Ladegerät Energy 16 plus von Ansmann. In ihm können bis zu sechs Akkus der Größen Baby (C) und Mono (D) und bis zu 12 Mignon(AA)- und Micro(AAA)-Zellen geladen werden. Außerdem sind zwei Steckplätze für 9-V-Akkublöcke vorhanden. Zur Ausstattung der Ladestation gehören auch zwei USB-Ladebuchsen. Über sie können Mobiltelefone, Tablet-PCs, MP3-Player und allgemein Geräte über ein USB-Kabel geladen werden.

Die Station überprüft vor dem Ladebeginn den Ladezustand jedes Akkus und lädt ihn separat. Mehrere Schutzeinrichtungen verhindern das Überladen der Zellen. Dazu gehört eine Delta-V-Überwachung. Sie erkennt, wann der Akku seine Ladeschlussspannung erreicht hat. Danach wechselt die Ladestation automatisch auf Impuls-Erhaltungsladung, womit der Akku auf Vollzustand gehalten wird. Außerdem bietet das Gerät eine schonende Vorladung für zu lange gelagerte und somit tiefentladene Akkus. Zum Funktionsumfang zählen ferner eine Akkudefekterkennung und ein Verpolungsschutz. Der Akkustatus wird über mehrfarbige LEDs angezeigt.

Große Baby- und Monozellen werden einzeln, die kleineren Mignon- und Microzellen nur paarweise geladen, womit zum Laden stets eine gerade Anzahl dieser Akkus erforderlich ist. Werden etwa für Kinderspielzeug drei Akkus benötigt, lassen sich solche 3er-Akkusätze mit Ladestationen dieser Art nur bedingt aufladen. Es wird ein vierter Akku benötigt. Er wird vermutlich einen anderen Ladezustand als die drei aufweisen, die sich in dem Gerät befanden. Eine optimale, gleichmäßige Aufladung eines Akkusatzes ist somit nicht gewährleistet.

Nach Einlegen eines Akkus wird für etwa zehn Sekunden der Ladezustand anhand der LED-Färbung angezeigt. Leuchtet sie grün, beträgt der Ladezustand über 80 % der Nennkapazität, bei Orange liegt er zwischen 25 und 80 % und bei Rot unter 25 % – dann ist der Akku weitgehend leer.

Anschließend erfolgt die Umschaltung auf den automatischen Vorlade-, Refresh- oder Lademodus. Die Betriebsart wird anhand der Farbe der blinkenden LEDs signalisiert. In welchem Modus die Ladestation arbeitet, legt sie selbst anhand der vorangegangenen Überprüfung der Zellen fest. Je nach Akkufüllstand wählt sie zur Pflege des Akkus eine schonende Vorladung und/oder einen Akkurefresh aus. Erst danach startet der eigentliche Ladevorgang.

Etwas einfachere Ladestationen als die hier stellvertretend für diese Geräteklasse vorgestellte Energy 16 Plus arbeiten durchweg mit fest eingestellten Ladeströmen. Microakkus werden mit einem Ladestrom von 400 mA, Mignon-, Baby- und Monozellen mit 1.000 mA und 9-V-Blöcke mit 60 mA geladen. An den USB-Ladebuchsen werden je 1.000 mA ausgegeben.

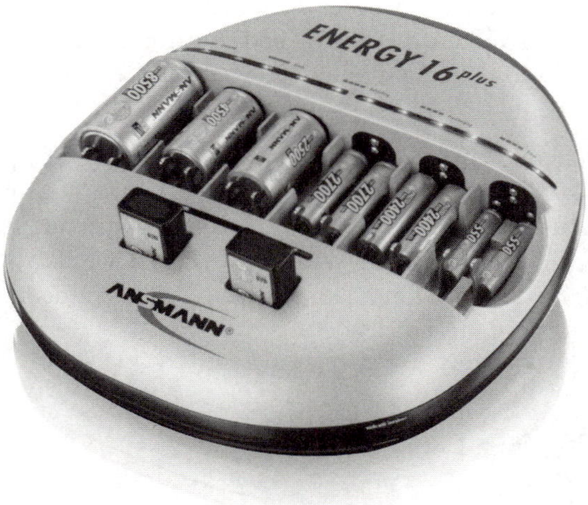

Bild 11.2: Die Ladestation Energy 16 Plus von Ansmann ist ein typischer Vertreter der Ladestationen der Mittelklasse für den Hausgebrauch. (Quelle: Ansmann)

11.3 Schnellladegeräte

Schnellladegeräte, hier anhand des Digispeed 4 Ultra von Ansmann vorgestellt, werden benötigt, um Akkus besonders schnell laden zu können. In Schnellladegeräten dürfen ausschließlich schnellladefähige Akkus geladen werden, die für den Ladestrom des Ladegeräts ausgelegt sind. Entsprechende Hinweise sollten auf den Akkus aufgedruckt sein.

Das Gerät ist für die beiden am häufigsten vertretenen Akkugrößen AA und AAA vorgesehen und kann für NiMH- und NiCd-Zellen verwendet werden. Bis zu vier Akkus können gleichzeitig unabhängig voneinander geladen werden, wobei stets alle Zellen dem gleichen Akkutyp, also NiMH oder NiCd, angehören müssen. Da NiMH- und NiCd-Akkus nach verschiedenen Gesichtspunkten geladen werden, dürfen sie keinesfalls gemischt in die Ladestation eingelegt werden. Der zu ladende Akkutyp ist mit einem Schiebeschalter festzulegen.

Minderwertige Akkus sind nicht schnellladefähig und dürfen nicht mit einem Schnellladegerät geladen werden. Sie könnten die Ladestation zerstören oder selbst beschädigt werden.

Jede Zelle wird getrennt von den anderen geladen. Der Ladezustand des Akkus vor der Ladung ist ohne Bedeutung, da das Gerät anhand einer Delta-U- und Temperaturüberwachung selbst erkennt, wann der Akku voll aufgeladen ist. Um im Zweifelsfall zu lange Ladungen zu vermeiden, verfügt die Station zusätzlich über einen Sicherheitstimer, der den Ladevorgang nach einer maximal festgelegten Zeit ebenfalls beendet. Nachdem ein Akku voll aufgeladen wurde, wechselt das Schnellladegerät in die Impulserhaltungsladung. Sie sorgt für ein schonendes Aufrechterhalten des vollen Ladezustands.

Die Signalisierung während des Ladevorgangs erfolgt über zwei LEDs. Leuchtet die rote LED dauerhaft, wird der Akku geladen. Blinkt sie, deutet das auf einen mit falscher Polarität eingelegten oder defekten Akku hin. Dann wird der Ladevorgang unterbrochen. Die grüne LED signalisiert, dass ein Akku voll aufgeladen ist und mit Impulsladung auf Vollladezustand gehalten wird. Damit kann ein Akku so lange in der Ladestation verbleiben, bis er benötigt wird.

NiMH-Akkus der Größe AA werden mit einem Ladestrom von 4.300 mA geladen. Damit werden selbst leistungsstarke NiMH-Mignonakkus innerhalb nur etwa 40 Minuten voll aufgeladen. NiMH-Microakkus werden mit 1.050 mA geladen, womit auch sie nach längstens einer Stunde wieder voll einsatzbereit sind. NiCd-Zellen werden mit deutlich geringeren Ladeströmen wieder auf Füllstand gebracht. AA-Zellen werden mit 1.000 mA, die kleineren AAA-Akkus mit 250 mA aufgeladen.

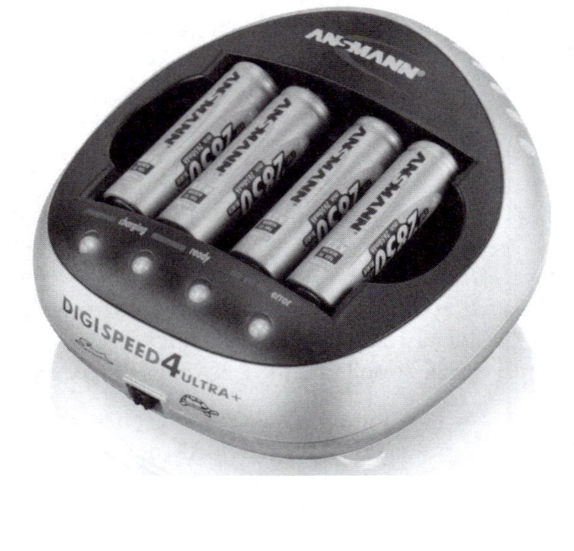

Bild 11.3: Das Schnellladegerät Digispeed 4 Ultra von Ansmann lädt schnellladefähige Mignon- und Microakkus innerhalb einer Stunde voll auf. (Quelle: Ansmann)

Komfortladegeräte

Große Ladestationen zeichnen sich besonders durch ihre Fähigkeit aus, möglichst viele Akkutypen schonend behandeln zu können. Solche umfangreichen Ladegeräte sind aber nur sinnvoll, wenn man mit ihnen auch tatsächlich Akkus aller Größen und Technologien laden möchte. In vielen Haushalten kommen jedoch nur NiMH-Akkus der Größen AA und AAA zum Einsatz, die so umfangreiche Ladegeräte nicht erforderlich machen. Hier wird stellvertretend ein typischer Vertreter dieser Klasse vorgestellt: das Ladegerät Ansmann Powerline 4 Light.

Das Gerät ist zum Laden von einem bis vier Akkus der Größen AA und AAA in den Technologien NiMH und NiCd vorgesehen. Sie können sogar gemischt in die vier Schächte der Ladestation eingelegt werden. Außerdem verfügt es über eine USB-Ladebuchse, über die Smartphones, MP3-Player und dergleichen aufgeladen werden können.

Dank intelligenter Ladezustandsüberwachung können Akkus mit beliebigem Ladezustand in das Ladegerät eingelegt und damit geladen werden. Über die für jeden Schacht separate Delta-U-Überwachung erkennt das Gerät, wann ein Akku voll aufgeladen ist, und wechselt in die Impulserhaltungsladung.

Auch diese Ladestation ist den Schnellladegeräten zuzurechnen, wenngleich sie kein turboschnelles Laden zulässt. Der Ladestrom beträgt einheitlich 450 mA. Damit liegt er etwa bei dem Doppelten, was Standardladegeräte für AA-NiMH-Akkus abgeben. Im Vergleich zu ihnen reduziert sich so die durchschnittliche Ladezeit von etwa 10 auf 4–5 Stunden. Einmal mehr sind dafür schnellladefähige Akkus vonnöten. Billige No-Name-Ware ist mit Ladeströmen dieser Art bereits überfordert und kann Schaden nehmen und auch die Ladestation zerstören.

Jedem der vier Rundzellenschächte ist ein kleines Display zugeordnet. Es zeigt im 5-Sekunden-Rhythmus abwechselnd die aktuelle Ladespannung und den momentanen Ladezustand in 5-Prozent-Schritten. Der Ladevorgang ist im Display zusätzlich mit »Charge« (laden) kenntlich gemacht. Ist der Akku vollgeladen, wechselt die Anzeige auf »Full« und die Zellenspannung. Erkennt die Ladestation einen defekten Akku, erscheint im Display »Def«. Außerdem wird die Akkuspannung eingeblendet.

Über die USB-Ladebuchse wird ein Ladestrom von 1.000 mA angeboten. Da die in den mobilen Geräten eingebauten Akkus durchweg schnellladefähig sind, lassen sie sich bedenkenlos über die Ladestation aufladen. Allerdings kann das Powerline 4 Light entweder nur bis zu vier Rundzellen oder ein an seine USB-Ladebuchse angeschlossenes Gerät aufladen.

Bild 11.4: Das Ansmann Powerline 4 Light ist ein komfortables Ladegerät für AA- und AAA-NiMH- und -NiCd-Akkus. (Quelle: Ansmann)

11.4 Standardladegeräte

Standardladegeräte werden zum Teil gemeinsam mit Akkusets angeboten. In der Regel sind sie für zwei oder vier Zellen ausgelegt und laden NiMH- oder NiCd-Akkus der Größen AA und AAA. Die Standardladegeräte erfüllen durchweg nur Mindestanforderungen. Das Ansmann Basic 4 Plus etwa ist zum Laden von einer bis vier Mignon- und Microzellen und einem 9-V-Block ausgelegt. Der Ladestrom beträgt bei AA-Akkus 150 mA, bei AAA-Zellen 50 mA und bei 9-V-Akkus 15 mA. Da nur mit geringen Strömen gearbeitet wird, sind zwar einerseits lange Ladezeiten einzurechnen, andererseits empfehlen sich gerade solche Ladegeräte zum Laden nichtschnellladefähiger Zellen oder von billiger No-Name-Ware.

Eine automatische Abschaltung nach Ladeende oder ein Wechsel auf Erhaltungsladung sollte besonders bei preiswerten Standardladestationen nicht vorausgesetzt werden. Es liegt am Nutzer, die Akkus rechtzeitig aus dem Ladegerät zu nehmen, um eine Überladung der Akkus zu verhindern. Wie lange ein Akku zu laden ist, lässt sich mit einer einfachen Formel ermitteln. Zunächst ist die Akkukapazität mit dem Ladefaktor 1,4 zu multiplizieren. Anschließend ist dieses Zwischenergebnis durch die Höhe des Ladestroms zu dividieren.

$h = (LF * Ak) / LS$

h	Ladezeit in Stunden
LF	Akkuladefaktor (= 1,4)
Ak	Akkukapazität in mAh
LS	Ladestrom in mA

Ein Mignonakku mit einer Kapazität von 2.600 mAh ist somit nach etwa 24 Stunden und 15 Minuten voll aufgeladen. Da bei einfachen Ladegeräten keine Ladezustandsermittlung erfolgt, funktioniert diese Formel nur bei vollständig entladenen Zellen. Nur teilweise entladene Akkus würden zu lange und damit überladen werden.

Selbst wenn nach diesem einfachen Prinzip arbeitende Ladegeräte in den 1980ern und 1990ern noch allgemeiner Standard waren, sind sie heute abzulehnen. Wegen der fehlenden Ladezustandserkennung sind sie nicht in der Lage, Akkus tatsächlich schonend zu behandeln. Letztlich weiß man nie genau, wann ein Akku voll ist, womit die Wahrscheinlichkeit, dass man überlädt, hoch ist. Und das verringert seine Lebensdauer. Möchte man auf Nummer sicher gehen, sind kürzere Ladezeiten anzuraten. Wie weit eine Zelle in dieser Zeit aufgeladen wurde, bleibt unbekannt, schließlich verfügen Standardladegeräte oft nur über eine LED, die das Fließen eines Ladestroms signalisiert.

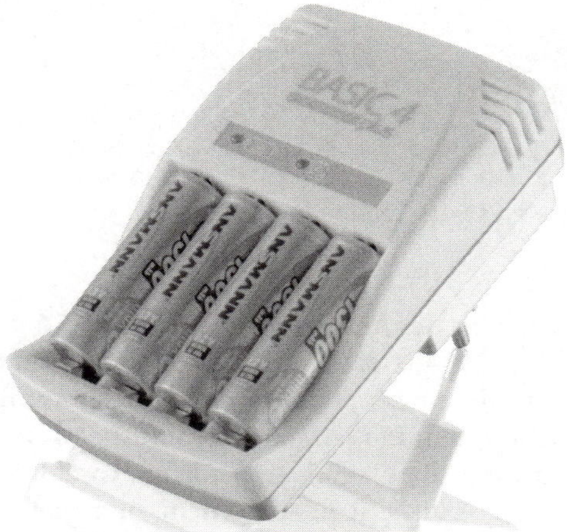

Bild 11.5: Das Ansmann Basic 4 Plus ist ein hochwertiges Standardladegerät für AA- und AAA-NiMH- und NiCd-Akkus. (Quelle: Ansmann)

11.5 Ladestationen für den RC-Modellbau

Im RC-Modellbau kommen durchweg Spezialakkus zum Einsatz. Zuerst fällt auf, dass diese nicht die Formen üblicher Haushaltsakkus haben, womit sie auch nicht in Haushaltsladegeräten aufgeladen werden können. In der Regel sind für den RC-Einsatz mehrere Zellen mit Folien zu Akkublöcken zusammengeschweißt und haben Anschlussdrähte. Außerdem unterscheiden sich RC-Akkus von üblicher Haushaltsware durch ihre technischen Eigenschaften. Sie sind durchweg schnelllade- und hochstromfähig. Ihnen können also sehr hohe Ströme entnommen werden, wobei 20 C durchaus üblich sind. Zuletzt kommen im RC-Modellbau auch alle erdenklichen Akkutypen von NiMH bis zu verschiedenen Lithiumtechnologien zum Einsatz. Eine gute Ladestation für den RC-Modellbau sollte mit allen zurechtkommen. Welche Funktionen von einem solchen Gerät erwartet werden, sehen wir uns stellvertretend für alle RC-Ladestationen am Beispiel des B6 Dual Power von Voltcraft näher an.

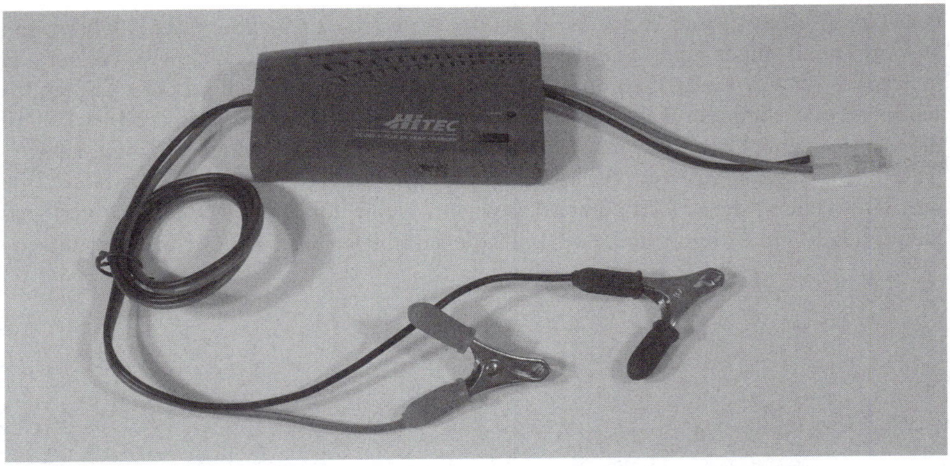

Bild 11.6: Einfaches Ladegerät für LiPo-Akkus, wie es verschiedenen RC-Modellen beigepackt ist.

RC-Ladestationen verfügen über keine Schächte, in die Akkus eingelegt werden könnten. An ihnen findet sich eine Reihe von Buchsen, an die die Akkus anzuschließen sind. Zunächst einmal sind das zwei runde Buchsen mit einem Durchmesser von 4 mm. Es sind die sogenannten Hochstrombuchsen, die mit dem Plus- und dem Minuspol des zu ladenden Akkus zu verbinden sind. Da es im Modellbau keine einheitliche Anschlusssteckernorm gibt, sind dazu kurze Adapterkabel erforderlich. Außerdem sind in RC-Ladegeräten zierliche mehrpolige Steckerleisten eingebaut. Sie sind die Balancer-Anschlüsse für mehrzellige Lithiumakkublöcke. Sie dienen dazu, jede Zelle exakt bis zum gleichen Füllstand zu laden. Sehr einfache Einsteigerladegeräte für RC-Modellbauakkus verfügen übrigens nur über diese Balancer-Buchsen. Auch über sie kann ein Lithiumakku vollständig aufgeladen werden. Da über die Balancer-Leitungen jedoch nur geringe Ströme fließen können, ist darüber keine Schnellladung möglich.

Ferner können RC-Ladestationen über eine Buchse zum Anschluss eines Temperatursensors verfügen. An ihr kann ein in der Regel optional erhältlicher Temperatursensor angeschlossen werden, mit dem auch die Erwärmung des Akkus während des Ladevorgangs überwacht wird.

Die Anforderungen an eine RC-Ladestation sind äußerst flexibel und werden von den zu ladenden Akkus bestimmt. Deshalb arbeiten solche Geräte nicht einfach mit vorprogrammierten Ladeprogrammen, sondern sind selbst zu programmieren. Als Grundlage dafür dienen die Kennwerte des zu ladenden Akkus. Einstellungen sind über mehrere Tasten und ein üblicherweise zweizeiliges Display vorzunehmen.

RC-Ladestationen laden Akkus nicht nur, sie können sie auch entladen und erlauben zum Teil sogar, automatisch mehrere Ladezyklen durchzuführen. Das kann bei der Akkupflege dienlich sein.

Meist sind RC-Ladestationen für den stationären Einsatz am 230-V-Wechselstromnetz vorgesehen. Zusätzlich können die Geräte auch über die Autobatterie betrieben werden.

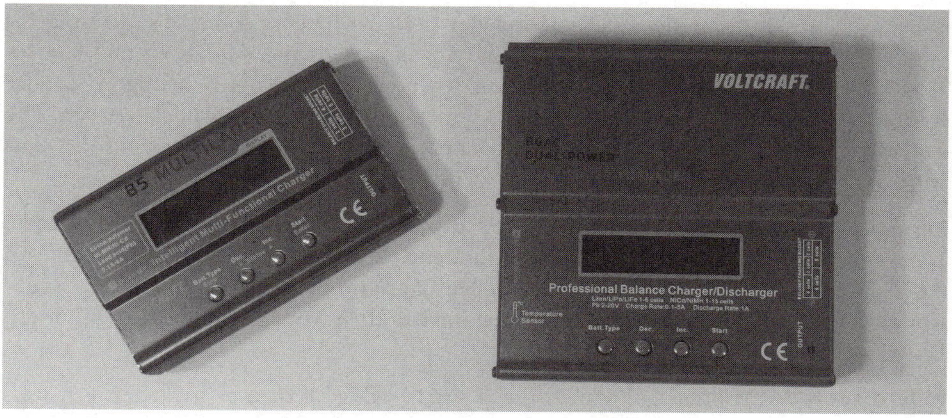

Bild 11.7: Programmierbare Ladestationen zum Laden von RC-Akkus.

Bild 11.8: An der roten und schwarzen Hochstrombuchse sind alle zu bearbeitenden Akkus anzuschließen. Außerdem sind für 2–5-zellige Lithiumakkus Balancer-Anschlüsse vorhanden.

11.5.1 Verwendbare Akkutypen

Welche Akkutypen von einer RC-Ladestation behandelt werden können, hängt von deren technischer Ausstattung ab. Unterschiede gibt es hier vor allem bei den maximal möglichen Ladeströmen und somit der Dauer, bis ein bestimmter Akku voll aufgeladen ist, sowie der Zellenzahl der Lithiumakkublöcke. Da in großen RC-Modellen auch große und leistungsstarke Akkupacks zum Einsatz kommen können, ist eine Ladestation nach deren Erfordernissen auszuwählen. Die technischen Eigenschaften der Geräte variieren dabei je nach Akkutechnologie. Der Multilader-Entlader B6 von Voltcraft kann zunächst 1–16-zellige NiCd- oder NiMH-Akkublöcke mit einer Gesamt-Nennspannung von bis zu 19,2 V laden. Der maximale Ladestrom für beide Technologien beträgt 1 C oder weniger. Speziell dafür ausgelegte Akkus können mit bis zu 2 C geladen werden. Die Entlade-Abschaltspannung ist für NiMH-Zellen bei 1,0 V festgelegt. NiCd-Akkus werden auf eine Zellenspannung von 0,85 V entladen.

Ferner können mit der Ladestation 1- bis 6-zellige Lithiumakkus bearbeitet werden. LiPo-Zellen werden auf maximal 4,2 V, Li-Ion-Zellen auf 4,1 V und LiFe-Zellen auf 3,6 V aufgeladen. Die Entlade-Abschalt-Zellenspannung beträgt bei LiPo 3,0 V, bei Li-Ion 2,5 V und bei LiFe 2,0 V. Auch die maximalen Ladeströme variieren. Bei LiPo und Li-Ion betragen sie 1 C, bei LiFe bis zu 4 C.

Zuletzt kann der Multilader B6 auch für 1- bis 10-zellige Bleiakkus herangezogen werden. Sie werden auf eine maximale Zellenspannung von 2,46 V aufgeladen. Als Entladeschlussspannung ist 1,75 V festgelegt. Bleiakkus können mit einem Ladestrom von bis zu 0,4 C geladen werden.

Abhängig von dem an der Ladestation angeschlossenen Akkutyp und seiner Zellenzahl und Kapazität kann der Ladestrom beim Multilader B6 in 0,1-A-Schritten zwischen 0,1 und 5,0 A programmiert werden. Auch die Entladestromstärke lässt sich in 0,1-A-Schritten zwischen 0,1 und 1,0 A festlegen.

Bild 11.9: Zum Anschließen von RC-Modellbauakkus sind üblicherweise Adapterkabel erforderlich.

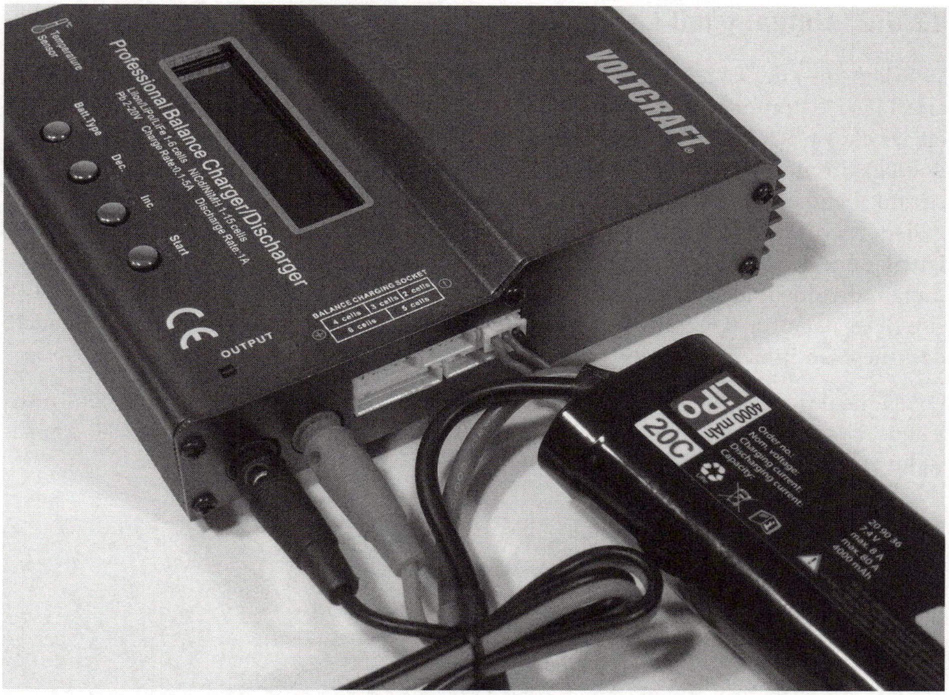

Bild 11.10: Lithiumakkus sind an die Ladestation mit dem Balancer-Kabel und den Hochstromleitungen anzuschließen.

Wegen ihrer großzügigen Programmiermöglichkeiten lassen sich RC-Ladestationen auch hervorragend auf die Anforderungen von Haushaltsakkus einstellen – und das oft besser, als es mit vielen Haushaltsladegeräten der Fall ist. Diese haben, falls überhaupt, üblicherweise nur sehr wenige Ladeprogramme zur Auswahl. Das erleichtert zwar die Handhabung, kann aber auch dazu führen, dass Akkus unter ihren Möglichkeiten geladen werden. Arbeitet man mit einer RC-Ladestation, muss man sich in die Materie zunächst einarbeiten und über die Möglichkeiten des Ladegeräts und die Gefahren bei Falschbedienung Bescheid wissen. Die erforderlichen Informationen sind in den Betriebsanleitungen der RC-Ladestationen zusammengefasst. Zudem muss man die Angaben auf jedem zu ladenden Akku genau lesen. Nach den hier entnehmbaren Informationen ist die Ladestation einzustellen.

Bleibt noch die Frage, wie man Haushaltsakkus mit einer RC-Ladestation laden kann. Im Elektronikfachhandel gibt es Batteriefächer für die verschiedenen gängigen Nickelakkugrößen für eine bis acht Zellen. An ihren Anschlussdrähten sind nur die für die Ladestation geeigneten Stecker anzulöten, und schon kann ein Batteriefach an die RC-Ladestation angeschlossen werden. Auf diese Weise lassen sich Haushaltsakkus genauso komfortabel wie Modellbauakkus laden. Besonders spannend: Für jeden Haushaltsakku hat man so das genau passende Ladegerät.

11.5.2 Umgang mit Lithiumakkus

Vor dem Start des Ladevorgangs ist zunächst die Art des angeschlossenen Lithiumakkus, also LiPo, Li-Ion oder LiFe, auszuwählen. Für welchen Akkutyp die Ladestation gerade eingestellt ist, wird im Display eingeblendet. Er muss mit dem angeschlossenen Akkutyp übereinstimmen. Besitzt der Akkupack ein Balancer-Kabel, ist es neben den Hauptstromkabeln ebenfalls am Ladegerät anzustecken. Nur so ist gewährleistet, dass alle Zellen nach dem Ladevorgang die gleiche Spannung haben. Außerdem wird so die Überladung einzelner Zellen vermieden. Da die Überwachung und vollständige Aufladung individuell für jede Zelle erfolgt, dauert es auch unterschiedlich lange, bis alle voll sind. Der Balancer-Anschluss schont nicht nur den Akkupack, sondern vermeidet auch, dass dieser in Brand gerät oder explodiert.

Die Höhe des Ladestroms hängt vom Akku ab. 1 C bedeutet z. B. bei einem 1.000-mAh-Akku, dass dieser mit einer Stromstärke von 1A geladen wird. Bei einem 3.000-mAh-Akku würde 1 C 3 A entsprechen.

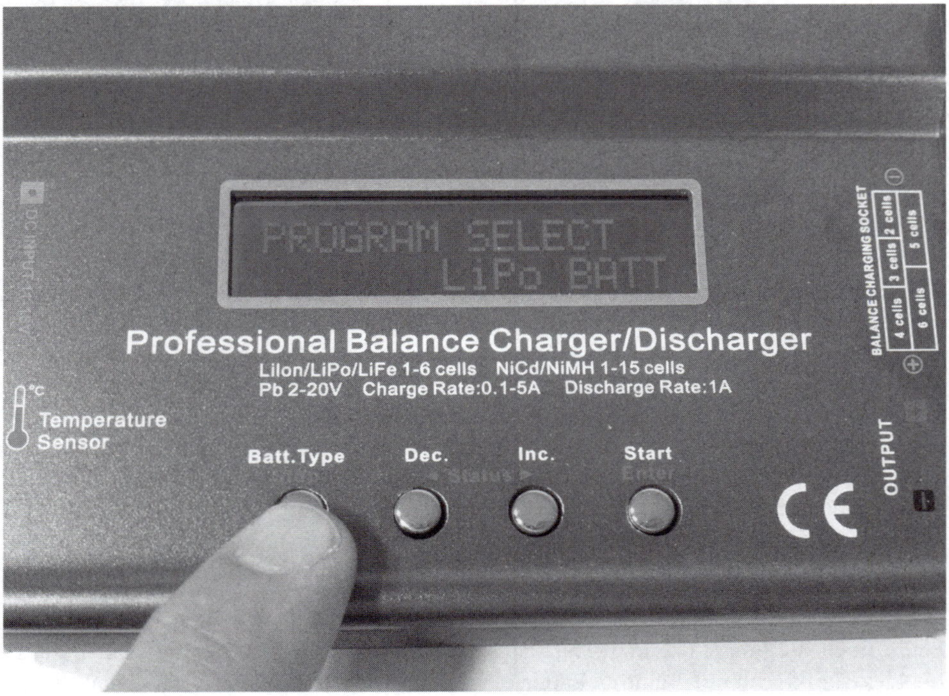

Bild 11.11: Zuerst ist der Typ des zu ladenden Akkus einzustellen.

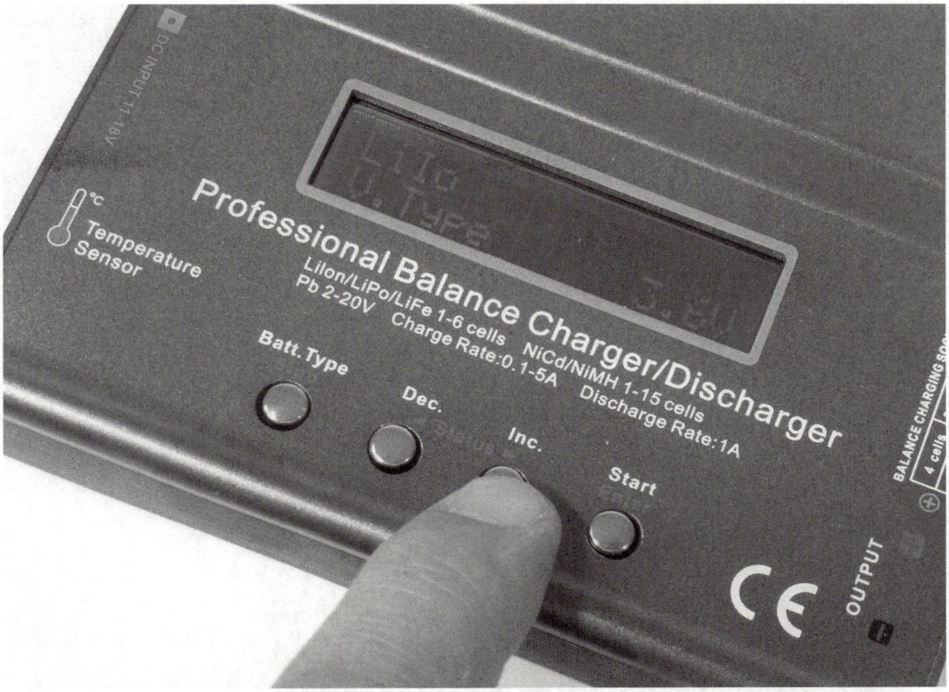

Bild 11.12: Dazu gehört auch, die Art des Lithiumakkus auszuwählen. Sie bestimmt, auf welchen Spannungswert der Lithiumakku zu laden ist.

Lithiumakkus ohne Balancer laden

Der Multilader B6 bietet fünf Ladeprogramme für Lithiumakkus. Mit *Charge* sind Lithiumakkus ohne Balancer-Anschluss zu laden. Auch hier sind zunächst die Lithiumtechnologie und der Ladestrom einzustellen. Da bei dieser Ladevariante keine Zellenspannungsüberwachung erfolgen kann, ist die Nennspannung anhand der Zellenzahl des Akkublocks einzustellen. Sie wird zusätzlich zur Nennspannung im Display eingeblendet, wobei 1 S eine Zelle, 2 S zwei Zellen, 3 S drei Zellen usw. bedeutet. Die Nennspannung bei 2 S entspricht etwa beim LiPo-Akku 7,4 V, 3 S entsprechen 11,1 V. Neben der manuell einzugebenden Zellenzahl überprüft auch die Ladestation anhand der gemessenen Akkumomentanspannung, wie viele Zellen vorhanden sind, und blendet diese ebenfalls im Display ein. Vor Start des Ladevorgangs muss man darauf achten, dass beide Werte übereinstimmen. Stimmen sie nicht überein, kann eine falsche Programmierung die Ursache sein. Der Akkublock könnte aber auch tiefentladen sein oder eine defekte Zelle haben. Solche Akkus sollten keinesfalls geladen werden, da erhöhte Brand- und Explosionsgefahr besteht.

Während des Ladevorgangs werden im Display die Zellenzahl, der Ladestrom, die momentane Akkuspannung, die bereits verstrichene Akkuladedauer in Minuten und die geladene Kapazität in Milliamperestunden angezeigt. Der Ladevorgang wird nach Erreichen der Ladeendspannung der drei Zellen beendet. Das kann natürlich auch bedeuten, dass zu diesem Zeitpunkt bereits eine Zelle leicht überladen und eine weitere noch nicht voll aufgeladen ist.

Lithiumakkus mit Balancer laden

Über die Einstellung *Balance* wird der Lithiumakku Balancer-überwacht geladen. Das ist aber nur bei mehrzelligen Lithiumakkus mit zusätzlicher Balancer-Leitung möglich. Da diese ohnehin besonders im RC-Modellbau allgemeiner Standard ist, ist das auch die Einstellvariante, die beim Laden von Lithiumakkus normalerweise zum Einsatz kommt.

Im Gegensatz zum einfachen Charge-Ladeprogramm wird hier die Spannung jeder Zelle separat überwacht und der Ladestrom entsprechend eingestellt. Nur die Balancer-Ladung sorgt dafür, dass der Akku seine maximale Leistung entfalten kann. Außerdem wird so seine Lebensdauer optimal ausgenutzt. Beides sind grundlegende Voraussetzungen für den erfolgreichen Einsatz im RC-Modellbau.

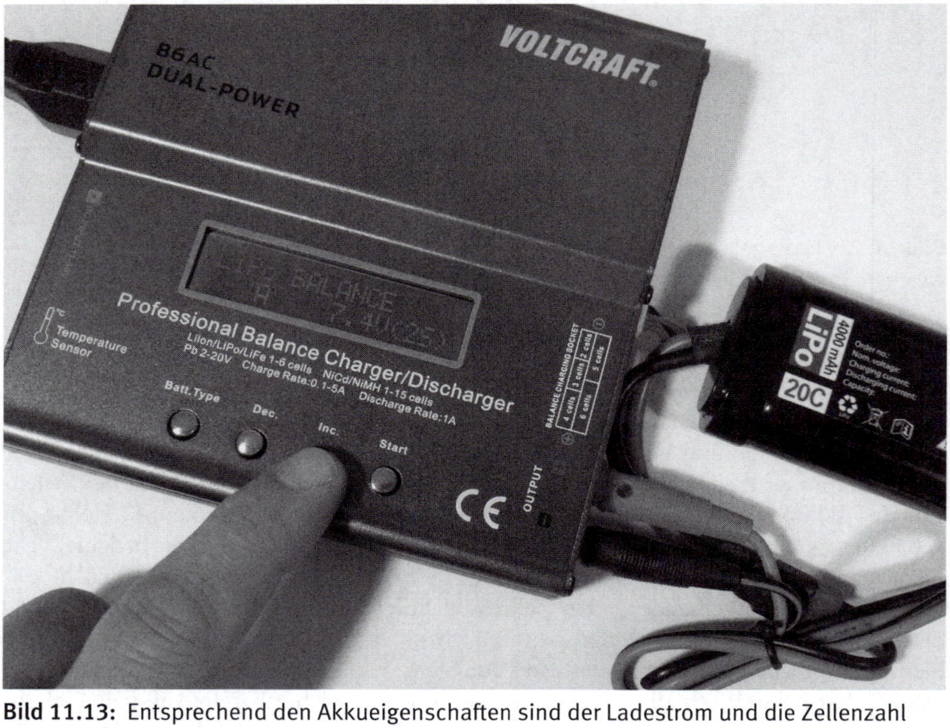

Bild 11.13: Entsprechend den Akkueigenschaften sind der Ladestrom und die Zellenzahl des zu ladenden Akkus zu programmieren.

Lithiumakkus schnellladen

Grundsätzlich werden RC-Modellbau-Lithiumakkus um einiges schneller geladen als übliche Haushaltsakkus. Da Modellbauakkus durchweg robuster gebaut sind, lassen sie bereits bei der Normalladung höhere Ströme zu, als das bei Haushaltsakkus üblich ist.

Schon mit der Normalladung sind viele LiPo-Akkus in rund einer Stunde voll aufgeladen.

Bei der Schnellladung werden diese Ladezeiten spürbar unterschritten. Erreicht wird das durch den Einsatz eines höheren Ladestroms. Dieser geht jedoch auf Kosten der Akkukapazität, da die Ladestation den Ladevorgang aufgrund einer Sicherheitsschaltung früher beendet. Damit kann der Akku mit der Schnellladung nur bis etwa 90 % im Vergleich zur Normalladung aufgeladen werden. Deshalb ist die Schnellladung nur dann zu verwenden, wenn der Akku möglichst schnell wieder eingesetzt werden soll.

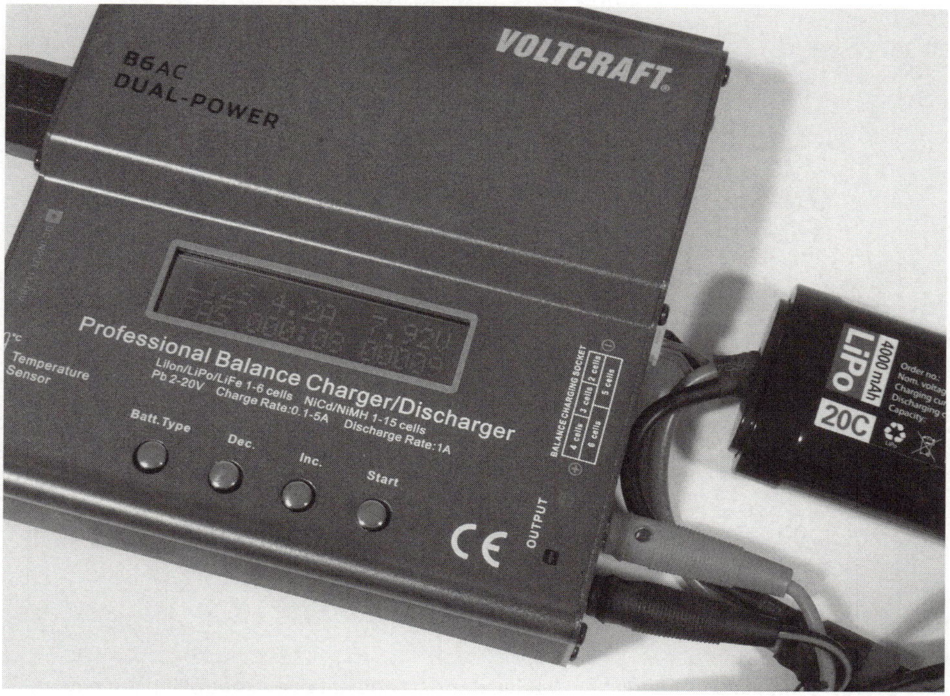

Bild 11.14: Schnelllademodus für Lithiumakkus

Lithiumakku lagern

Am schonendsten lässt sich ein Akku lagern, wenn er nur zu etwa 70–80 % aufgeladen ist. Dann nämlich ist die Selbstentladung am geringsten. Zur Vorbereitung für das Einlagern von Akkus bietet der Multilader B6 ein eigenes Ladeprogramm mit dem Namen *Storage*. Diese Funktion bietet sich an, um den Akku auf die ideale Lagerspannung zu bringen. Je nach Augenblicksspannung wird er geladen oder entladen. Auch für dieses Verfahren ist der Anschluss der Balancer-Leitung dringend erforderlich, denn auch für die Lagerung gilt, dass jede Zelle gleich geladen sein soll. Die mit Storage angepeilte Lagerspannung variiert je nach Lithiumtechnologie. Für LiPo-Akkus liegt sie bei 3,85 V, für Li-Ion-Zellen bei 3,75 V und bei LiFe-Akkus bei 3,3 V.

Lithiumakku entladen

Bei Lithiumakkus ist es normalerweise nicht erforderlich, sie zu entladen, denn sie können unabhängig von ihrem momentanen Ladezustand jederzeit aufgeladen werden. Die intelligente Ladezustandsüberwachung sorgt jederzeit für eine optimale Behandlung des Lithiumakkus.

Möchte man einen Akku dennoch entladen, kann das mit einem einstellbaren Entladestrom zwischen 0,1 A und 1,0 A erfolgen. Je nach Technologie werden Lithiumzellen auf 2,0 V (LiFe), 2,5 V (Li-Ion) oder 3,0 V (LiPo) entladen. Damit der Akku keinen Schaden nimmt, sollte er zumindest wieder bis zur Lagerspannung aufgeladen werden.

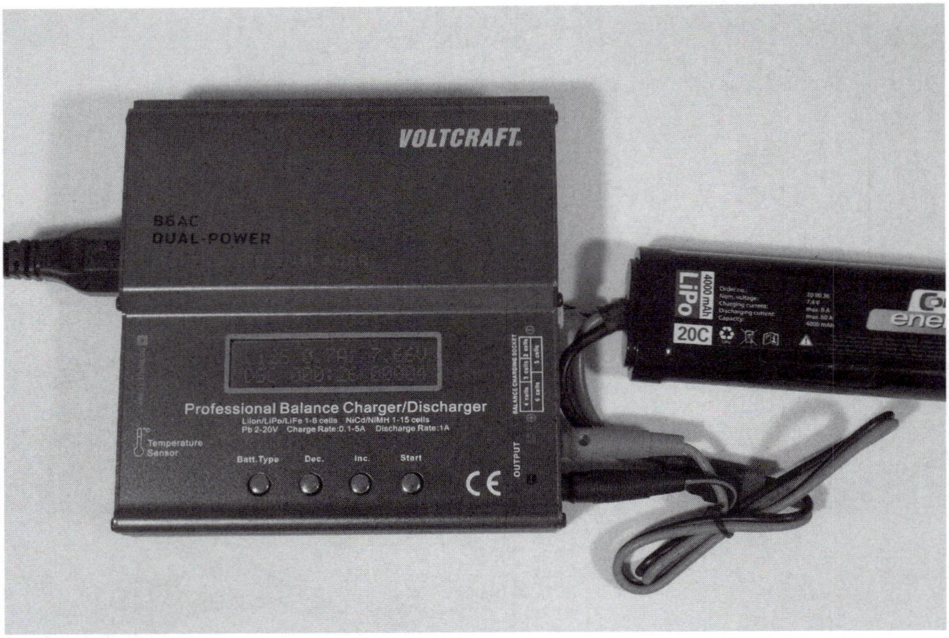

Bild 11.15: Lithiumakkus können mit geeigneten RC-Ladestationen kontrolliert auf einen zuvor festgelegten Spannungswert entladen werden.

11.5.3 Umgang mit Nickelakkus

NiMH- und NiCd-Akkus kommen im RC-Modellbau in Form von Akkupacks für die Stromversorgung von Fernsteuersendern zum Einsatz. Für die Behandlung von Nickelakkus bieten RC-Ladestationen extra dafür abgestimmte Ladeprogramme und Funktionen.

In der Betriebsart »Laden« ist auch hier der Ladestrom einzustellen. Er sollte bei NiMH-Akkus etwa 1 C betragen. Allerdings ist hier besonders auf die Angaben auf dem Akkublock zu achten, denn in typischen Empfängerakkupacks sind häufig normale Mignonzellen verbaut, die mit 1 C hoffnungslos überfordert wären. Als Faustregel gilt, dass der

Ladestrom umso geringer ist, je kleiner die Akkuzelle ist. Zumindest schnellladefähige NiMH-Akkublocks erlauben einen Ladestrom von bis zu 500 mA. Hier gilt es, sich an die Vorgaben des Akkuherstellers zu halten.

Zum Laden eines Nickelakkupacks ist zunächst auszuwählen, ob dieser aus NiMH- oder NiCd-Zellen besteht. Je nach Ladestation ist der Ladestrom manuell festzulegen. Alternativ kann man auch einen vom Ladegerät automatisch ermittelten Ladestrom nutzen. Bei dieser Funktion kann jedoch der maximal verwendete Ladestrom durch Eingabe eines höchstzulässigen Werts begrenzt werden. Abhängig vom Akku und dessen Innenwiderstand können auf diese Weise unter Umständen kürzere Ladezeiten erreicht werden als in der manuellen Betriebsart.

Während des Ladevorgangs können am Display der eingestellte Akkutyp, der momentane Ladestrom und die Augenblicksspannung sowie die bereits geladene Kapazität in Milliamperestunden und die bereits vergangene Ladedauer abgelesen werden.

Außerdem können auch NiCd- und NiMH-Akkus gezielt entladen werden, wobei der Entladestrom zwischen 0,1 A und 1,0 A einstellbar ist. Zusätzlich lässt sich die gewünschte Entladespannung programmieren. Dabei sollte die Entladeschlussspannung je Zelle von 0,85 V bei NiCd- und 1,0 V bei NiMH-Akkus keinesfalls unterschritten werden.

Zum Refreshen alter Akkus steht auch ein Zyklusprogramm bereit. Mit ihm können Nickelakkus bis zu fünfmal hintereinander automatisch geladen und entladen werden. Im Display wird in dieser Zeit der gerade durchlaufene Zyklus eingeblendet.

11.5.4 Umgang mit Bleiakkus

Der Bleiakku unterscheidet sich grundlegend von Nickelakkus. Verglichen mit seiner hohen Kapazität kann er nur geringe Stromstärken abgeben. Außerdem erfordert er einen anderen Ladevorgang. Der Bleiakku darf nur mit geringen Strömen von maximal 0,1 C geladen werden, womit der Ladestrom etwa bei einem 2.500-mAh-Bleiakku nur 250 mA betragen darf. Eine Schnelllademöglichkeit besteht nicht. Sie würde den Akku überfordern und Brand- und Explosionsgefahr bedeuten.

Der Multilader B6 von Voltcraft kann auch Bleiakkus laden oder entladen. Dazu ist er zunächst auf den Akkutyp Pb (Plumbum, chemisches Zeichen für Blei) einzustellen. Außerdem sind der Ladestrom und die Zellenzahl des Akkus festzulegen. Mit ihr ist auch die Ladespannung gekoppelt. Während des Ladevorgangs werden im Display neben dem Akkutyp und der Zellenzahl auch der Ladestrom, die momentane Akkuspannung sowie die bereits verstrichene Ladezeit und die in den Akku geladene Kapazität angezeigt.

Im Entlademodus können nur die Zellenzahl und der Entladestrom programmiert werden. Die Entladeschlussspannung gibt das Ladegerät vor. So wird eine Tiefentladung vermieden.

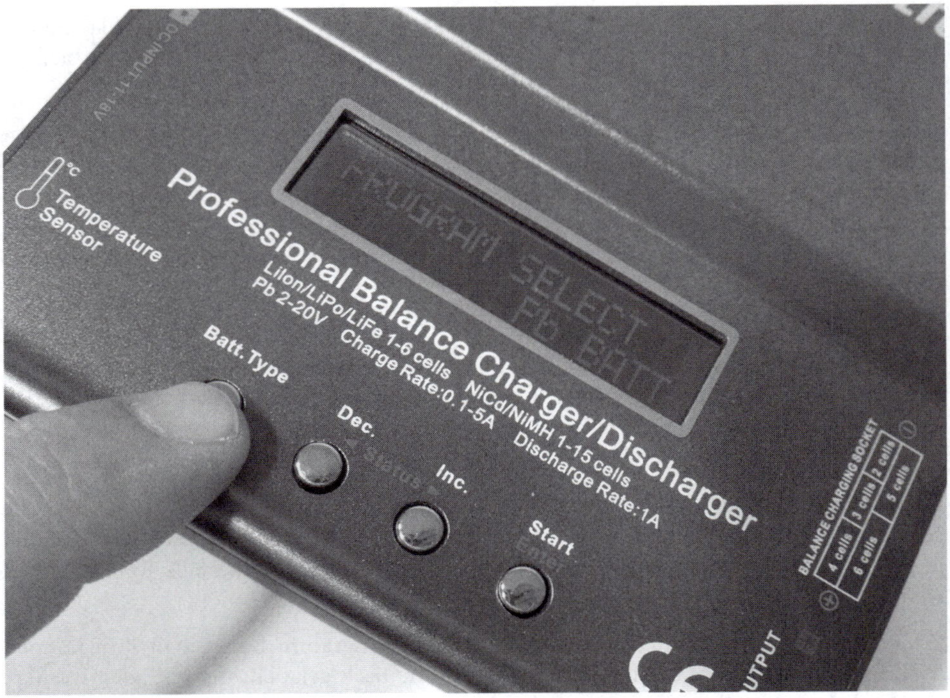

Bild 11.16: Längst nicht alle RC-Ladestationen sind in der Lage, auch Bleiakkus zu laden.

11.6 Ladegeräte für Autobatterien

Es ist noch gar nicht so lange her, da zählte ein Autobatterieladegerät quasi zur Grundausstattung eines jeden Autobesitzers. Das Ladegerät war auch dringend erforderlich, denn die alten, bis in die frühen 1990er-Jahre in den Fahrzeugen eingebauten Autobatterien waren deutlich wartungsintensiver als die heutigen. Dementsprechend waren sie auch leicht zugänglich im Motorraum untergebracht. Erst neue Entwicklungen mit deutlich verminderter Selbstentladung und verbesserter Wartungsfreundlichkeit erlaubten, die Autobatterie an schwer zugänglichen Orten wie unter der rückwärtigen Sitzbank unterzubringen.

Früher kamen in unseren Fahrzeugen ausschließlich Bleiakkunasszellen zum Einsatz. Damit passten alle angebotenen Autobatterieladegeräte für alle Autobatterien. Diese Zeiten sind längst vorbei. Wegen der verschiedenen neuen Autobatterietechnologien gibt es »das« Ladegerät für alle Starterbatterien nicht mehr. Da jede der Starterbatterietechnologien eine eigene Ladecharakteristik erfordert, braucht es auch eine auf den zu ladenden Akku abgestimmte Ladestation.

Übliche Standardgeräte liefern eine Ladespannung von 14,3–14,4 V. Sie sind für 12-V-Blei-Säure-, Blei-Sulfat- und AGM-Akkus geeignet. Ladestationen, die auch für Kalziumakkus geeignet sind, finden sich erst ab der gehobenen Mittelklasse.

Grundsätzlich ist das Ladegerät leicht an der Autobatterie anzuschließen. Dazu besitzt das Gerät zwei Ladekabel: ein rotes für den Plus- und ein schwarzes für den Minuspol. Bevor diese am Akku angeschlossen werden, empfehlen Hersteller von Ladegeräten bei Nasszellen die Verschlussstopfen der sechs Zellen der Autobatterie zu lösen und abzunehmen, weil Akkus während des Ladevorgangs zu gasen beginnen können. Das dabei entstehende Gas und der damit verbundene höhere Druck können so ungehindert ins Freie entweichen. Außerdem wird empfohlen, den Säurestand der Zellen zu überprüfen. Die in den Kammern eingefüllte Batteriesäure sollte die Akkuplatten im Inneren mindestens bedecken. Tut sie das nicht, ist destilliertes Wasser bis zur am Akku angegebenen Markierung nachzufüllen.

Erst jetzt ist die rote Plusleitung des Ladegeräts mit dem Pluspol der Autobatterie zu verbinden. Dabei ist darauf zu achten, dass die Klemme gut festsitzt und sich nicht lockern kann. Anschließend ist mit gleicher Sorgfalt das schwarze Ladegerätekabel mit der Minusklemme mit dem Minuspol des Akkus zu verbinden. Auch wenn das Ladegerät noch nicht an das Stromnetz angeschlossen ist, wird dringend empfohlen, mit den Leitungen stets so sorgsam umzugehen, als würden sie unter Spannung stehen. Die Klemmen dürfen sich zu keinem Zeitpunkt berühren. Außerdem ist darauf zu achten, dass die Plusklemme niemals in Kontakt mit der Karosserie tritt, denn diese ist mit dem Minuspol des Akkus verbunden und bildet so die Masse für die gesamten elektrischen und elektronischen Einrichtungen im Fahrzeug. Berührt man sie mit dem Pluspol, würde das zu einem Kurzschluss führen, bei dem gefährlich hohe Ströme fließen. Erst zuletzt ist der Netzstecker einzustecken, womit die Ladung bei vielen Geräten augenblicklich beginnt.

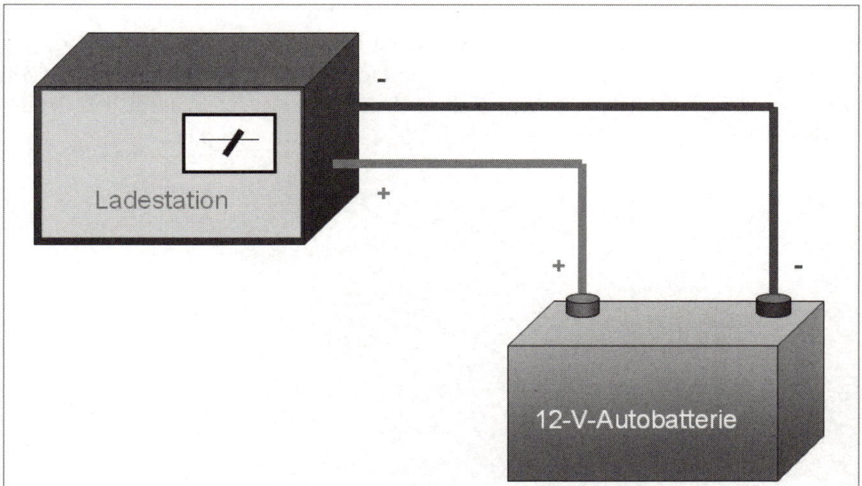

Bild 11.17: Die rote Plusleitung des Ladegeräts ist mit dem Pluspol der Autobatterie zu verbinden. Außerdem ist die schwarze Minusleitung am Minuspol des Akkus anzuklemmen.

Besonders einfache Standardladegeräte laden den 12-V-Akku auf etwa 14,1 V auf. Da die Ladespannung in der Regel auf diesen Wert begrenzt ist, besteht keine Gefahr der Überladung, womit die Ladestation grundsätzlich beliebig lange an der Autobatterie angeschlossen sein kann. Nach dem eigentlichen Ladevorgang würde sie mit Erhaltungsladung weiterarbeiten.

Autobatterieladegeräte orientieren sich an der Momentanspannung des Akkus. Je höher diese ist, umso geringer ist der Ladestrom. Das lässt sich am einfachen Messgerät ablesen, das in vielen Ladegeräten eingebaut ist.

Die Ladedauer hängt grundsätzlich vom Ladezustand des Akkus ab. Da Standardladegeräten zumindest teilweise eine automatische Abschaltung nach Ladeende fehlt, kann in deren Gebrauchsanleitungen ein Hinweis zur Errechnung der ungefähren Ladezeit enthalten sein. Sie bezieht sich auf eine leere Autobatterie. Die Formel lautet:

Ladezeit in Stunden = Akkukapazität in Amperestunden / Ladestrom in Ampere

Bei der Berechnung der Ladezeit ist die Nennkapazität der Autobatterie durch den vom Ladegerät gelieferten Ladestrom zu dividieren. Beträgt der Ladestrom beispielsweise 7 A, würde es rund 14 Stunden und 20 Minuten dauern, um einen 100-Ah-Akku gänzlich aufzuladen. Zur Beendigung des Ladevorgangs ist zuerst der Netzstecker des Ladegeräts zu ziehen. Als Nächstes ist die schwarze Minusklemme vom Minuspol der Batterie zu trennen. Erst danach darf die rote Plusklemme vom Pluspol entfernt werden. Zuletzt sind die Verschlussstopfen der sechs Zellen der Autobatterie wieder aufzusetzen und festzudrehen.

11.6.1 Ladegeräte verschiedener Preisklassen

Auch heute noch sind Nasszellen, wenngleich in verbesserter Form, weitverbreitet. Dem Rechnung tragend sind auch die meisten angebotenen Ladegeräte nur für diesen Akkutyp ausgelegt. Meist handelt es sich dabei um sehr einfache Geräte. Für welche Arten von Autobatterien sie geeignet sind, ist in den Gebrauchsanleitungen nachzuschlagen. In der Regel sind sie für wartungsfreie Batterien und für Blei-Gel-Akkus geeignet.

Bild 11.18: Einfache Standardladegeräte beginnen mit der Ladung, unmittelbar nachdem sie ans Stromnetz angeschlossen wurden. Bedienelemente gibt es hier nicht.

Bild 11.19: An der Rückseite sind das Netzkabel und die beiden Leitungen zu finden, mit denen die Verbindung zum Plus- und Minuspol des Akkus herzustellen ist.

Die Oberklasse der Autobatterieladegeräte zeichnet sich durch ihren universelleren Einsatzbereich aus. Diese Geräte können durchweg für klassische Nasszellen ebenso wie für Gel- oder AGM-Akkus verwendet werden. In der Regel sind sie mit einem Wahlschalter ausgestattet. Außerdem kann man bei ihnen festlegen, ob die Autobatterie manuell oder mit einer Programmautomatik geladen werden soll. Auch bei der Höhe des Ladestroms kann man z. B. zwischen zwei Stufen wählen. Die geringere Stromstärke ist zum Laden kleiner Akkus, die höhere Stromstärke für größere Akkus vorgesehen. Zuletzt können Autobatterieladegeräte der Oberklasse auch für 24-V-Lkw-Autobatterien genutzt werden. Mehr Komfort bieten solche Geräte auch, indem sie einen Ein-Aus-Schalter eingebaut haben, über den sich der Ladevorgang bequem aktivieren lässt. Über eine Digitalanzeige lässt sich die exakte Momentanspannung ablesen. Sie gibt Auskunft über den jeweiligen Ladezustand. Je nach Akkutechnik kommen unterschiedliche Ladespannungen zum Einsatz. So ist etwa ein Nasszellenakku bei 12,7 V, eine AGM-Batterie bei 12,8 V und ein Gelakku bei 13,0 V zu 100 % aufgeladen. Die folgende Tabelle dient als Richtwert zur Ermittlung der Ladezustände anhand der vom Ladegerät angezeigten Spannungen:

Ladezustände bei 12-V-Batterien

Akkuladezustand	Nasszelle	AGM-Batterie	Gelbatterie
<20 %	<11,9 V	<12,0 V	<12,1 V
25 %	12,1 V	12,2 V	12,3 V
50 %	12,3 V	12,4 V	12,5 V
75 %	12,5 V	12,6 V	12,8 V
100 %	12,7 V	12,8 V	13,0 V

Ladezustände bei 24-V-Batterien

Akkuladezustand	Nasszelle	AGM-Batterie	Gelbatterie
<20 %	<23,8 V	<24,0 V	<24,2 V
25 %	24,3 V	24,4 V	24,5 V
50 %	24,6 V	24,8 V	25,0 V
75 %	25,0 V	25,2 V	25,5 V
100 %	25,4 V	25,6 V	26,0 V

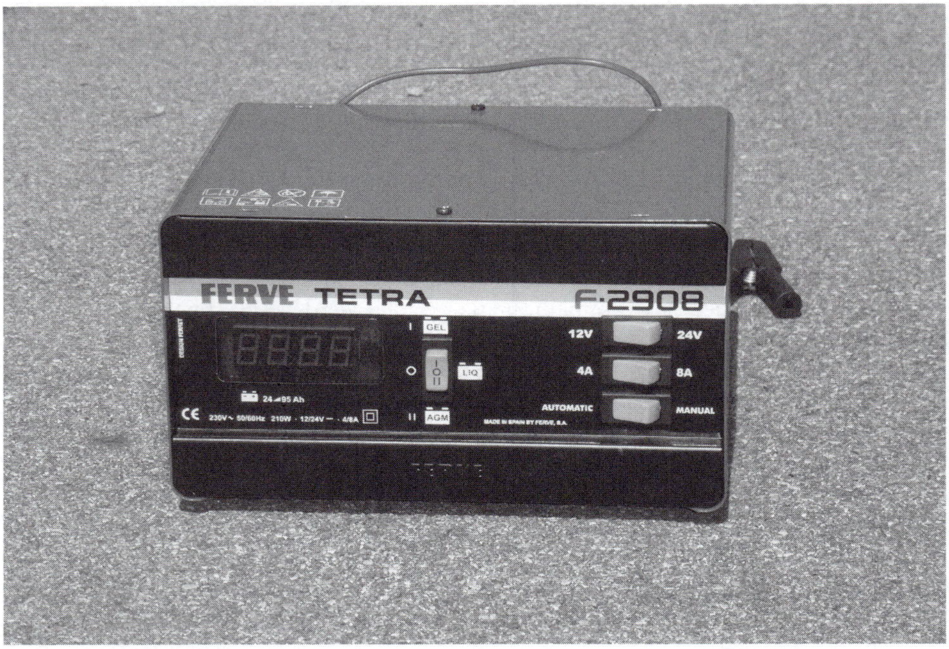

Bild 11.20: Universelle Autobatterieladegeräte der Oberklasse sind in der Lage, verschiedene Akkutechnologien korrekt zu laden.

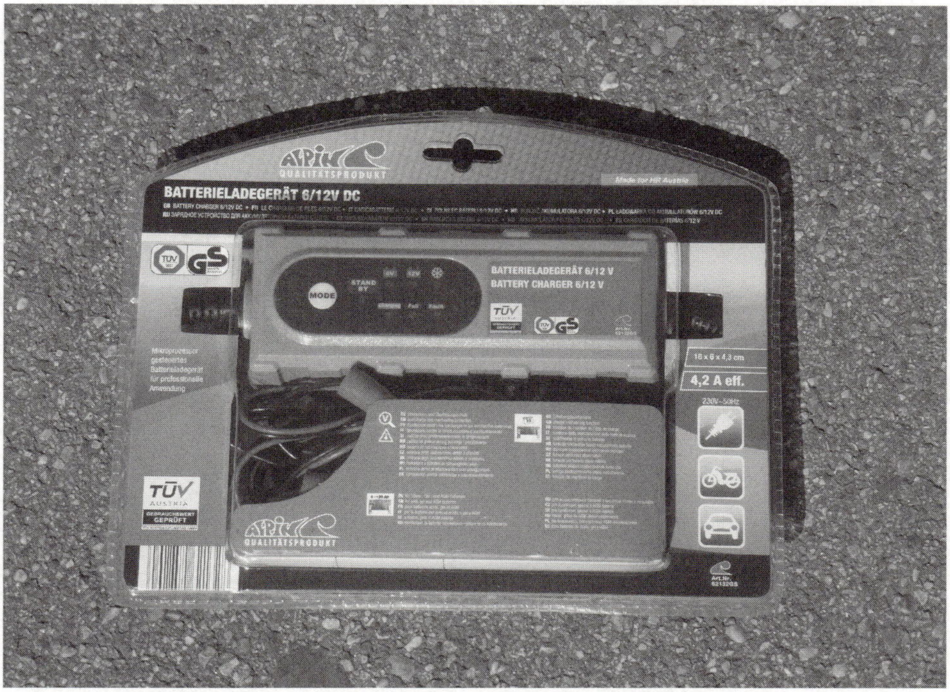

Bild 11.21: Selbst sehr kleine Ladegeräte können für alle gängigen Autobatterietechnologien geeignet sein. Im Vergleich zu großen Ladestationen liefern sie aber nur geringe Ladeströme.

12 Notebookakkus

Note- und Netbooks erlauben uns, mit dem PC überall und jederzeit zu arbeiten. Sogar im Freien ganz ohne Netzanschluss kann das über viele Stunden hinweg möglich sein. Dazu haben die mobilen Rechner einen leistungsstarken Akku eingebaut. Doch was die Werbung verspricht, wird in der Praxis scheinbar nicht eingehalten. Die Ursache liegt in der eigentlich falschen Nutzung dieser Geräte.

Solange das Note- oder Netbook neu ist, hält sein Akku die in der Werbung gemachten Versprechungen. Drei, vier oder sogar mehr Stunden damit netzunabhängig zu arbeiten, ist mühelos möglich. Das Problem ist, dass die mobilen Rechner meist am Schreibtisch genutzt werden, und das mit angeschlossenem Netzgerät. Schließlich soll der PC den ganzen Tag laufen und der Akku voll sein, wenn man ihn braucht.

Doch die in unseren PCs eingebauten Akkus haben die gleichen Eigenschaften wie alle anderen auch: Sie mögen z. B. Wärme nicht. Meist sind sie aber an der Unterseite des Rechners eingebaut, also dort, wo es oft sogar richtig heiß ist. Dieser Wärme ist der Akku ständig ausgesetzt. Diese ständige Erwärmung führt zu einer schnelleren Alterung des Akkus und somit zum Sinken seiner Lebensdauer.

Bild 12.1: Bei neueren Notebooks ist der Akku zumindest teilweise ausgelagert. Damit wird er nicht so stark durch die Betriebstemperatur des Rechners erwärmt.

Bild 12.2: Auch bei kleinen Netbooks versucht man, den Akku zumindest teilweise aus dem Rechnergehäuse auszulagern.

Bild 12.3: Ist der Akku mittig im Gehäuse eingebaut und schließt plan mit ihm ab, ist der Akku gänzlich der Betriebstemperatur des PCs ausgesetzt.

Alle Akkus altern. Wie schnell sie das tun, hängt von mehreren Faktoren ab. Beim Li-Ion-Akku wird die Alterung durch Zelloxidation an den Elektroden hervorgerufen, wodurch diese die Fähigkeit verlieren, für den Stromfluss erforderliche Lithium-Ionen zu speichern. Wie stark dieser Effekt auftritt, wird zunächst vom Ladezustand bestimmt. Bei voll aufgeladenem Akku, was im Notebook der Regelfall ist, schreitet die Zelloxidation besonders schnell voran. Ist der Computer zudem eingeschaltet und produziert Wärme, wird diese ebenfalls auf den Akku übertragen, womit die Zelloxidation weiter beschleunigt wird.

12.1 Notebookakku identifizieren

Jedem Notebook sein eigener Akkupack – nach diesem Grundsatz scheinen die PC-Hersteller zu arbeiten. Zumindest ist das an dem für jedes Rechnermodell individuellen Akkugehäuse ersichtlich. Einen Standardakkupack für verschiedene Rechner gibt es folglich nicht. Auch die verwendete Akkutechnologie ist nicht einheitlich. Seit etwa 2006 sind Li-Ion-Akkus allgemein üblich. Bei älteren Notebooks sind auch Nickel-Metallhydrid-Akkus anzutreffen.

Selbst wenn PC-Akkupacks großflächig dicht bedruckt sind, ist der auf ihnen enthaltene Informationsgehalt oft doch recht spärlich, aber ihre Nennspannung und die grundsätzliche Technologie werden zumindest genannt. Anhand dieser Angaben erkennt man bereits, dass bei Notebooks verschiedene Li-Ion-Akkus zum Einsatz kommen, worauf zumindest Nennspannungen von 10,8 V oder 11,1 V schließen lassen. Immerhin verraten uns diese Spannungsangaben, dass es sich um dreizellige Akkus mit einer Zellennennspannung von 3,6 V oder 3,7 V handelt. Ältere Notebooks arbeiten meist mit höheren Spannungen wie etwa mit vierzelligen Li-Ion-Akkus mit einer Nennspannung von 14,4 V. Immerhin verraten uns die 3,6 V, dass es sich um einen Li-Ion-Kobalt-Akku handeln muss. Ihn findet man gegenwärtig mehrheitlich in PC-Akkupacks. 3,7 V lassen indes auf einen Li-Ion-Mangan-Akku schließen.

Nur zum Teil werden auch die Kapazität in Milliampere und der Energiegehalt in Wattstunden genannt. Dabei zeigt sich jedenfalls der technische Fortschritt: Während ältere, größere Akkupacks oft nur Kapazitäten um 4.400 mAh bereitstellen, punkten neuere gleicher Größe mit etwa der doppelten Kapazität.

Endgültige Gewissheit über die in einem Akkupack verbauten Zellen bekommt man erst, wenn man einen Blick ins Innere wirft. Üblicherweise wird man das nur tun, wenn der Akkublock bereits defekt ist und sich kein adäquater Ersatz mehr auftreiben lässt oder dieser unverhältnismäßig teuer ist.

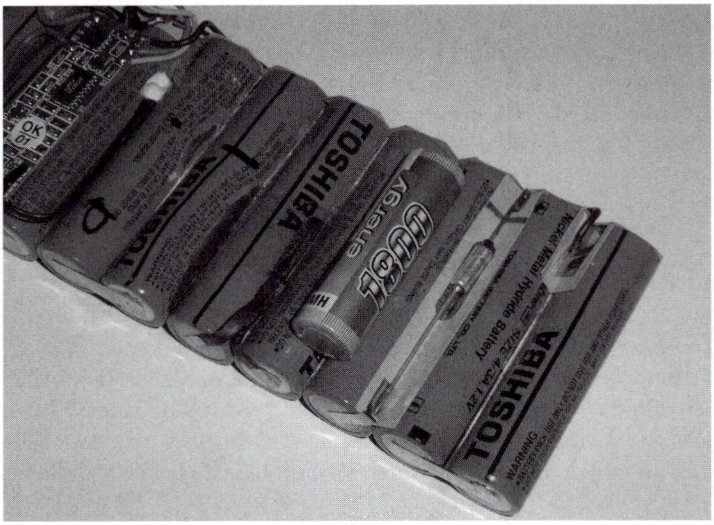

Bild 12.4: In Akkublöcken kommen durchweg Industriezellen zum Einsatz. Sie sind etwas größer und leistungsfähiger als Haushaltsakkus.

12.2 Energieoptionen des Rechners

Der in unseren Laptops eingebaute Li-Ion-Akku ist für kurze Ladezeiten konzipiert, bei denen er kaum an Kapazität einbüßt. Das optimiert seinen netzunabhängigen Einsatz. Da aber Laptops meist stationär genutzt werden, verlieren sie aufgrund ihrer Konstruktion laufend an Kapazität, denn sie geben auch, von uns unbemerkt, während des Netzbetriebs laufend Energie ab. Sobald der Akku eine Mindestschwelle erreicht, sorgt das Powermanagemet des Rechners dafür, dass der Akku unverzüglich wieder aufgeladen wird. Damit werden ohne unser Zutun die Ladezyklen des Notebooks nach und nach verbraucht und der Akku nähert sich seinem Lebensende, ohne dass wir ihn wissentlich genutzt hätten. Auf diese Weise kann der Akku bereits nach wenigen Monaten das Ende seiner Leistungsfähigkeit erreicht haben. Anstatt drei oder vier Stunden Laufzeit muss man mitunter froh sein, dann noch über 30 Minuten Spielzeit verfügen zu können. Dann ist es nur noch ein kurzer Weg, bis der Akku den Rechner nur noch wenige Minuten mobil benutzbar macht.

Am einfachsten wäre es, den Akku aus dem Laptop zu entfernen und diesen stationär ohne Stromspeicher zu betreiben. Diese Option ist praktikabel, wenn man den Rechner nur selten mobil nutzt. Das ist aber nur anzuraten, wenn sich der Akku leicht ein- und ausbauen lässt. Nicht jede in einem Laptop eingebaute Verriegelungsmechanik ist für das häufige Herausnehmen des Akkus geeignet und kann schnell ausleiern.

Bleibt der Akku dauerhaft außerhalb des Geräts, sollte er alle drei bis sechs Monate in den PC gesteckt werden, damit er wieder aufgeladen wird. Damit wird eine schädliche Tiefentladung des Akkus verhindert.

Zu prüfen ist auch, ob der Laptop ohne eingelegten Akku die volle Rechenleistung erbringt. Es gibt Hersteller, die Modelle in ihrer Leistungsfähigkeit drosseln, wenn kein

Akku eingelegt ist. Zum Teil verfügen Notebookakkus über eine Ladezustandsanzeige in Form einer LED-Reihe. Sie zeigt nach Drücken eines Knopfs den momentanen Ladezustand an. Damit muss der Akku nicht zwingend in den Rechner gesteckt werden, um den Ladezustand zu ermitteln.

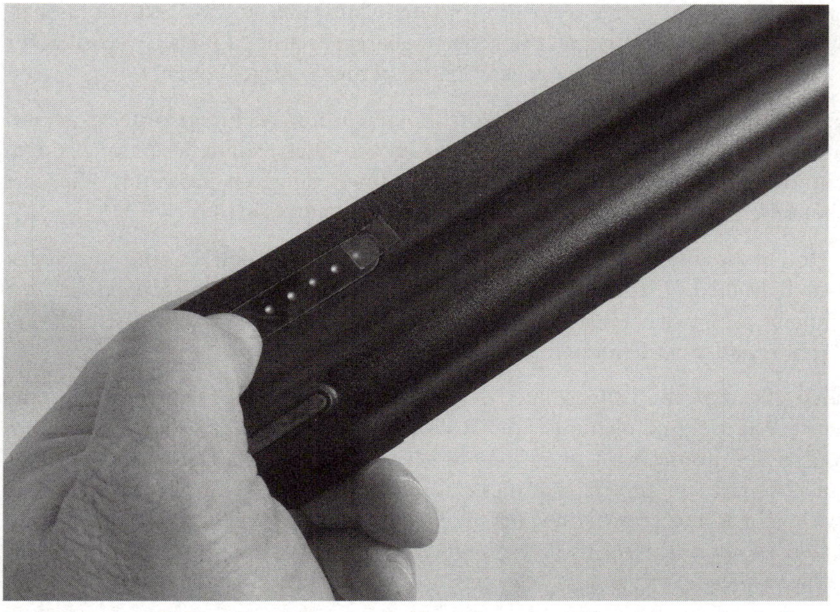

Bild 12.5: Zum Teil verfügen Notebookakkus über eine Füllstandsanzeige in Form einer LED-Reihe. Dieser Akku ist voll.

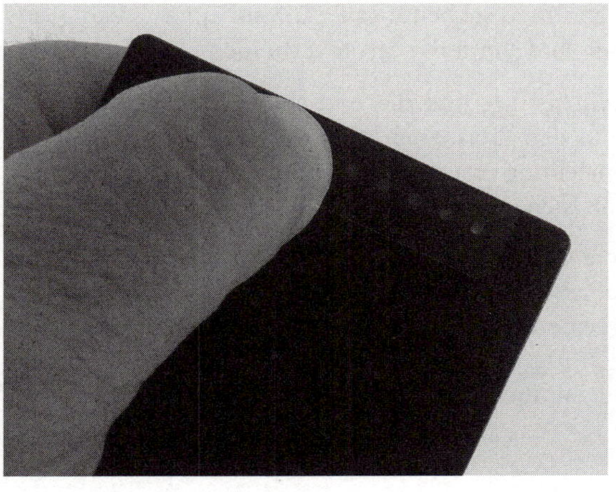

Bild 12.6: Dieser Akku ist so gut wie leer – ein mögliches Zeichen, dass er bereits nahe an seinem Lebensende ist.

Wird der Akku aus dem Laptop entfernt, hilft das zunächst, ihn länger am Leben zu erhalten. Andererseits geht damit eine wichtige Grundfunktion verloren: die Unempfindlichkeit gegenüber unerwarteter Stromunterbrechung. So gehen in diesem Moment augenblicklich alle noch nicht abgespeicherten Arbeitsschritte verloren. Auch dem PC tut ein plötzlicher Abbruch der Stromversorgung nicht gut. Mit eingelegtem Akku verfügt das Notebook über eine USV (unterbrechungsfreie Stromversorgung). Fällt Strom aus, bleibt der Rechner weiter eingeschaltet. Selbst wenn der Akku nur noch einen Bruchteil seiner Leistungsfähigkeit besitzt, sollte seine Kapazität ausreichen, Arbeitsschritte abzuschließen, Daten zu speichern und den Computer kontrolliert auszuschalten. Auch wenn das Akkumanagement unserer tragbaren Rechner auf Dauer gesehen für den Akku schädlich ist, sollte dieser Aspekt nicht unberücksichtigt bleiben.

Das Einzige, was wir zum Schutz unseres Notebookakkus unternehmen können, ist, ihn von Beginn an vor schädigenden Einflüssen zu schützen. Zuerst sollte der Akku aus dem Rechner entnommen werden, wenn dieser über einen längeren Zeitraum über die Steckdose betrieben wird. Der Akku ist zuerst weitgehend aufzuladen.

Wird das Notebook überwiegend über den Akku betrieben, gilt es, ihn möglichst schonend zu betreiben. Dazu gibt es in der Systemsteuerung des Rechners in den Energieoptionen zahlreiche Einstellmöglichkeiten. Sie werden wir am Beispiel von Windows 7 etwas näher betrachten.

Grundsätzlich gilt, dass die Lebensdauer des Akkus steigt, je weniger Strom ihm entnommen wird. Wie viel Energiehunger der Rechner hat, wird von den Einstellungen im Energiemanagement bestimmt. Um zu diesem Menüpunkt zu gelangen, ist unter Windows 7 zunächst mit der linken Maustaste auf *Start* ganz links in der Taskleiste zu klicken. Im eingeblendeten Fenster wählen Sie *Systemsteuerung*. Aus dem nun sichtbaren umfangreichen Funktionsmenü ist *Energieoptionen* anzuwählen, worauf Sie ins Menü *Wählen Sie einen Energiefahrplan aus* gelangen.

Hier hat man zunächst die Auswahl zwischen den Energiesparprogrammen *Ausbalanciert*, das empfohlen und in der Regel auch voreingestellt ist, sowie *Energiesparmodus*. *Ausbalanciert* ist meist die optimale Einstellung. Sie sorgt dafür, dass die Leistung des Rechners dann hochgefahren wird, wenn man sie benötigt. Während am PC nicht gearbeitet wird, werden die Rechnerleistung und somit der Stromverbrauch reduziert.

Mit *Energiesparplan* werden die Systemleistung und die Bildschirmhelligkeit reduziert, wodurch die Stromaufnahme sinkt. Für den Preis einer etwas schlechteren Rechnerperformance gewinnt man mit dieser Einstellung eine verlängerte Akkulaufzeit nach jedem Ladevorgang. Dieser Modus empfiehlt sich, wenn mit dem Gerät primär im Internet gesurft wird oder man Fotos ansieht.

Als dritter, normalerweise nicht eingeblendeter Menüpunkt wird noch »Höchstleistung« angeboten – ein wahrer »Stromfressermodus«. Er sorgt für einen helleren Bildschirm und eine vielleicht bessere Rechnerleistung im Vergleich zur Einstellung *Ausbalanciert*. Auf jeden Fall wird damit die Akkulaufzeit merklich reduziert, daher sollte dieser Modus nicht verwendet werden.

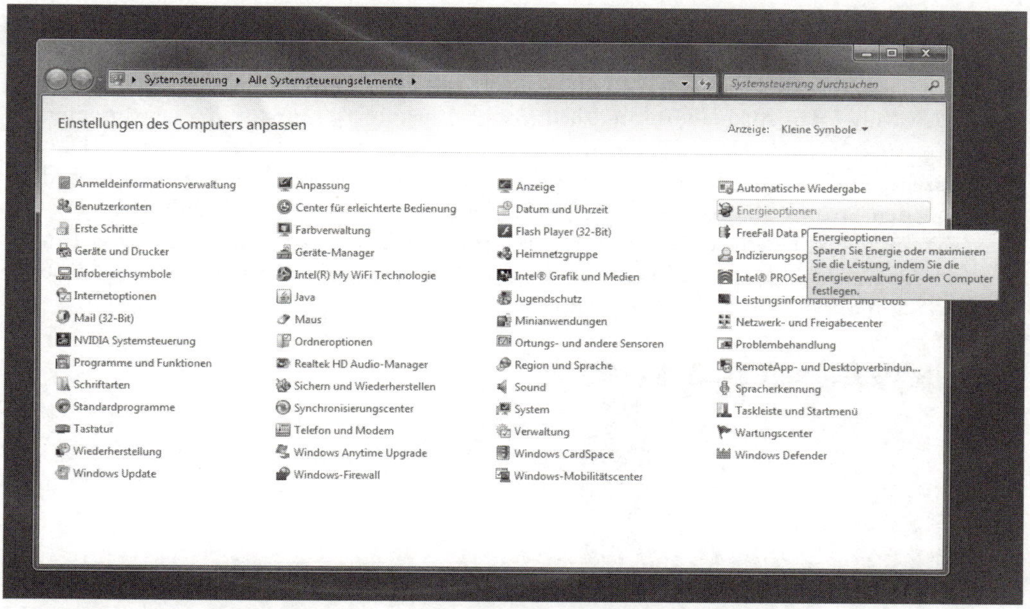

Bild 12.7: Das Menü *Energieoptionen* ist über die Systemsteuerung zu starten.

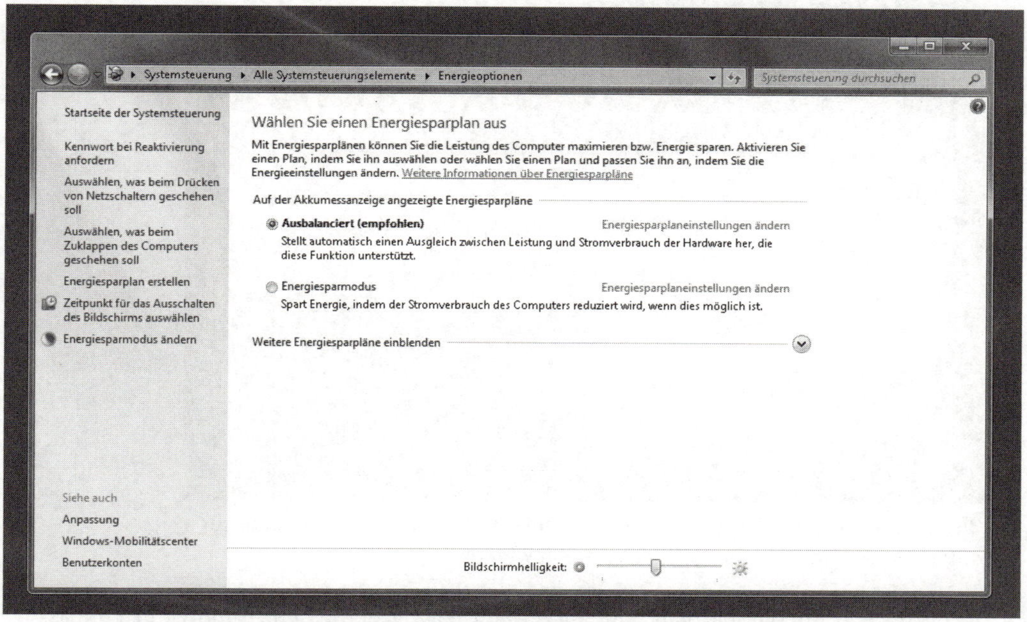

Bild 12.8: Unter den *Energieoptionen* kann eingestellt werden, mit welchem Energiesparplan das Notebook betrieben werden soll.

Grundsätzlich erfolgt eine Grundeinstellung des Energiesparplans in den *Energieoptionen* der *Systemsteuerung*. Bei Bedarf kann leicht zwischen *Ausbalanciert* und *Energiespar-*

modus umgeschaltet werden, ohne dass man dazu in die *Systemsteuerung* einsteigen muss. Es ist lediglich mit der linken Maustaste auf das Akkusymbol in der Taskleiste zu klicken, worauf das sogenannte Windows-Mobilitätscenter geöffnet wird. Es informiert zunächst über den Akkuladezustand in Prozent. Darunter kann man den gewünschten Energiesparplan anklicken. Hat man z. B. vor, sich über das Internet mal einen Film anzusehen, kann man so schnell von *Ausbalanciert* zu *Energiesparmodus* wechseln und damit den Stromverbrauch minimieren. Außerdem kann man die Drahtlosnetzwerkverbindung abschalten. Auch das hilft, den Stromverbrauch zu minimieren und so den Akku länger am Leben zu erhalten. Zusätzlich kann man über eine weitere Schaltfläche direkt zum Menü *Energieoptionen* gelangen.

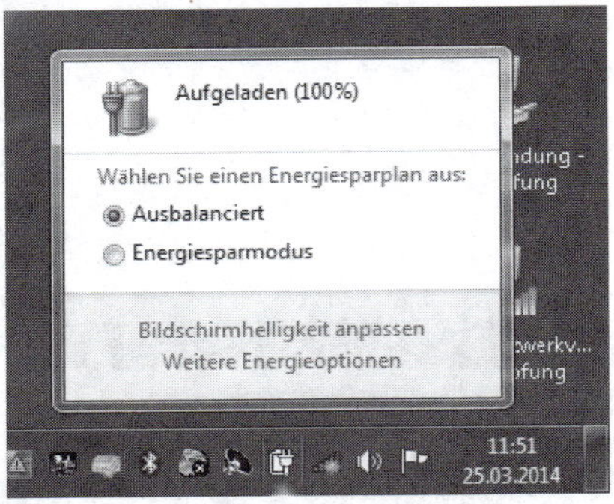

Bild 12.9: Mit Klicken auf das Akkusymbol in der Taskleiste kann man in einem kleinen Menü schnell mal zwischendurch den Energiesparmodus an die momentane Rechnernutzung anpassen.

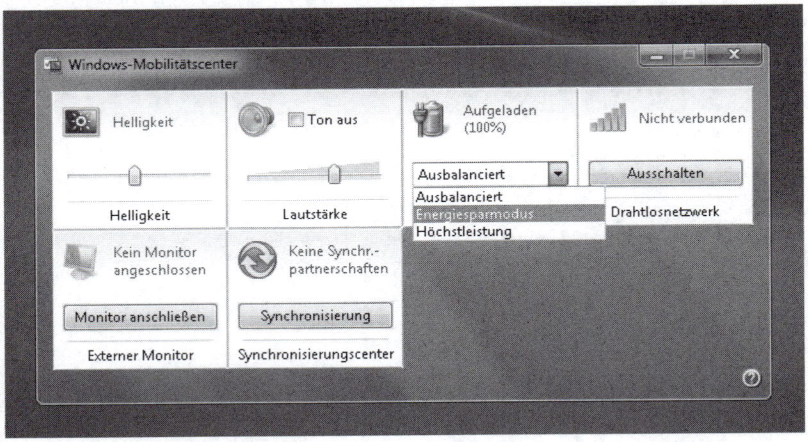

Bild 12.10: Auch im Windows-Mobilitätscenter kann der Energiesparplan zur optimalen Akkunutzung schnell ausgewählt werden.

Egal, welchen Energiesparplan man ausgewählt hat – jeder lässt sich individuell anpassen. Dazu ist im Menü *Energieoptionen* neben den einzelnen Energiesparmodi nur auf *Energieplaneinstellungen ändern* zu klicken. In einem neuen Fenster können nun getrennt für den Akku- und Netzbetrieb grundlegende Funktionen eingestellt werden. Unter *Bildschirmhelligkeit regeln* wird festgelegt, nach wie vielen Minuten der Bildschirm dunkler wird, sofern am Rechner nicht gearbeitet wird. Hier hat man die Auswahlmöglichkeit zwischen *1 Minute* und *Niemals*, wobei eine möglichst kurze Zeitspanne, idealerweise eine oder zwei Minuten, empfohlen seien, denn der Bildschirm zählt zu den energieintensivsten Komponenten des Laptops. Sobald man weiterarbeitet, schaltet der Bildschirm auf die voreingestellte Standardhelligkeit.

Im nächsten Menüpunkt ist festzulegen, nach welcher Zeit der Bildschirm ausgeschaltet werden soll. Der Rechner läuft danach zwar weiter, verzichtet aber auf die Bildwiedergabe, womit noch einmal deutlich Energie gespart werden kann.

Ferner lässt sich festlegen, ab wann der Computer in den Energiesparmodus wechselt. Er ist mit dem Stand-by unserer Fernsehgeräte vergleichbar. In dieser Zeit befindet sich der Rechner in einem Schlafmodus und muss nur wieder »geweckt« werden. Unmittelbar danach kann man an den bereits zuvor geöffneten Dateien weiterarbeiten.

So sehr diese Einstellungen den Akku schützen helfen, eignen sie sich nicht für alle PC-Anwendungen. Sie basieren nämlich darauf, dass am PC gearbeitet wird, also dass die Tastatur oder die Maus betätigt wird. Bleibt das aus, erkennt der Computer, dass er gerade nicht gebraucht wird. Wird ein Film über das Internet angesehen, wird der Laptop nicht weiter bedient. Das wird ebenfalls als Ruhepause erkannt und führt nach der eingestellten Zeit zum Abschalten des Bildschirms und Herunterfahren des Rechners in den Sleep-Modus. Wird das Notebook im weiteren Sinn zum Fernsehen genutzt, müssen die stromsparenden Abschaltmodi für diese Zeit deaktiviert werden.

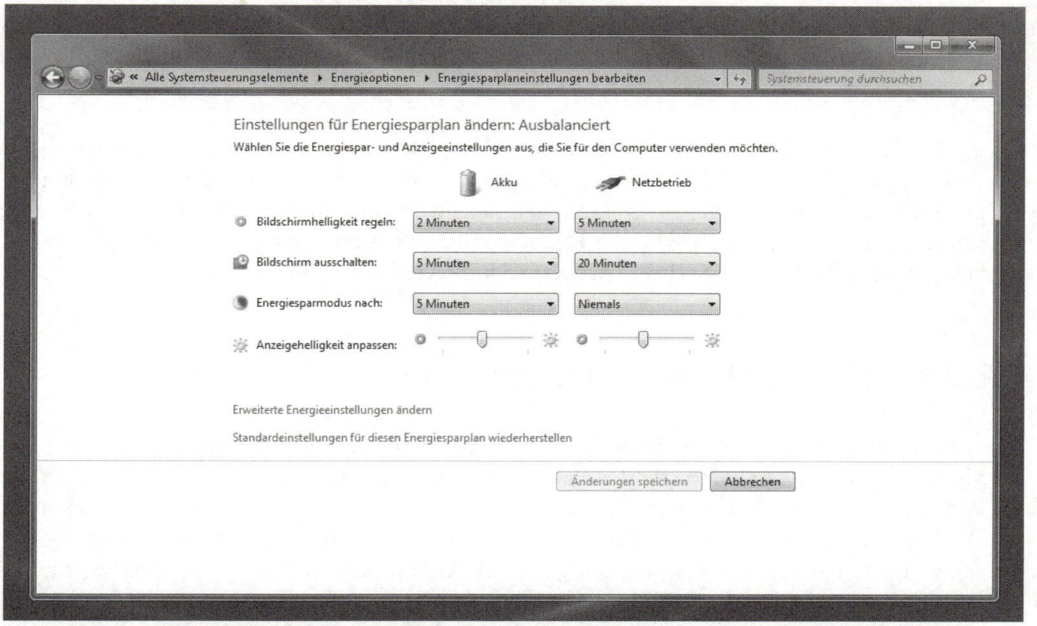

Bild 12.11: Durch Festlegen der Ruhezeiten für den Bildschirm und den Rechner, sofern er gerade nicht bedient wird, lässt sich viel Akkuenergie sparen.

Über das Menü *Energiesparplaneinstellungen bearbeiten* gelangt man über *Erweiterte Einstellungen ändern* zu den erweiterten Einstellungen. Sie werden in einem separaten kleineren Fenster geöffnet. Hier kann man u. a. festlegen, mit welcher maximalen Leistung der Prozessor arbeiten soll, wann die Festplatte ausgeschaltet oder wie die Grafikkarte stromsparend genutzt werden soll. Außerdem kann man hier einstellen, wie der Computer bei geringer Akkukapazität reagieren soll usw. Hier empfiehlt es sich, auszuprobieren. Ist man mit den gesetzten Parametern nicht zufrieden, lassen sich die Standardeinstellungen mit einem Tastendruck wiederherstellen.

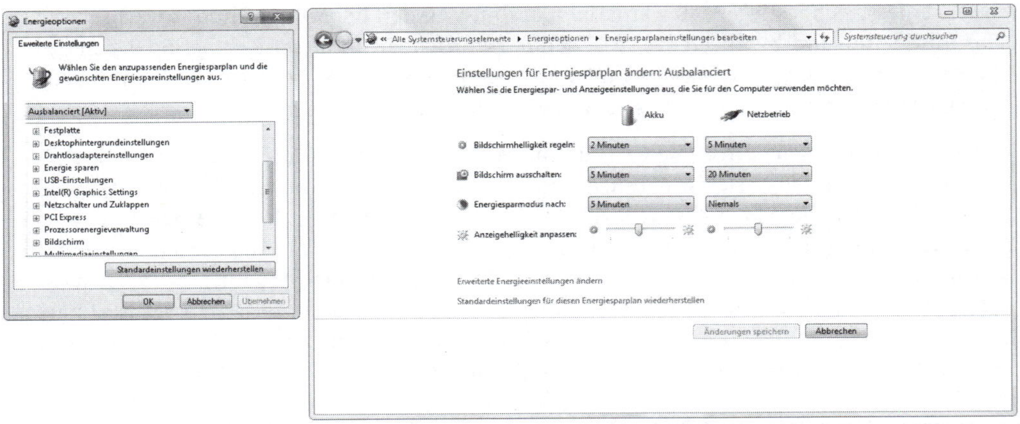

Bild 12.12: In den erweiterten Energieoptionen kann u. a. das Betriebsverhalten der Festplatte, der CPU und der Grafikkarte unter dem Aspekt des Energiesparens optimiert werden.

Die vorgestellten Maßnahmen helfen nicht, einen schwachen Notebookakku wieder zu verbessern. Wir können aber Einfluss auf die Lebensdauer des Akkus nehmen. Bei klug eingestelltem Energiemanagement lässt sich der Stromverbrauch des Rechners spürbar senken. Damit steigt gleichzeitig die Laufzeit mit einer Akkuladung. Wegen der gleichzeitig geringeren Stromentnahme wird der Akku zusätzlich geschont.

12.3 Notebookakku wiederbeleben

Vermeintliche Tipps und Tricks, wie sich ein Notebookakku wiederbeleben lässt, gibt es viele. Bekannt ist beispielsweise der Rat, man möge den Akku für rund 15 Stunden in den Gefrier- oder zumindest den Kühlschrank legen. Nach dem anschließenden Wiederaufladen soll er deutlich besser funktionieren. So oft man diesem Rat begegnet – selten hört man dazu Erfolgsmeldungen. Tatsächlich sind solche Tipps nutzlos. Sie können den ohnehin schon in Mitleidenschaft gezogenen Akku sogar zusätzlich beschädigen. Sollte sich nach einer dieser Wunderbehandlungen tatsächlich ein Erfolg einstellen, ist dieser nur für sehr kurze Dauer. Hat ein Note- oder Netbookakku sein Lebensende erreicht, lässt er sich nicht wiederbeleben. Eigentlich bleibt nur, ihn durch einen neuen zu ersetzen. Erste Wahl sollte dabei Originalzubehör sein, auch wenn es mitunter sehr teuer ist. Preiswerter ist, sich um einen Nachbauakku zu bemühen. Gerade in diesem Segment gibt es neben guter auch sehr viel minderwertige Ware aus Fernost. Am sichersten bekommt man gute Nachbauakkus – wenn auch nicht zum ultimativen Schnäppchenpreis – beim seriösen Fachhändler. Er gibt auf seine Ware auch Garantie.

Als Alternative zu einem neuen Original- oder Nachbauakku bietet sich an, die Zellen des Akkusblocks selbst zu tauschen – wenngleich das nur interessant ist, wenn man nicht mehr für Ersatz sorgen kann. Schließlich ist nicht nur der Arbeitsaufwand zu berücksichtigen. Die neuen Zellen müssen auch richtig zusammengelötet und mit der Elektronik verbunden werden, was viel Geschick erfordert. Die Gehäuse der Notebookakkublocks sind grundsätzlich verklebt und somit nicht leicht zu öffnen. Der Gehäusedeckel ist so aufzuschneiden, dass er sich wieder so auf das Unterteil kleben lässt, als wäre der Akkublock nie geöffnet worden. Andernfalls wird man Schwierigkeiten haben, ihn wieder in das Notebook einsetzen zu können.

Bild 12.13: Beim Öffnen des Akkublockgehäuses gilt es, behutsam vorzugehen.

Betrachten wir als Beispiel den Akkublock eines alten Notebooks. Wie uns sein Typenschild verrät, sind in ihm NiMH-Akkus eingebaut. Die angegebene Nennspannung von 12,0 V sagt aus, dass im Inneren zehn Zellen verbaut sind. Die angegebene Kapazität von 3.500 mAh ist zunächst von sekundärem Interesse.

Das Innere unseres Akkublocks präsentiert sich prall gefüllt. Über den Zellen ist eine kleine Platine angeordnet. Sie sorgt für die Spannungsüberwachung. Bei dieser Platine müssen wir davon ausgehen, dass sie noch einwandfrei funktioniert, denn für sie lässt sich kein Ersatz auftreiben. Nachdem sie zudem mit sehr kleinen SMD-Bauteilen aufgebaut ist, ließe sie sich mit herkömmlichem Lötequipment und ohne entsprechendes Fachwissen nicht reparieren.

Ferner fallen zwischen den Zellen zwei weitere, etwas größere elektronische Bauteile auf. Laut Beschriftungen entpuppen sie sich als Temperatursensoren. Sie sind in den Akkustromweg geschaltet und unterbrechen den Stromfluss, sollten sich die Akkuzellen zu stark erwärmen.

Die Verschaltung der zehn Zellen zur Serienschaltung wurde mit dünnen Blechen und Punktschweißung realisiert, was nur den Bruchteil eines Millimeters an Breite beansprucht und kaum Platz für eine Lötung lässt.

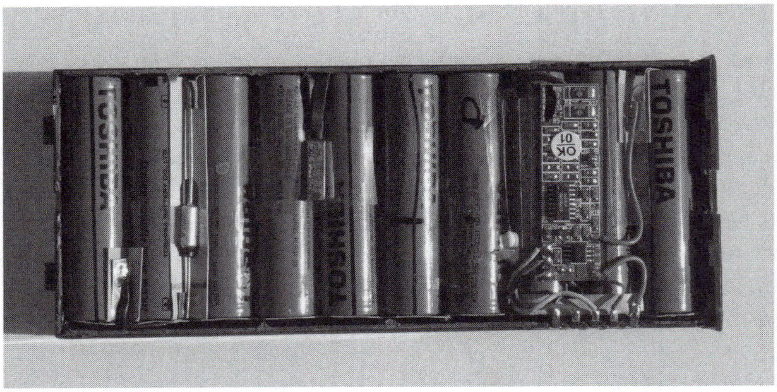

Bild 12.14: Unser Akkublock bei geöffnetem Deckel; im Inneren finden sich zehn NiMH-Industriezellen. Über ihnen sind eine Platine zur Spannungsüberwachung und zwei Thermofühler angeordnet.

Bild 12.15: Die Kontakte sind nur auf das Gehäuse gesteckt. Baut man den Akkublock aus, muss man zuvor notieren, welcher Draht/Kontakt am Akkugehäuse an welcher Stelle platziert ist.

Bild 12.16: Ausgebauter Akkublock; die Verschaltung erfolgt hier mit schmalen, platzsparenden punktgelöteten Blechen.

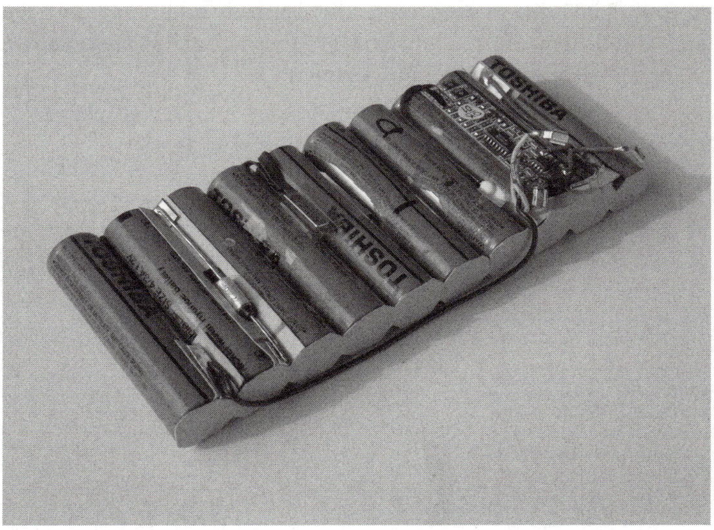

Bild 12.17: Nur ein einziges längeres Drahtstück findet sich im Akkuinneren. Damit selbst die geringste Kurzschlussgefahr ausgeschlossen wird, sind die Zellenkontakte zusätzlich mit aufgeklebter Pappe isoliert.

Auf den ersten Blick erinnern die im Akkublock verwendeten Akkus an typische Haushaltsakkus der Größe AA. Tatsächlich handelt es sich bei ihnen aber um sogenannte Industriezellen. Sie sind etwas länger und haben einen größeren Durchmesser. An ihren Polen sind bereits Lötfahnen angebracht.

Die Beschriftung unserer NiMH-Industriezellen ist bescheiden. Außer dem Akkutyp NiMH und der Nennspannung von 1,2 V finden wir nur »Size 4/3A«. Diese Angabe genügt, um passende Ersatzakkus in der richtigen Dimension zu finden. Das Angenehme: Neue NiMH-Industrieakkuzellen sind durchweg leistungsfähiger als ältere. Die von uns gefundenen Modelle punkten mit einer Kapazität von 3.800–4.500 mAh, womit sie zumindest um 10 % leistungsfähiger als die alten Originalzellen sind. Sämtliche Industriezellen haben nur einen Nachteil: Sie sind verhältnismäßig teuer. Pro Stück schlagen sie mit 8–12 Euro zu Buche. Bei zehn benötigten Zellen ein nicht gerade preiswertes Vorhaben. Ob sich ein Zellentausch lohnt, wird primär von den Kosten für die Industrieakkus bestimmt. In unserem Beispiel sind sie nicht gerade ein Schnäppchen und es lässt sich kaum etwas im Vergleich zu einem Nachbauakku sparen.

Es stellt sich die Frage, ob es zur Wiederbelebung eines alten Akkublocks tatsächlich teure Industriezellen braucht. Sie punkten zwar aufgrund ihrer größeren Abmessungen im Vergleich zu Haushaltsakkus mit höheren Kapazitäten. Aber braucht man die tatsächlich? NiMH-Haushaltsakkus haben schließlich die gleichen Eigenschaften wie ihre Industriekollegen. Da sie kleiner sind, lassen sie sich in für Industrieware eng bemessenen Gehäusen sogar leichter unterbringen. Auch die Elektronik kann weiterverwendet werden. Man muss sich allerdings bewusst sein, dass NiMH-Haushaltware geringere Kapazitäten bereitstellt – ebenfalls eine Folge ihrer geringeren Abmessungen. Für unser Beispiel müssten wir uns anstatt mit bis zu 4.500-mAh- mit rund 2.700-mAh-Akkus zufriedengeben. Sie würden im Vergleich zu den neuen NiMH-Industrie-Superakkus nur etwa die halbe Laufzeit des Rechners ermöglichen. Im Vergleich zum alten Originalakkupack mit 3.500 mAh schrumpft die Laufzeitverkürzung auf ein erträgliches Maß. Da sich durch den Einsatz von NiMH-Haushaltsakkus Geld sparen lässt, kann man diese geringe Einschränkung in Kauf nehmen.

13 Original- oder Nachbauakku?

Originalakkus, egal ob für das Notebook, die Digitalkamera oder die Videokamera, haben einen großen Nachteil: Sie sind teuer. Da stellt sich die Frage, ob sich der Kauf eines Originalakkus lohnt, oder ob man nicht doch lieber zu preiswerteren Nachbaumodellen greifen soll. Soll er genauso gut funktionieren, wie einst der alte, wird man kaum um einen Originalakku vorbeikommen, denn die Performance der Nachbauten ist meist schlechter.

Wir haben für ein rund drei Jahre altes Notebook nach einem neuen Akku gesucht. Zur Suche im Internet wurde nur die aufgedruckte Typbezeichnung verwendet. Einen Originalakku haben wir für rund 170 € gefunden. Wie auch auf unserem Akku werden hier kaum technische Details genannt – ein wirksames Mittel, um den Vergleich mit Nachbauakkus zu erschweren.

Für den kostengünstigsten Nachbauakku mussten wir rund 42 € bezahlen. Er verspricht eine Kapazität von 4.400 mAh, was wenig erscheint. Ein Vergleich mit dem Originalakku ist nicht möglich, da diese Angabe verschwiegen wird. Einen direkten Vergleich lässt zumindest der Energiegehalt zu. Das Original hat 87 Wh, der Nachbau nur 56 Wh, was nur rund 65 % des Originals entspricht. Damit darf man bei diesem Akkupack davon ausgehen, dass er mit einer Ladung kaum mehr als die halbe Laufzeit schafft.

Es geht aber auch anders. Für rund 70 € haben wir auch einen Nachbauakku mit einer Kapazität von 9.200 mAh und einem Energiegehalt von 99 Wh entdeckt. Er verspricht sogar eine etwas bessere Performance als das Original. Ob und für wie lange ein Nachbauakku die Erwartungen erfüllt, wird man aber erst in der Praxis erfahren. Wer meint, dass Originalakkus stets am teuersten sind, wird eines Besseren belehrt. Wir haben auch einen Nachbauakku für unser Notebook für 210 € gefunden – ohne die Angabe technischer Daten.

TOSHIBA Qosmio X500, X505, Satellite P500, P505, P505D Series Ersatz Laptop Akku kompatibel mit PA3729U-1BAS, PA3729U-1BRS, PA3730U-1BAS, PA3730U-1BRS

Preis: EUR 49,99

- brandneu, 1 Jahr Garantie
- Batteriezellen aus Japan oder Korea
- 10.8V, 6 Zellen, 4400mAh 56Wh Li-Ionen-Akku
- Standard Size Main Battery (Ersatz)
- Wiederaufladbare, 100% Compatible Replacement Laptop Battery

Bild 13.1: Einer der billigsten von uns gefundenen Nachbauakkus für unser Notebook; seine technischen Daten verraten, dass er spürbar schlechter als das Original ist. (Quelle: Amazon)

Premium Akku für Toshiba Typ PA3730U-1BRS, Li-Ion, 10,8V

Preis: EUR 68,90

- kompatibler Akku
- Powery Premium Akku - hochwertige Neuware
- 10,8V 9200mAh/99Wh (Li-Ion)
- Abmessungen: 208mm x 96mm x 20,5mm
- Akkuzellen von höchster Qualität

Bild 13.2: Ist man bereit, etwas mehr Geld auszugeben, kann man einen recht guten Nachbauakku erhalten. Der angegebene Energiegehalt ist sogar höher als beim Original. Ober er auch hält, was er verspricht? (Quelle: Amazon)

Bild 13.3: Der Originalakku ist vergleichsweise teuer. Genaue technische Details erhalten wir nicht. Immerhin weiß man hier genau, welche Performance man für sein Geld bekommt. (Quelle: Amazon)

Besonders Originalakkus für teurere Video- und Spiegelreflexkameras sind teuer. Ausgeliefert werden besonders Videokameras häufig nur mit einem kleinen Akku geringer Kapazität. Er lässt nur sehr kurze Aufnahmezeiten zu und den Ruf nach größeren, leistungsstärkeren Akkus laut werden. Die Kamerahersteller haben schließlich passende Modelle parat, die Aufnahmen von bis zu vier Stunden am Stück zulassen. Geschenkt bekommt man diese Teile aber ganz und gar nicht. Sie können mit bis zu mehreren hundert Euro sogar den Preis von zwei kompletten Einsteigerkameras übersteigen. Selbst für Spiegelreflexkameras kann ein Originalakku leicht über 100 € kosten. Um wie viel attraktiver erscheinen da Nachbauakkus, die bis zu 90 % preiswerter sind?

Der von uns ins Auge gefasste Nachbauakku schlägt mit rund 20 € zu Buche. Welche Kapazitäten er hat, wird nur zum Teil angeführt. Immerhin sind bei einigen Modellen sogar höhere Werte als bei den Originalakkupacks angegeben, womit sie für kleines Geld noch längere Laufzeiten versprechen.

Bild 13.4: Zwei Original- und ein Nachbauakku (Mitte)

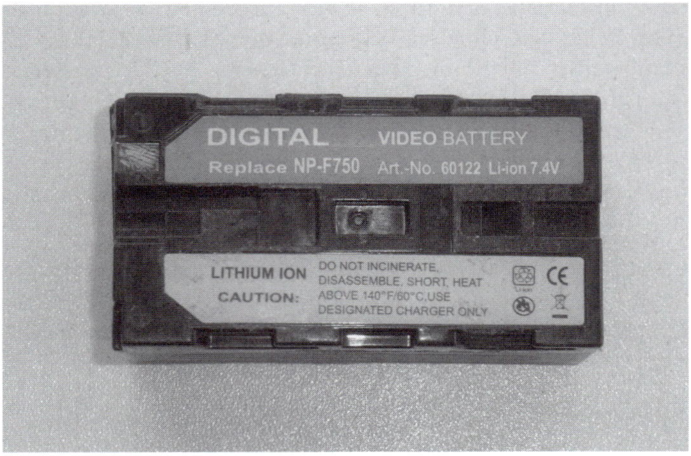

Bild 13.5: Über die Höhe der Kapazität gibt das Typenschild des Nachbauakkus keine Auskunft.

Bild 13.6: Im Inneren des eigentlich recht großen Gehäuses finden sich vier kleine Li-Ion-Zellen – ein typischer Fall von Mogelpackung.

In der Praxis halten Nachbauakkus nicht, was sie versprechen. Man kann davon ausgehen, dass sie durchweg kürzere Laufzeiten zulassen als das vergleichbare Original. Abgesehen davon ist nicht sichergestellt, dass ein Nachbauakku von einer Kamera auch tatsächlich erkannt wird. Zum Teil erscheint auf dem Kameramonitor nur eine Meldung, dass ein nicht zulässiger Akku angedockt wurde. Zumindest bei den von uns getesteten Geräten genügte es, den Akku kurz von der Kamera zu nehmen und ihn wieder anzudocken. Meist erschien die Meldung dann nicht mehr, und es konnte ganz normal fotografiert oder gefilmt werden.

Kameranachbauakkus können auch wahre Mogelpackungen sein. Das erkennt man, wenn der Nachbauakku zwar ein größeres Volumen als der Originalakku hat, aber dennoch leichter ist. Öffnet man das Gehäuse, stellt man fest, dass darin mitunter sehr kleine Akkuzellen verbaut sind.

Die auf Nachbauakkus angegebenen Kapazitäten sollte man nicht überbewerten. Sie halten kaum das, was sie versprechen. Hat der Nachbau laut Typenschild eine etwas höhere Kapazität als das Original, heißt das noch lange nicht, dass man damit auch mehr Fotos machen kann. Meist erreicht man mit Nachbauten rund 80 % der Laufzeit eines vergleichbaren Originalakkus. Positive Ausnahmen sind dennoch nicht ausgeschlossen. Letztlich ist die geringere Laufzeit kein Problem. Werden zwei Nachbauakkus angeschafft, kosten sie immer noch einen Bruchteil eines einzigen originalen. Mit zweimal 80 % Spielzeit wird die des Originalakkus dann überboten. Angesichts der Ersparnis nimmt man den dazwischen erforderlichen Akkuwechsel an der Kamera gern in Kauf.

13.1 Risikofaktoren und Lebensdauer

Wie die Praxis zeigt, werden in Nachbauakkus durchweg qualitativ weniger hochwertige Komponenten verbaut als in den Originalakkus. Neben der von Beginn an etwas geringeren Kapazität scheint diese auch schneller zu sinken als bei einem guten aber teuren Akkublock, was auf eine geringere Zyklenzahl schließen lässt.

Die geringere Qualität der Nachbauten macht sich auch im etwas höheren Betriebsrisiko bemerkbar. Vor Jahren war das Aufblähen oder Platzen von Lithiumakkus ein großes Thema. Inzwischen sind Lithiumzellen sicherer – zumindest wenn es sich um solide Markenware handelt. Bei den Nachbauten unbekannter Herkunft sollte man davon nicht ausgehen.

Auch einer unserer Kameraakkus hat sich so aus dem Leben verabschiedet. Sichtbares Zeichen dafür war das an der Ober- und Unterseite aufgeblähte Gehäuse nach einem Ladevorgang. Eine Überprüfung der Akkublocknennspannung ergab 0,0 V, also keine Spannung. Eine genaue Untersuchung des Gehäuses ergab weiter, dass es an einer Stelle der zusammengeklebten Halbschalen ebenfalls aufgeplatzt war. So ließ sich das Gehäuse leicht öffnen. Innen sah man, dass die vier eingebauten Zellen schräg nach oben zeigten. Außerdem war ein Blechstreifen, mit dem die Zellen elektrisch miteinander verbunden waren, an einer Stelle gerissen. Zwei Zellen waren aufgebläht, womit für den Akkublock nur noch die fachgerechte Entsorgung übrig blieb.

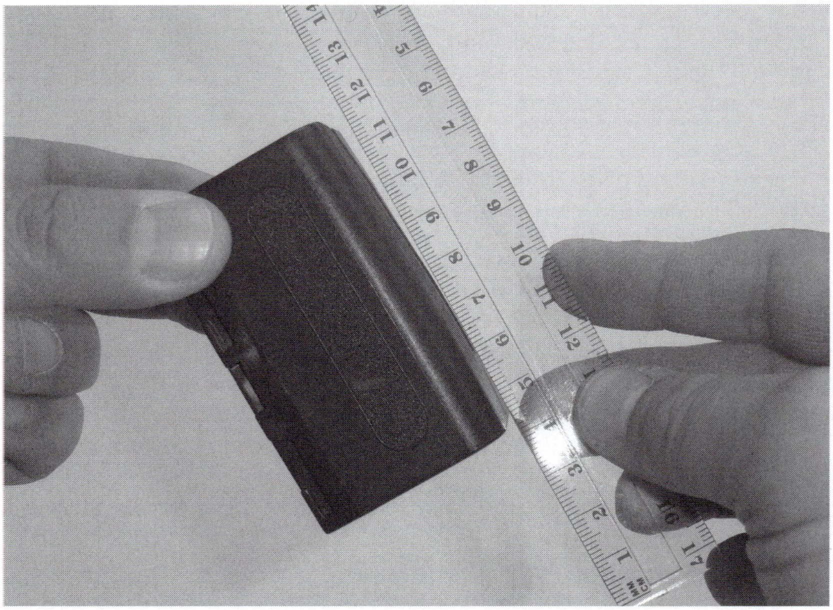

Bild 13.7: Bereits von außen erkennbar: Dieser Lithiumakkublock ist aufgebläht und hat somit einen ernsthaften Schaden.

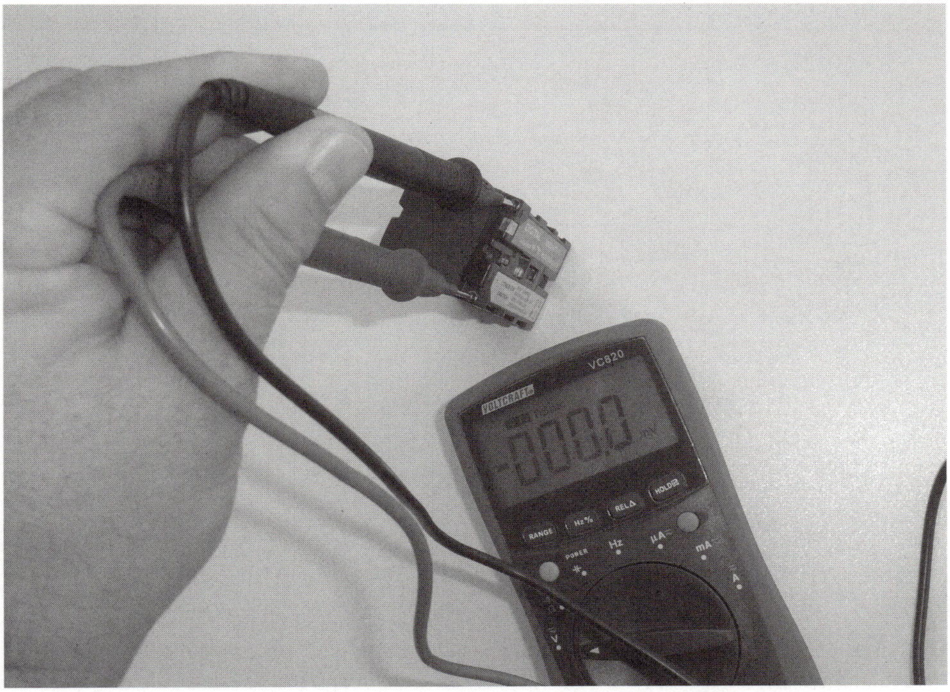

Bild 13.8: Die Überprüfung der Spannung verrät uns, dass dieser Akkublock einen ernsthaften Defekt hat.

Bild 13.9: Sogar das Gehäuse ist an einer Stelle aufgeplatzt. Hier muss sich der im Inneren entstandene Überdruck wieder abgebaut haben.

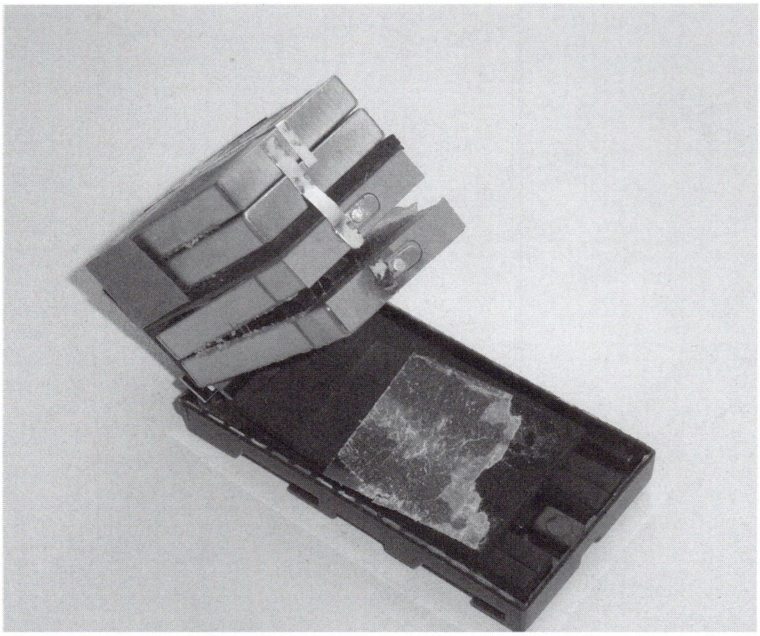

Bild 13.10: Zuerst fällt im Inneren auf, dass der Metallsteg, mit dem die Zellen elektrisch verschaltet waren, an einer Stelle gerissen ist – ein Zeichen für große Kräfte, die hier gewirkt haben müssen.

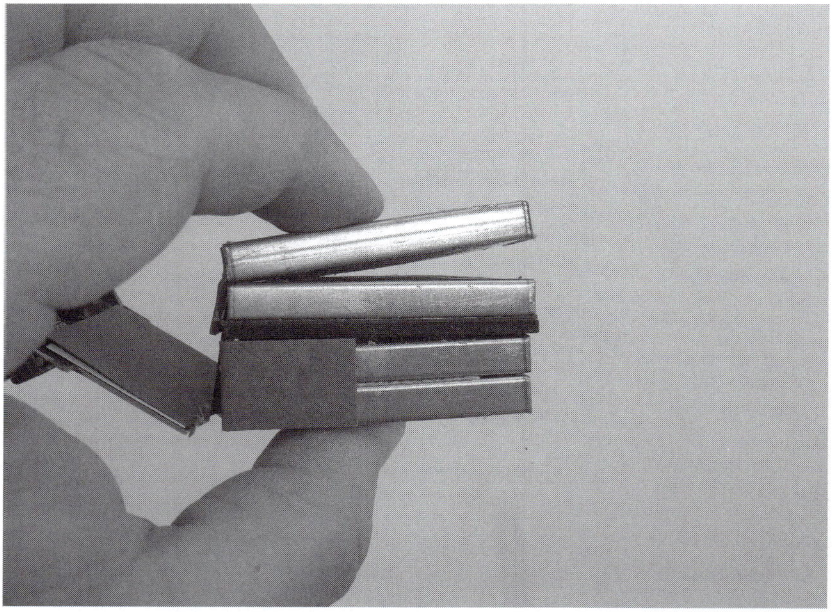

Bild 13.11: Von der Seite erkennt man, dass die beiden oberen Zellen aufgebläht sind.

Lithiumakkus können nicht nur aufblähen, sondern sogar explodieren. Lithiumakkus (und die Geräte in denen sie betrieben werden) sollten keiner hohen Erwärmung und direkten Sonneneinstrahlung ausgesetzt werden. Man sollte das Smartphone im Hochsommer also nicht im Fahrzeug liegen lassen.

Ursache für eine Explosion kann aber auch sein, dass man das Gerät mit dem enthaltenen Akku fallen gelassen hat. Solche Stöße mag der Lithiumakku gar nicht. Es empfiehlt sich deshalb, den Akku nach derlei Missgeschicken zu überprüfen – sofern der Akku nicht fest im Gerät verbaut ist. Stellt man eine Beschädigung am Akku fest, sollte er schnellstmöglich entsorgt und ersetzt werden. Lithium ist feuergefährlich. Die Gefahr, dass der Feuer fängt, besteht vor allem, wenn Lithium aus der Akkuzelle austritt.

Neben Herunterfallen kann auch das Kurzschließen des Akkus zur Explosion führen. Beim typischen Mobiltelefon- oder Notebookakku besteht hier kaum Gefahr, da sich ihre Kontakte nicht berühren können. Im RC-Modellbau sind Kurzschlüsse leichter möglich, da hier die Stromanschlüsse als Kabel ausgeführt sind. Je nachdem, welche Steckernorm montiert wurde, kann es hier durch Berühren der Kontaktflächen zu den gefürchteten Kurzschlüssen kommen.

Kommt es beim RC-Modellflug zu einer unsanften Landung oder einem Absturz, sollte der Akku umgehend einer gründlichen Sichtprüfung unterzogen werden. Scheint der Akku in Ordnung zu sein, wird er über mehrere Stunden auf einer nicht brennbaren Oberfläche im Freien beobachtet, denn Schäden können sich auch erst nach längerer Zeit bemerkbar machen. Hinterlässt ein Akku unmittelbar nach einem Sturz einen guten Eindruck, muss das noch lange nicht heißen, dass er ihn tatsächlich unbeschadet überstanden hat.

Bei korrektem Einsatz sind Explosionen bei Lithiumakkus so gut wie auszuschließen. Schließlich legen die Hersteller keinen Wert darauf, dass ihre Produkte wegen explodierter Akkus negative Schlagzeilen machen. Dementsprechend sind die Sicherheitsvorkehrungen bei Markenakkus auch entsprechend hoch. Vorsicht ist indes bei Billigakkus aus Fernost angebracht, die für kleines Geld im Internet erhältlich sind. Bei ihnen spielt der Sicherheitsaspekt kaum eine Rolle, womit diese Akkus ein unkalkulierbares Sicherheitsrisiko darstellen können.

14 Alten Akkupack reparieren

Viele Elektrowerkzeuge wären eigentlich nahezu unverwüstlich. Sie würden auch nach vielen Jahren noch hervorragend ihren Dienst versehen – wäre da nicht der Akkupack, der in den Geräten allmählich das Leben aushaucht. Häufig arbeiten solche Geräte noch mit einem NiCd-Akkupack, also mit einer Akkutechnologie, die seit 2006 verboten ist. Die Schwäche eines solchen Akkupacks macht sich z. B. bemerkbar, wenn der aufgeladene Akku bereits nach 30 Sekunden seinen Dienst wieder einstellt. Reserveakkupacks gibt es meist auch noch für ältere Geräte, allerdings zu stolzem Preis, der nahezu so hoch wie für ein neues Gerät sein kann. Das rentiert sich bei älteren Maschinen nicht. Als Alternative bietet sich an, den Akkupack selbst zu reparieren.

Bild 14.1: Bei diesem alten Akkupack weist die Spannung von 9,6 V auf acht NiCd- oder NiMH-Zellen hin.

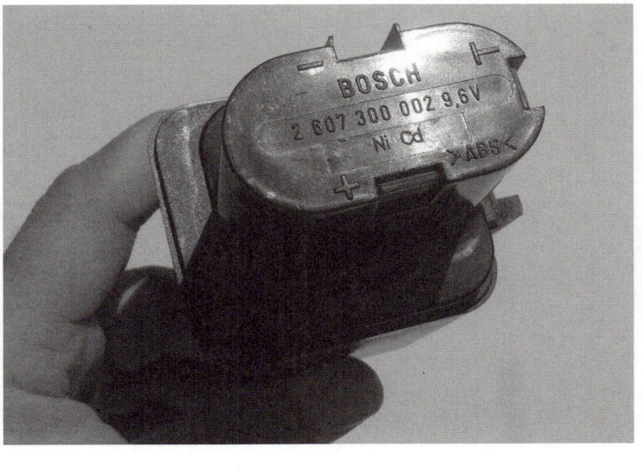

Bild 14.2: Erst die Unterseite verrät, dass in diesem Block noch alte NiCd-Zellen eingebaut sind. Einen Hinweis zur Nennkapazität gibt es nirgendwo.

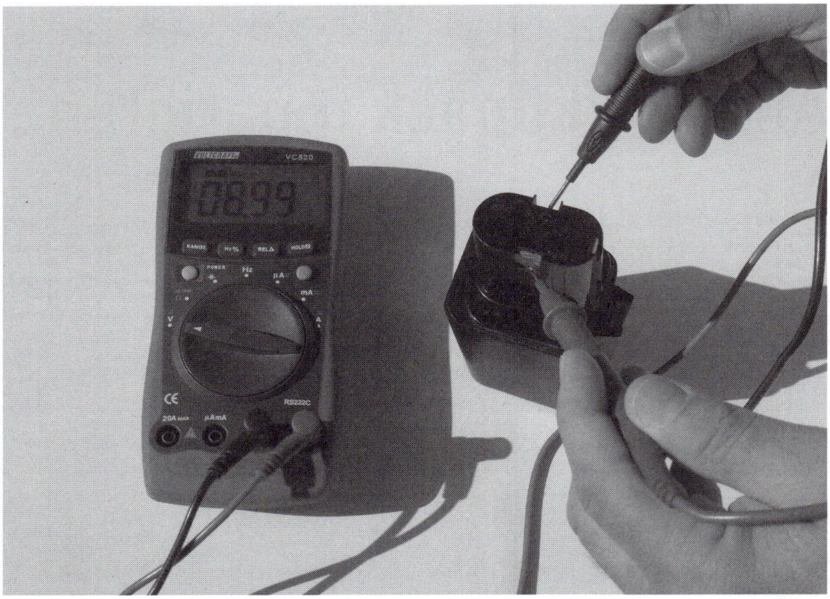

Bild 14.3: Mit nicht einmal 9 V im voll aufgeladenen Zustand zeigt dieser 8-Zellen-NiCd-Block, dass er das Ende seiner Tage erreicht hat.

Letzte Klarheit darüber, welche Zellen im Inneren verbaut sind, bekommt man erst, nachdem der Akkublock geöffnet wurde. Üblicherweise besteht er aus zwei verklebten Kunststoffhalbschalen. Zum Öffnen ist ein wenig Kraft erforderlich. Gut bewährt hat es sich, die beiden Halbschalen an der Klebestelle mit einem Tapetenmesser an allen Seiten ein Stück aufzuschneiden. Steckt man in diese Öffnungen einen größeren Schlitzschraubendreher, lassen sich so die noch verklebten Stellen Stück für Stück lösen.

Bild 14.4: Die Gehäuse von Elektrogeräte-Akkublöcken bestehen meist aus zwei verklebten Kunststoffhalbschalen.

Bild 14.5: Sie sind vorsichtig aufzuschneiden und z. B. mit einem Schraubendreher behutsam zu lösen.

Die in unserem Beispielakkupack eingebauten acht NiCd-Zellen haben keine Beschriftung. Lediglich »072« ist auf ihrer Isolierung aus Pappe aufgedruckt. Schneidet man diese herunter, findet man auch auf dem Metallgehäuse keinen Hinweis. Anhand der Abmessungen von 43 mm Höhe und 23 mm Durchmesser identifizieren wir die NiCd-Zellen als Größe Sub-C. Diese Angabe genügt, um im Fachhandel passende Reserve-NiCd-Akkus zu finden. Ihre Kapazität liegt bei 1.500–2.500 mAh. Je nach Produkt sind pro Stück etwa 2–9 € zu veranschlagen. Bei acht benötigten Zellen kann sich so eine durchaus attraktive Preisersparnis im Vergleich zum noch erhältlichen kompletten Nachbauakkublock ergeben, der dreimal so teuer sein kann.

Neben der eindeutigen Identifizierung der eingebauten Zellen ist auch entscheidend, wie diese im Gehäuseinneren angeordnet und miteinander verschaltet sind. Exakt diese Schaltung ist mit neuen Zellen nachzubauen.

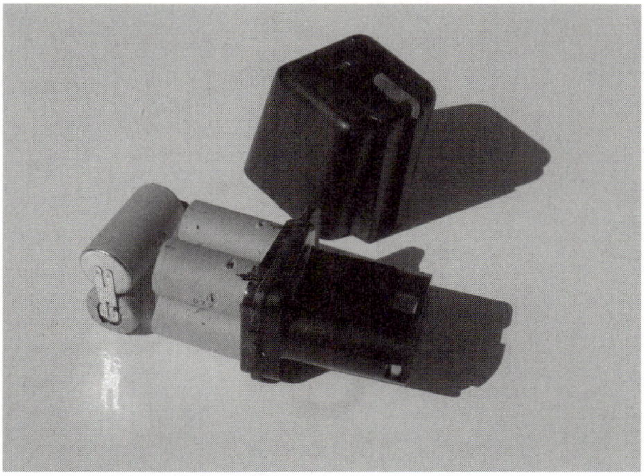

Bild 14.6: Das Innenleben des Akkublocks

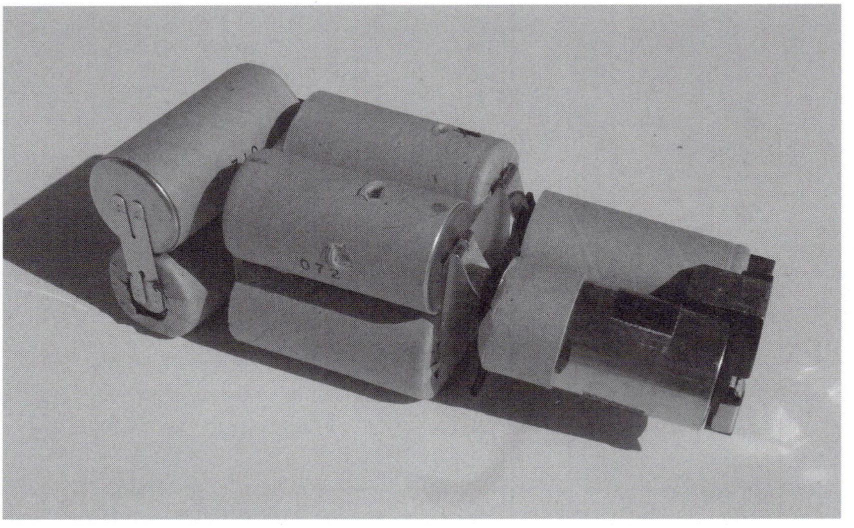

Bild 14.7: Hinweise, um welche Zellen es sich konkret handelt, sind nicht angeführt. Zumindest ihre Kapazität wäre von Interesse gewesen.

Bild 14.8: Auch unter der Isolierung aus Pappe finden sich keine technischen Hinweise zur Akkuzelle.

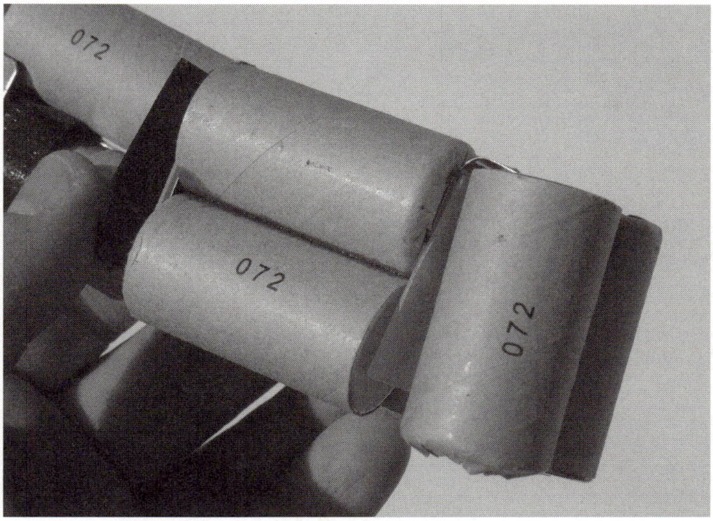

Bild 14.9: Die nähere Betrachtung zeigt uns, dass zwischen den Zellenebenen Isolierplättchen liegen, um Kurzschlüsse zu vermeiden.

Für den Austausch der defekten NiCd-Zellen sind neue mit einer Kapazität von 1.800 mAh vorgesehen. Anders als die alten Originale gibt hier der Aufdruck Auskunft über alle relevanten technischen Daten. An ihren beiden Kontakten sind bereits Lötfahnen angebracht. Um Kurzschlüsse zu vermeiden, sind diese mit Schrumpfschlauch isoliert. Diese Lötfahnen werden das Zusammenlöten der Zellen erheblich erleichtern – zum einen, weil so die Hälfte der Lötschritte eingespart wird, zum anderen müssen zuvor nicht die Verbindungsstege des alten Akkupacks entfernt werden, womit dieser als Muster zum Nachbauen erhalten bleibt.

Bild 14.10: Für den Austausch der defekten NiCd-Zellen sind neue mit einer Kapazität von 1.800 mAh vorgesehen.

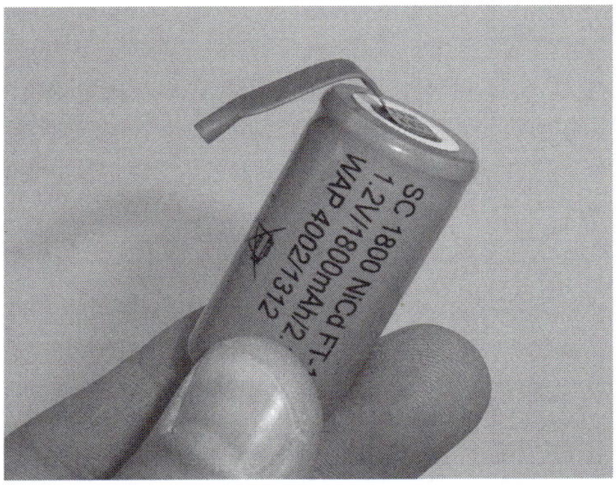

Bild 14.11: An den Polen sind bereits Lötfahnen angebracht.

Bild 14.12: Der Spannungstest zeigt, dass die neuen Zellen in Ordnung sind.

Die für unseren Beispielakkupack geforderte Zellengröße wird nach wie vor nicht nur von NiCd-, sondern auch von NiMH-Zellen abgedeckt. Sie gäbe es im gleichen Preisniveau, dafür aber mit bis zu doppelter Kapazität, womit sich die Laufzeit des Geräts erheblich verbessern ließe. Grundsätzlich ließen sich NiMH-Akkus auch mit für NiCd-Zellen ausgelegten Ladegeräten laden. Je nach Modell gehen diese aber nicht unbedingt schonend mit NiMH-Akkus um, was ihre Lebensdauer verkürzen würde. Da sich der Akkupack am bequemsten mit der Ladestation aufladen lässt, die mit dem Gerät geliefert wurde, kann man davon ausgehen, dass diese mit NiCd-Zellen am besten zurechtkommen.

14.1 Lötarbeiten

Als Vorlage für das Zusammenlöten des neuen Akkupacks dient der alte. Vor Beginn der Lötarbeiten gilt es, einen Schaltplan aufzuzeichnen und sich die einzelnen Arbeitsschritte genau zu überlegen. Zwar handelt es sich bei diesem Beispiel um eine bloße Serienschaltung von acht 1,2-V-Zellen, anspruchsvoll wird diese Übung aber, weil die neuen Zellen so zusammenzulöten sind, dass sie später im Akkugehäuse Platz finden.

Nachdem an den Zellen am Plus- und Minuspol Lötfahnen angebracht wurden, kann jede zweite entfernt werden. Zuvor gilt es aber, genau zu überlegen, welche Lötfahnen für die weiteren Arbeitsschritte benötigt werden. Außerdem sind die Zellen bereits vor dem Zusammenlöten so auszurichten, dass ihre noch freien Lötfahnen in die richtige Richtung zeigen. Um Kurzschlüsse zu vermeiden, sind die isolierenden Schrumpfschläuche nur von den Fahnen abzunehmen, die unmittelbar benötigt werden.

Am besten lassen sich Akkuzellen löten, wenn man sie in einem Schraubstock einspannt. Er garantiert, dass die Zellen in richtiger Höhe zueinanderliegen und sich nicht verdrehen. Das Anlöten der Fahnen an den benachbarten Zellenpolen stellt keine Herausforderung dar. Es gilt lediglich, darauf zu achten, genügend Lot zu verwenden. Andernfalls kann sich die Lötstelle bereits nach kurzer Zeit wieder lösen.

Vor dem Anlöten weiterer Zellen an die bereits zusammengelöteten ist stets ihre Lage im Akkublock zu überprüfen. Außerdem muss man darauf achten, immer nur Plus- und Minuspole zusammenzulöten. Damit sich die Zellen leicht einspannen lassen und ihre Lage nicht vorzeitig verändern, sollte man sie mit etwas Isolierband zusammenkleben.

Die größte Herausforderung stellen die beiden letzten Kontakte des Akkupacks dar. An ihnen sind die Kontaktfahnen angelötet, über die der Akkublock den Strom an das zu betreibende Gerät abgibt. Bei unserem Modell liegen sie auf einem Kunststoffdistanzstück auf. Es ist, wie die beiden Kontakte vom alten Akkupack, von diesem auszubauen, da es für den neuen benötigt wird. Zuvor ist die Ausrichtung der Kontakte zu den beiden Polen zu notieren. Am besten macht man davon ein Foto. Leider lassen sich solche Kontakte nur sehr schwer von den Zellen lösen, da sie punktgeschweißt sind.

Dieser Kontaktteil besitzt übrigens drei Kontakte. Neben dem Plus- und dem Minuspol sorgt ein dritter für die thermische Überwachung des Akkupacks. Dazu ist an ihm ein sogenannter NTC-Widerstand mit einem Stück Draht angeschlossen, der wiederum am Gehäuse einer der oberen Zellen angelötet ist. Das Metallgehäuse entspricht übrigens dem Minuspol.

Ein NTC-Widerstand ist ein temperaturabhängiger Heißleiterwiderstand. Er besitzt einen negativen Temperaturkoeffizienten. Wird der Widerstand (in unserem Fall durch die von einer Akkuzelle abgegebene Wärme) erwärmt, sinkt sein Innenwiderstand und es kommt Strom zum Fließen. Dieser gibt Auskunft über die Erwärmung des Akkupacks und verhindert eine thermische Überlastung. Der NTC-Widerstand ist im neuen Akkupack auf gleiche Weise wie im alten einzubauen und an einer der Zellen am Gehäuse, also dem Minuspol, anzulöten. Sind alle Lötarbeiten abgeschlossen, sind die Zellen des neuen Akkupacks in ihre endgültige Position zu bringen. An den Stellen, an denen sie sich direkt berühren, sind Isolierplättchen einzulegen. In unserem Fall können die des alten Akkupacks weiter verwendet werden. Andernfalls können die blanken Teile auch mit Isolierband abgeklebt werden.

Nachdem die Zellen inklusive Isolierung in ihre abschließende Lage gebracht wurden, ist der Akkupack thermisch zu prüfen. Erhitzt sich eine Zelle sehr schnell, liegt ein Kurzschluss vor. Um Schäden zu vermeiden, ist dieser schnellstens zu beseitigen. Mit dem Multimeter wird der abschließende Spannungstest gemacht. Etwas über 10 V Leerlaufspannung verrät uns, alles richtig gemacht zu haben.

Jetzt muss man den Akkublock nur noch polrichtig ins Gehäuse einbauen und dieses wieder verkleben. Nun steht der reparierte Akku wieder für eine mehrjährige Verwendung des Werkzeugs zur Verfügung.

Bild 14.13: Der alte Akkupack zeigt uns, wie die einzelnen Zellen zusammenzulöten sind.

Bild 14.14: An den neuen Zellen werden nur die Lötfahnen vom isolierenden Schrumpfschlauch befreit, die gerade benötigt werden.

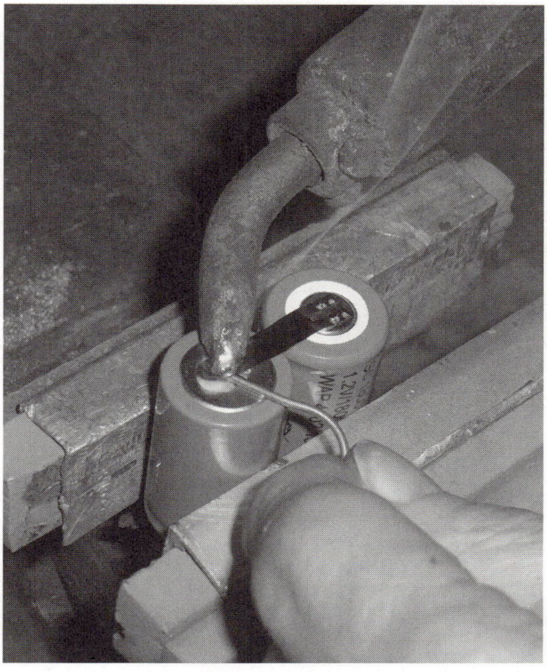

Bild 14.15: Das Anlöten der Lötfahne an der zweiten Zelle stellt keine Herausforderung dar.

Bild 14.16: Um die Lötarbeiten weiter zu erleichtern, wurden hier die anzulötenden Zellen mit etwas Isolierband zusammengeklebt. So halten sie ihre Position und lassen sich leichter einspannen.

Bild 14.17: An den Originalzellen sorgen zwei Winkelbleche und eine darunterliegende Kunststoffkonstruktion für den Kontakt zum Werkzeug. Diese Teile sind unbeschadet von den alten Zellen zu entfernen.

Bild 14.18: An dem oberen Kontaktteil ist ein NTC-Widerstand angeschlossen, der am Gehäuse, also am Minuspol einer der Zellen angelötet ist. Das ist die Temperaturüberwachung des Akkupacks.

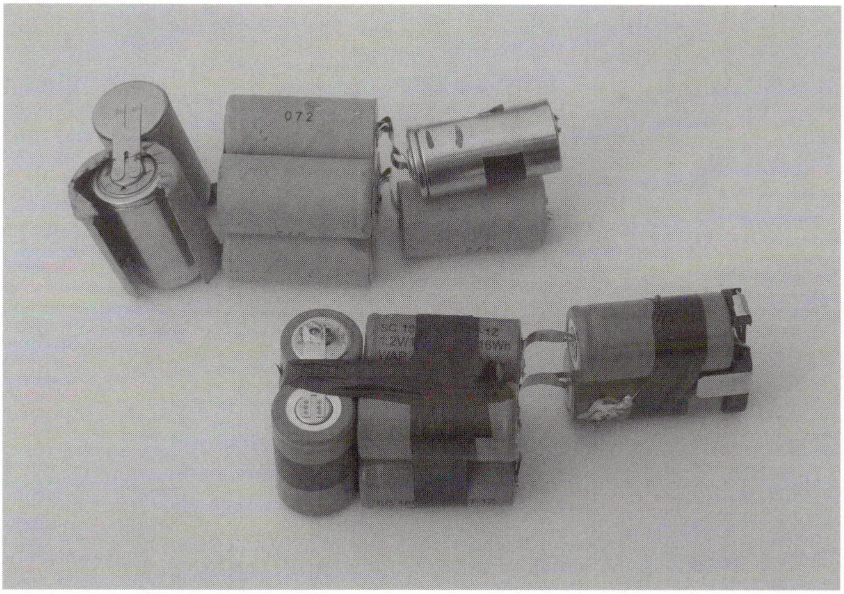

Bild 14.19: Alter und neuer Akkupack

Bild 14.20: Um Kurzschlüssen vorzubeugen, sind zwischen die einzelnen Zellenebenen Isolierplättchen zu legen. Sie stammen vom alten Akkupack.

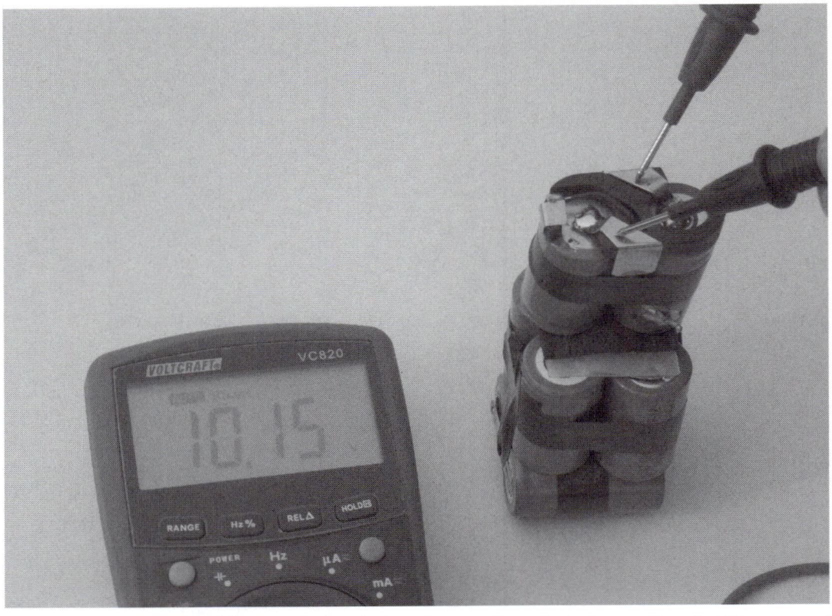

Bild 14.21: Die abschließende Funktionskontrolle zeigt, dass alles richtig gemacht wurde.

Bild 14.22: Nachdem die neuen Zellen im Gehäuse untergebracht wurden, ist dieses nur noch zu verkleben. Fertig.

15 Smartphone- und Tablet-PC-Akkus refreshen

In Smartphones und Tablet-PCs sind Li-Ion- oder LiPo-Akkus üblich. Sie lassen sich nicht refreshen. Auch wenn entsprechende Apps und Programme angeboten werden, setzen sie tatsächlich bei vorbeugenden Maßnahmen ein. Sie sollen dazu verhelfen, den Akku möglichst lange gesund zu erhalten.

Beim Umgang mit Laptops, Smartphones und Tablet-PCs hört man immer wieder vom »Akku kalibrieren«. Genau betrachtet ist das aber falsch, es lässt uns nämlich glauben, dass damit der Akku in irgendeiner Form verbessert würde.

Tatsächlich handelt es sich nur um das Kalibrieren der Akkufüllstandsanzeige dieser Geräte, denn auf sie ist bei Weitem nicht so viel Verlass, wie man erwartet. Das beginnt bereits beim voll aufgeladenen Akku. Hier vermuten wir, dass die Anzeige 100 % attestiert. Tatsächlich werden Akkus in der Praxis nur bis etwa 99 % geladen. Ferner gibt es während des Betriebs mehrere Effekte, die es uns erschweren, den tatsächlichen Akkufüllstand ablesen zu können. Zeigt die Akkuanzeige etwa 25 % an, schließen wir daraus, dass wir das Gerät noch eine Weile nutzen können. Wenn es sich aber bei diesem Füllstandswert abschaltet, ist der Akku bereits bis zum zulässigen Minimum entleert worden.

Immer wieder ist auch zu beobachten, dass die Prozentanzeige über einen sehr langen Zeitraum konstant bleibt und erst unmittelbar vor Erreichen des Ladungsendes rapide abfällt. Damit haben wir ebenfalls keine Chance, den augenblicklichen Füllstand am Gerätedisplay zu erfahren. Ärgerlich ist auch der dritte Fall, bei dem die Akkuanzeige längst einen leeren Akku attestiert, das Gerät aber noch über einen längeren Zeitraum genutzt werden kann.

Android-Smartphones und -Tablet-PCs haben sogenannte Akkustatistiken gespeichert, die sie durch selbst gesammelte Werte ergänzen. Anhand der aktuell gemessenen Akkuspannung trifft das Gerät mit den in der Statistik enthaltenen Daten eine Aussage, wie hoch die Kapazität des Akkus zu diesem Zeitpunkt sein müsste. Die Akkustatistik berücksichtigt allerdings die unvermeidliche Alterung des Akkus nur zum Teil, womit die angezeigten Werte nicht mehr der Realität entsprechen und besser sind als der Ladezustand des Akkus.

Wird der alte Akku durch einen neuen ersetzt, arbeitet das Gerät dennoch weiter mit den Werten des alten Akkus. Damit wird bereits der Leerzustand attestiert, wenn er noch gar nicht eingetreten ist.

Kalibrierungsfehler treten vor allem auf, wenn das Smartphone oder der Tablet-PC stets nur teilentladen und dann wieder geladen wird. Zunächst gilt es, die im Gerät gespeicherte Statistik zu löschen. Das geht am einfachsten, wenn man das Gerät so lange eingeschaltet lässt, bis es sich wegen Strommangels selbst abschaltet, womit der Akku voll entladen ist. Dabei werden auch die Akkustatistiken gelöscht. Anschließend ist der Akku in einem Durchgang vollkommen aufzuladen und wieder bis zur Abschaltung des Geräts zu entleeren. Danach sollten zwei weitere solche Zyklen durchgeführt werden. Sie dienen nun als Basis zur Erstellung einer neuen Akkustatistik, die für korrekte Füllstandsanzeigen sorgt.

Diese Kalibrierungsmethode eignet sich nicht nur für Smartphones und Tablet-PCs, sondern auch für mit Lithiumakkus bestückte Note- und Netbooks.

Über App-Stores sind zahlreiche Smartphone-Apps, die sich auch für den Tablet-PC eignen, verfügbar. Die Auswahl an gratis verfügbaren und kostenpflichtigen Apps ist groß. Ihre Namen lauten Battery Refresh, Ultimate Battery, Akku kalibrieren, Akku App usw. Der von ihnen gebotene Funktionsumfang reicht von einer bloßen Füllstandsanzeige über das Auslesen von relevanten Akkudaten und der Angabe, welche Laufzeiten mit welchen Betriebsarten noch möglich sind, bis hin zu Menüpunkten, die den Energiebedarf des Geräts reduzieren sollen. Dabei werden ohnehin in der Menüoberfläche der Geräte vorhandene Funktionen zusammengefasst.

Das Energie-Einsparungspotenzial ist groß. So dankt es der Akku bereits, wenn die Bildschirmhelligkeit ein klein wenig reduziert wird. Besonders bei Smartphones sind noch mehr Einsparungsmöglichkeiten gegeben. Viele Anwendungen, die wir meist gar nicht benötigen, laufen im Hintergrund. Besonders energieintensiv ist etwa die GPS-Funktion. Es ist zwar nett, wenn man jederzeit genau weiß wo man ist oder wenn man das Smartphone als Navi verwenden kann – aber muss der GPS-Empfänger deshalb rund um die Uhr aktiv sein? Gleiches gilt auch für den WLAN-Empfänger im Gerät. Ist man unterwegs, wird das aktivierte WLAN nur dazu führen, den Akku schneller zu leeren, ohne dass man davon einen praktischen Nutzen hat.

Zum Teil beschränken sich die Apps darauf, etwa in der unteren Taskleiste den Akkufüllstand prozentgenau anzugeben, was bei den doch recht ungenauen Anzeigen der Smartphones nützlich sein mag. Weiterführende Apps erkennen auch den im Gerät arbeitenden Akku und analysieren ihn. Manche geben die Momentanspannung mit bis zu drei Kommastellen genau an, andere nur bis auf eine. Viel mehr fällt allerdings auf, dass verschiedene Apps keineswegs die gleichen Resultate liefern. Mehr als ein Richtwert ist die ausgewiesene Momentanspannung also nicht. Interessant ist auch, wie warm der Akku im Geräteinneren bei Betrieb werden kann. Ist etwa ein Tablet-PC bereits eine Stunde im Betrieb, wird die Akkutemperatur deutlich über 30 °C betragen.

Einige Apps verraten darüber hinaus, wie lange mit dem Gerät mit dem vorhandenen Akkuladezustand noch verschiedene Funktionen genutzt werden können. Dabei zeigt sich etwa, dass der Empfang der GPS-Navigationssatelliten extrem stromintensiv ist. Man erfährt, dass man mit der vorhandenen Akkuladung doppelt so lange 2D-Games spielen, fast dreimal so lange mit der eingebauten LED-Lampe die Nacht erhellen, rund siebenmal so lange telefonieren, achtmal so lange lesen oder im Internet surfen oder etwa rund zehnmal so lange Internetradio hören kann. Allein das Wissen um den

Energieverbrauch der einzelnen Smartphone- und Tablet-PC-Funktionen hilft, die vorhandene Akkukapazität gut einzuteilen.

Einige dieser Apps bieten auch eine Kalibrierfunktion. Um sie nutzen zu können, muss der Akku voll aufgeladen sein. Welche Schritte durchzuführen sind, bevor die Kalibrierschaltfläche betätigt werden darf, wird auf dem Bildschirm angezeigt. Einige Apps empfehlen, das Kalibrieren monatlich vorzunehmen.

Akkuapps sind durchaus praktisch, allerdings ist es auch mit ihnen nicht möglich, einen schwachen Lithiumakku wieder auf Vordermann zu bringen.

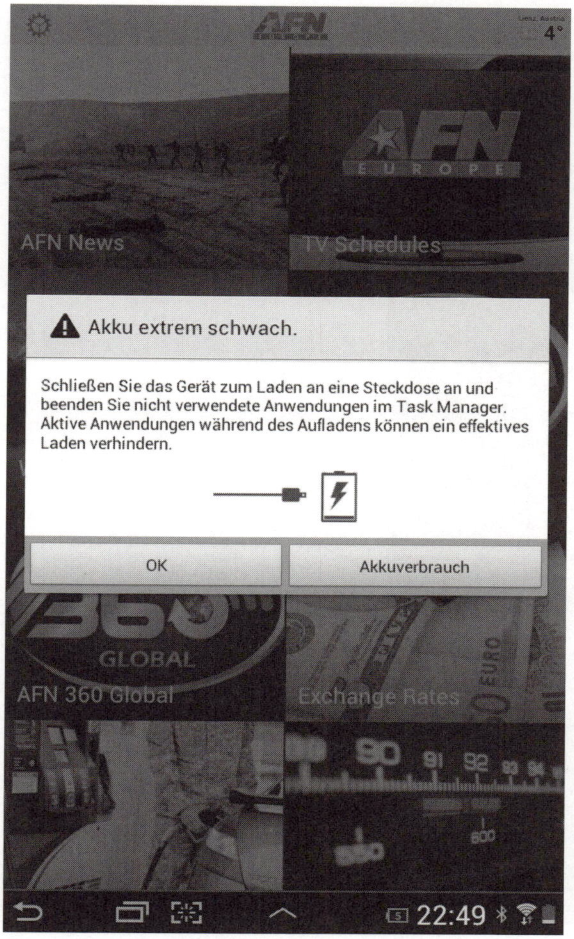

Bild 15.1: Smartphones und Tablet-PCs erlauben das Entleeren des Akkus bis zu 5 % Ladekapazität. Bei Erscheinen der Akkuwarnung sollte das Gerät aufgeladen oder abgeschaltet werden.

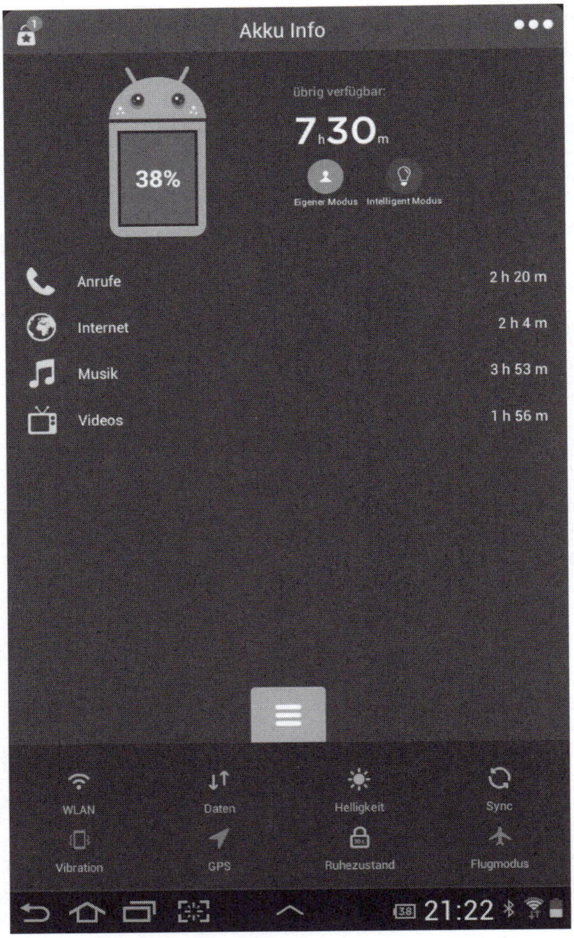

Bild 15.2: Diese App verrät, wie lange verschiedene Funktionen mit der vorhandenen Akkukapazität noch genutzt werden können.

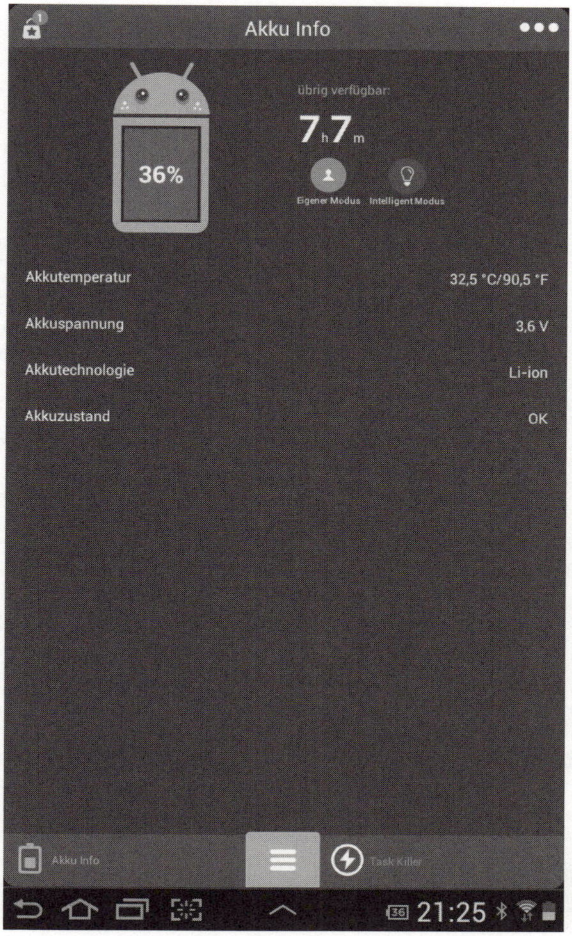

Bild 15.3: Sie informiert uns auch über den momentanen Akkubetriebszustand.

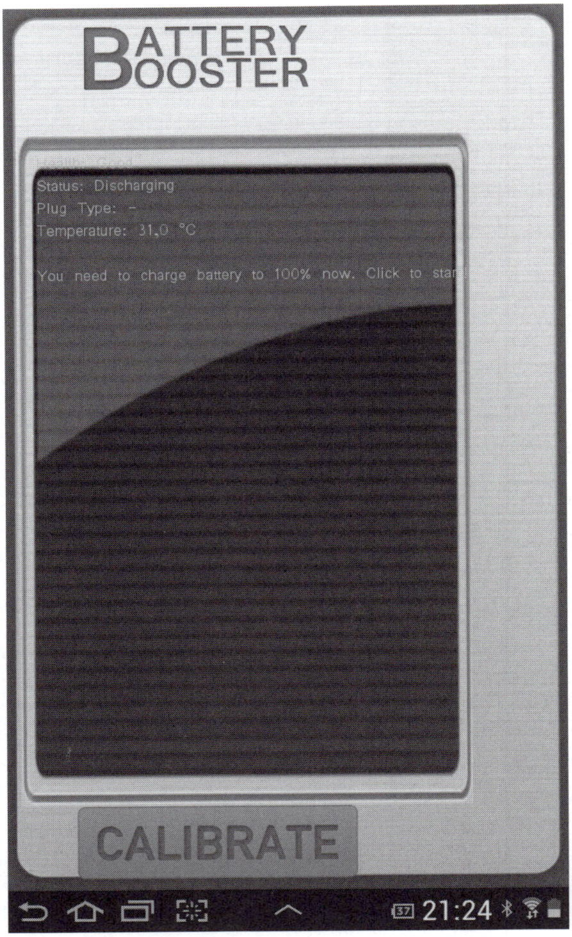

Bild 15.4: Hier handelt es sich um eine sehr einfache App zum Kalibrieren des Akkus.

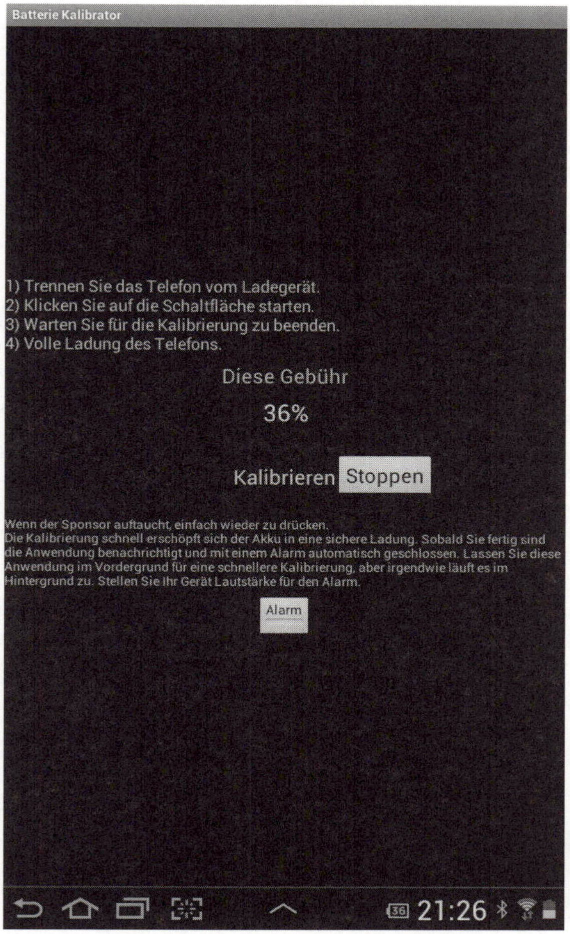

Bild 15.5: Diese App informiert – wenn auch in seltsamen Deutsch – ausführlicher, welche Schritte zum Durchführen einer Akkukalibrierung erforderlich sind.

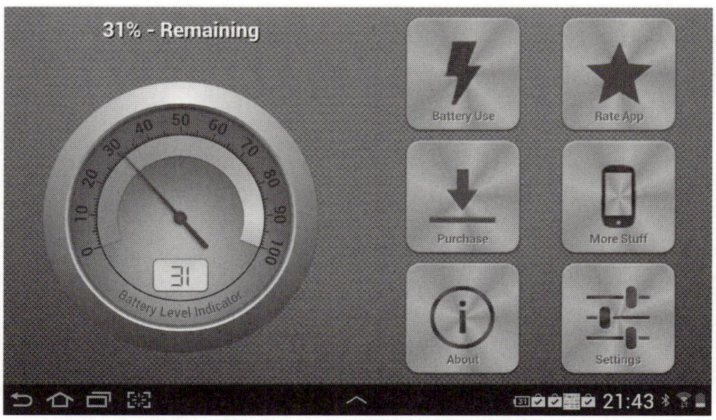

Bild 15.6: Weitere Akkuapp; an der Seite gelangt man zu den Menüeinstellungen, um den Energieverbrauch zu optimieren.

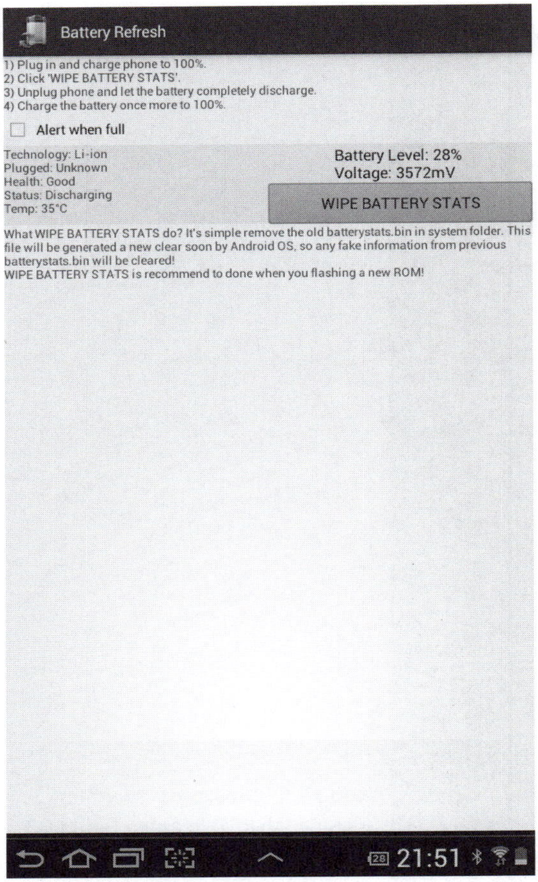

Bild 15.7: Diese App informiert über den Betriebszustand des Akkus.

Bild 15.8: Zum Teil ergänzen Akkuapps nur die Einblendungen in der Taskleiste, indem sie (links) den Akkufüllstand in Prozent anzeigen.

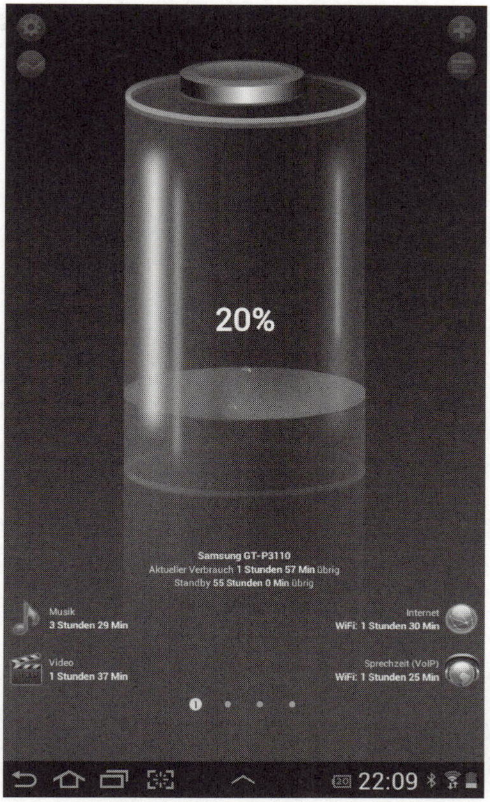

Bild 15.9: Die App »Akku & Batterie HD« hält zwar auch nicht mehr Informationen als andere bereit, ist aber grafisch etwas ansprechender.

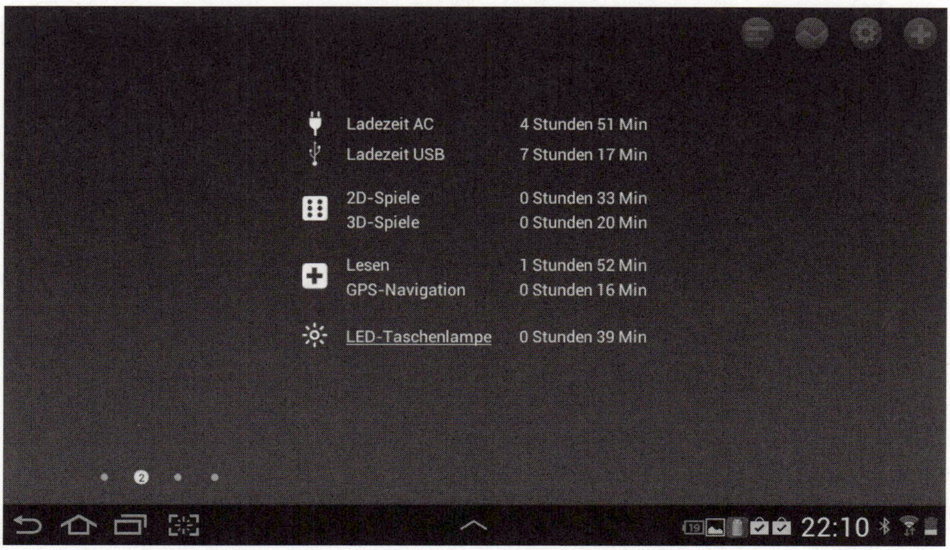

Bild 15.10: Die App informiert auch über die zu erwartende Ladedauer.

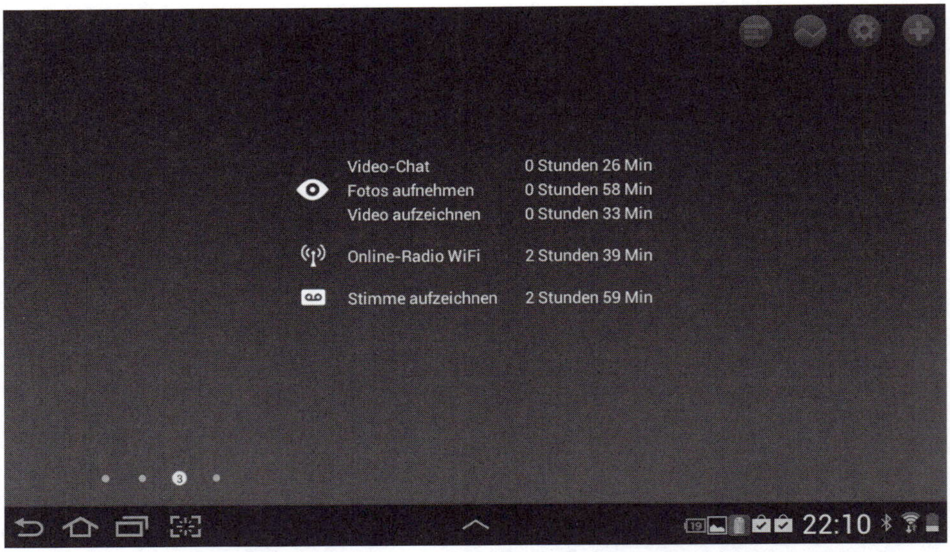

Bild 15.11: Wie lange das Gerät noch genutzt werden kann, hängt sehr stark von der Funktion ab.

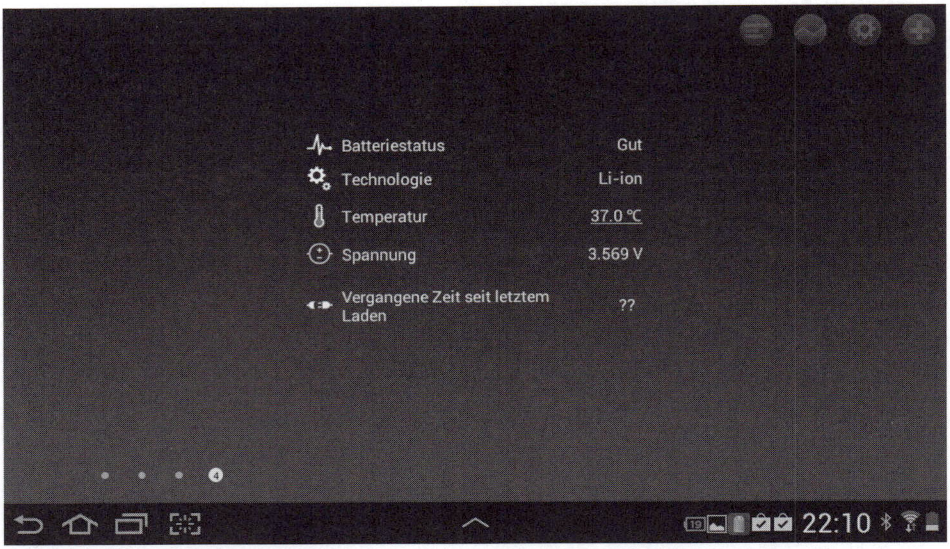

Bild 15.12: Die Angabe der Momentanspannung mit drei Kommastellen ist genau genommen nicht mehr als eine Spielerei ohne allzu hohen Informationsgehalt.